中等职业学校“十二五”计算机规划教材

计算机应用基础习题与上机指导

（Windows XP+Office 2003）

刘小豫　编

西北工业大学出版社

【内容简介】本书为中等职业学校“十二五”计算机规划教材，是该系列图书中《计算机应用基础》一书的配套上机指导。本书主要内容包括计算机基础知识、Windows XP 操作系统、文字处理软件 Word 2003、电子表格软件 Excel 2003、幻灯片软件 PowerPoint 2003、计算机网络基础与 Internet、计算机多媒体技术，附录中包含各章习题的参考答案。

本书可作为中等职业学校“计算机应用基础”课程的配套用书，同时也可供培训班使用。

图书在版编目（CIP）数据

计算机应用基础习题与上机指导/刘小豫编. —西安：西北工业大学出版社，2012.1
中等职业学校“十二五”计算机规划教材
ISBN 978-7-5612-3283-5

Ⅰ. ①计…　Ⅱ. ①刘…　Ⅲ. ①电子计算机—中等专业学校—教材　Ⅳ. ①TP3

中国版本图书馆 CIP 数据核字（2012）第 003411 号

出版发行： 西北工业大学出版社
通信地址： 西安市友谊西路 127 号　　邮编：710072
电　　话：（029）88493844　88491757
网　　址： www.nwpup.com
电子邮箱： computer@nwpup.com
印 刷 者： 陕西宝石兰印务有限责任公司
开　　本： 787 mm×1 092 mm　1/16
印　　张： 12
字　　数： 316 千字
版　　次： 2012 年 1 月第 1 版　　2012 年 1 月第 1 次印刷
定　　价： 24.00 元

序　言

中等职业教育是我国职业教育的重要组成部分。大力发展中等职业教育是加快普及高中阶段教育，提高全民族文化知识、实践技能和创新能力等综合素养，输送国家产业建设大军新生力量的基础工程；是促进就业、改善民生、解决“三农”问题的重要途径；是缓解劳动力结构矛盾的关键环节。

在我国的国民经济和社会发展的第十二个五年规划纲要中，提出教育改革的指导方针是，按照优先发展、育人为本、改革创新、促进公平、提高质量的要求，深化教育教学改革，推动教育事业科学发展，大力发展职业教育。

目前，我国的职业教育正处于由规模扩张向全面提高质量的转折期，为了贯彻落实《中共中央关于制定国民经济和社会发展第十二个五年规划的建议》精神，配合当前中职教育的现状，切合国民经济发展的要求，在通过调研，了解和掌握众多中等职业学校计算机及相关专业的教学计划、课程设置和教学实际需求的基础上，根据中等职业学校学生的学习能力和就业需求，我们组织出版了“中等职业学校‘十二五’计算机规划教材”。

主要特色

中文版本、易教易学

本系列教材选取在工作中最普遍、最易掌握的中文版本的应用软件，突出“易教学、易操作”的特点，与用人单位的需求紧密结合，在编写体例上注重理论知识与上机实训相结合。

任务驱动、案例教学

本系列教材列举了大量的实例，以提高学生的学习兴趣，培养学生学习的自主能力，在掌握理论的基础上更多地动手进行实际操作。

内容全面、图文并茂

本系列教材合理安排基础知识和实践知识的比例，基础知识以“必需、够用”为度，实践知识以“全面、实用”为准，系统完整，图文并茂。

体现教与学的互动性

本系列教材从“教”与“学”的角度出发，重点体现教师和学生的互动交流。将精练的理论和实用的范例相结合，使学生在课堂上就能掌握行业技术应用，做到理论和实践并重。

☆ 突出职业应用，快速培养人才

本系列教材以培养计算机技能型人才为出发点，采用“基础知识+上机实战+综合应用实例+上机实训”的编写模式，内容生动，由浅入深，将知识点与实例紧密结合，便于读者学习掌握。

读者对象

本系列教材的读者对象为中等职业学校师生和需要进行计算机相关知识培训的专业人士，同时也可供从事其他行业的计算机爱好者自学参考。

结束语

希望广大师生在使用教材的过程中提出宝贵意见，以便我们在今后的工作中不断改进和完善，使本系列教材成为中等职业学校教育的精品教材。

西北工业大学出版社

2011 年 11 月

前　言

随着计算机技术的飞速发展，计算机在社会、经济和生活中的地位日益重要。计算机知识与应用能力是培养 21 世纪中等专业技术人才极其重要的组成部分。为了配合计算机基础课程的理论教学，改变教师上课缺少演示实例和学生在上机时由于没有操作对象而收效欠佳的局面，我们特编写了《计算机应用基础习题与上机指导》一书，与《计算机应用基础》（西北工业大学出版社，2011 年 11 月出版）教材配套使用。

全书的各个部分按照基本概念、基础习题和上机指导来组织内容，“基本概念”对计算机主要的知识点进行了简明扼要的阐述，以加深学生的理解，更好地吃透教材内容；“基础习题”对教材中的习题进行分析与解答并给出了参考答案，使学生在独立完成课后习题之后，可以通过参考答案来检查自己对本章内容的掌握情况；“上机指导”以实验的形式来介绍计算机的使用方法与操作技巧，重点培养学生的计算机操作技能。

本书内容

全书共分 7 章。其中第 1 章主要介绍计算机基础知识的概念、基础习题及上机指导；第 2 章主要介绍 Windows XP 操作系统的概念、基础习题及上机指导；第 3～5 章主要介绍 Word 2003、Excel 2003 和 PowerPoint 2003 的概念、基础习题及上机指导；第 6 章主要介绍 Internet 的概念、基础习题及上机指导；第 7 章主要介绍计算机多媒体技术的概念、基础习题及上机指导；附录是参考答案。

读者定位

本书结构合理，内容系统全面，讲解由浅入深，实例丰富实用，可作为中等职业学校“计算机应用基础”课程的配套用书，同时也可供培训班使用。

本书力求严谨细致，但由于水平有限，书中难免出现疏漏与不妥之处，敬请广大读者批评指正。

编　者

目　录

第 1 章　计算机基础知识

1.1　基 本 概 念

（1）计算机：计算机是一种能存储程序和数据，自动执行程序，快速而高效地完成对各种数字信息的处理工作的电子设备。

（2）人工智能：人工智能一般是指利用计算机来模拟人脑进行演算推理和决策分析的过程。

（3）计算机系统：一个完整的计算机系统是由硬件和软件两大部分组成的。硬件和软件相互结合才能充分发挥计算机系统的功能。

（4）计算机硬件：计算机硬件指的是计算机系统中由电子、机械和光电元件组成的各种计算机部件和设备，其基本功能是接受计算机程序的控制来实现数据输入、运算、数据输出等一系列操作。

（5）系统软件：系统软件是使计算机能正常、高效地工作所配备的管理、监控与维护系统的程序及相关的数据集合。

（6）应用软件：应用软件是用户利用计算机及其提供的系统软件为解决各种实际问题而编制的计算机程序。

（7）计算机的组成：在基本的硬件结构方面，一直沿袭着冯·诺依曼的体系结构，从功能上可以划分为 5 个基本组成部分，即运算器、控制器、存储器、输入设备和输出设备。

（8）计算机的工作原理：计算机各部件间的联系通过信息流动来实现。原始数据和程序通过输入设备送入存储器，在运算处理过程中，数据从存储器读入运算器进行运算,运算结果存入存储器，必要时再经输出设备输出。指令也以数据形式存于存储器中，运算时指令由存储器送入控制器,由控制器控制各部件的工作。

（9）计算机的发展：根据计算机所采用的物理器件，一般把电子计算机的发展分成几个时期，也称为几代，分别代表了时间顺序发展过程。

第一代计算机采用电子管作为逻辑元件。

第二代计算机采用晶体管代替了电子管。

第三代计算机采用中小规模的集成电路。

第四代计算机采用大规模和超大规模集成电路。

1.2　基 础 习 题

一、填空题

（1）世界上公认的第一台电子计算机于__________年在__________诞生，它的名字是__________。

（2）到目前为止，计算机经历了多个发展阶段，发生了很大的变化，但都基于同一个基本思想。这个基本思想是由__________提出的，其要点是__________。

(3) 一个完整的计算机系统是由__________和__________两部分组成的。

(4) 微型计算机的运算器、控制器和内存储器 3 部分的总称是__________。

(5) 软件系统又分__________软件和__________软件，磁盘操作系统是属于__________软件。

(6) 在微型计算机中，应用最普遍的字符编码是__________。

(7) CPU 不能直接访问的存储器是__________。

(8) 当前计算机最常用的两种输入设备是__________和__________。

(9) 信息安全包括两个方面：一个是__________；另一个是__________或__________的安全。

(10) 计算机内的数据都是以__________进制表示。

(11) 第三代计算机的逻辑元件采用的是__________。

(12) 按冯·诺依曼的观点，计算机由 5 大部件组成，它们是__________、__________、__________、__________和__________。

(13) 为了避免混淆，十六进制数在书写时常在后面加字母__________。

二、选择题

(1) 世界上最先实现内部存储程序的计算机是（　）。

A．ENIAC　　B．EDSAC

C．EDVAC　　D．UNIVAC

(2) 电子计算机的发展已经历了 4 代，4 代计算机的主要元器件分别是（　）。

A．电子管，晶体管，中、小规模集成电路，激光器件

B．电子管，晶体管，中、小规模集成电路，大规模或超大规模集成电路

C．晶体管，中、小规模集成电路，激光器件，光介质

D．电子管，数码管，中、小规模集成电路，激光器件

(3) 个人计算机属于（　）。

A．小巨型机　　B．小型计算机

C．微型计算机　　D．中型计算机

(4) 目前，制造计算机所采用的电子器件是（　）。

A．晶体管　　B．超导体

C．中小规模集成电路　　D．超大规模集成电路

(5) 一个完整的计算机系统通常包括（　）。

A．硬件系统和软件系统　　B．计算机及其外部设备

C．主机、键盘与显示器　　D．系统软件和应用软件

(6) 操作系统的作用是（　）。

A．把源程序翻译成目标程序　　B．进行数据处理

C．控制和管理系统资源的使用　　D．实现软硬件的安装

(7) 指挥、协调计算机工作的设备是（　）。

A．输入设备　　B．输出设备

C．存储器　　D．控制器

(8) 计算机能够直接识别和处理的程序是（　）程序。

A．汇编语言　　B．源

C．机器语言　　D．高级语言

（9）把高级语言编写的源程序变为目标程序，要经过（　）。

A．汇编　　B．解释
C．编译　　D．编辑

（10）存储器通常分为（　）两大类。

A．随机存取存储器　　B．内存储器
C．只读存储器　　D．外存储器

（11）具有多媒体功能的微机系统目前常用CD-ROM作外存储器，它是一种（　）。

A．只读存储器　　B．只读光盘
C．只读硬盘　　D．只读大容量软盘

（12）下列设备中，可以将图片输入到计算机内的设备是（　）。

A．绘图仪　　B．键盘
C．扫描仪　　D．鼠标

（13）以下4种存储器中，存取速度最快的是（　）。

A．磁带　　B．软盘
C．硬盘　　D．内存储器

（14）以下操作系统中，不是网络操作系统的是（　）。

A．MS-DOS　　B．Windows 2000 Server
C．Windows NT　　D．Netware

（15）汇编语言是面向（　）的。

A．用户　　B．机器
C．软件　　D．硬件

（16）在计算机内，信息的表示形式是（　）。

A．ASCII码　　B．拼音码
C．二进制码　　D．汉字内码

（17）下面关于ROM的说法中，不正确的是（　）。

A．CPU不能向ROM随机写入数据
B．ROM中的内容在断电后不会消失
C．ROM是只读存储器的英文缩写
D．ROM是只读的，所以它不是内存而是外存

（18）下列选项中，不属于计算机病毒特征的是（　）。

A．破坏性　　B．潜伏性
C．传染性　　D．免疫性

（19）下面有关计算机的叙述中，正确的是（　）。

A．计算机的主机只包括CPU
B．计算机程序必须装载到内存中才能执行
C．计算机必须具有硬盘才能工作
D．计算机键盘上字母键的排列方式是随机的

（20）与十六进制数（BC）等值的二进制数是（　）。

A．10111011　　B．10111100

C. 11001100　　D. 11001011

(21) 下列字符中 ASCII 码值最小的是（　）。

A. A　　B. a

C. k　　D. M

(22) 把内存中的数据传送到计算机的硬盘，称为（　）。

A. 显示　　B. 读盘

C. 输入　　D. 写盘

(23) 在计算机中采用二进制数，是因为（　）。

A. 可降低硬件成本　　B. 两个状态的系统具有稳定性

C. 二进制的运算法则简单　　D. 上述 3 个原因

(24) 将高级语言编写的程序翻译成机器语言程序，采用的两种翻译方式是（　）。

A. 编译和解释　　B. 编译和汇编

C. 编译和链接　　D. 解释和汇编

(25) 某单位的财务管理软件属于（　）。

A. 工具软件　　B. 系统软件

C. 编辑软件　　D. 应用软件

(26) 计算机网络的应用越来越普遍，它的最大好处在于（　）。

A. 节省人力　　B. 存储容量大

C. 可实现资源共享　　D. 使信息存储速度提高

(27) 计算机的 CPU 每执行一个（　），就完成一步基本运算或判断。

A. 语句　　B. 指令

C. 程序　　D. 软件

(28) 计算机能按照人们的意图自动、高速地进行操作，是因为采用了（　）。

A. 程序存储在内存　　B. 高性能的 CPU

C. 高级语言　　D. 机器语言

(29) 汉字系统中的汉字字库里存放的是汉字的（　）。

A. 机内码　　B. 输入码

C. 字形码　　D. 国标码

(30) 微型计算机使用的键盘上的 Alt 键称为（　）。

A. 控制键　　B. 上档键

C. 退格键　　D. 交替换档键

(31) 用 MIPS 为单位来衡量计算机的性能，它指的是计算机的（　）。

A. 传输速率　　B. 存储器容量

C. 字长　　D. 运算速度

(32) 计算机安全属性不包括（　）。

A. 保密性　　B. 完整性

C. 可用性服务和可审性　　D. 语义正确性

三、简答题

(1) 计算机的硬件有哪些部分？各部分的主要功能是什么？

（2）简述计算机硬件和软件的关系。

（3）威胁计算机安全的因素有哪些？怎么防范计算机病毒？

（4）怎样进行计算机硬件方面的维护？

（5）简述二进制、八进制、十进制和十六进制之间的关系。

四、判断题（正确的在括号内划√，错误的划×）

（1）计算机掉电后，ROM 中的信息会丢失。（　）

（2）字节是计算机中常用的数据单位之一，它的英文名字是 Byte。（　）

（3）计算机发展的各个阶段是以采用的物理器件作为标志的。（　）

（4）CPU 是由控制器和运算器组成的。（　）

（5）1 GB 等于 1 000 GB，又等于 1 000 000 KB。（　）

（6）任何存储器都有记忆能力，其中的信息不会丢失。（　）

（7）世界上第一台电子计算机 1946 年诞生于美国。（　）

（8）键盘和显示器都是计算机的 I/O 设备，键盘是输入设备，显示器是输出设备。（　）

（9）安装杀毒软件后，计算机不会再被任何病毒传染了。（　）

（10）故意制作、传播计算机病毒是违法行为。（　）

（11）计算机病毒是人为制造的、能对计算机系统起破坏作用的一组程序。（　）

（12）硬盘装在机箱内部，属于内存储器。（　）

（13）个人计算机属于大型计算机。（　）

（14）计算机病毒主要是通过磁盘与网络传播的。（　）

（15）计算机重新启动的方法有两种：冷启动和热启动。

（16）使用超大规模集成电路制造的计算机应该归属于第五代计算机。（　）

（17）计算机只要不在网络上随便下载文件及程序，就不会中毒。（　）

（18）USB 接口只能连接 U 盘。（　）

（19）U 盘也属于磁性存储介质。

（20）目前，在软盘、硬盘和光盘中，存取速度最快的是硬盘。（　）

（21）只要计算机中安装了 CD-ROM 光驱和播放 DVD 碟片的软件，就能够播放 DVD 影碟。（　）

（22）磁盘既可作输入设备又可作输出设备。（　）

（23）计算机病毒具有传染性、破坏性、针对性、变种性和潜伏性等特点。（　）

（24）笔记本计算机的显示器一般都不采用 CRT 显示器。（　）

（25）计算机办公自动化属于计算机数据处理应用范畴。（　）

（26）鼠标既是输入设备，又是输出设备。（　）

1.3　上 机 指 导

实验 1　计算机硬件的认识与选择

1．实验环境

准备常见型号的 CPU、内存条、主板、电源、硬盘、光驱、显示器、鼠标、键盘、显卡等。

2．实验内容

对实验台上的设备进行认识，掌握硬件的名称、品牌、重要参数、用途和功能等。

3．实验目的

（1）能区分不同品牌、不同系列、不同型号的 CPU。熟悉 CPU 的主频，外频，前端总线，二级缓存，接口类型等重要参数。能根据需要选择合适的 CPU。

（2）掌握内存的分类，能区分 SDRAM，DDR，DDR2 等内存条，熟悉常见内存颗粒的品牌和标识方法，掌握内存的容量、频率、接口类型等重要参数，了解内存条的品牌。

（3）掌握主板各部件的名称、功能等，了解主板上的常用接口的功能，熟悉常见的主板品牌和主板的重要参数。

（4）掌握硬盘的接口类型、容量、转速、高速缓存等重要参数，熟悉常见硬盘的品牌。

（5）掌握光驱的接口类型、速率、高速缓存等重要参数，熟悉常见光驱的品牌。

（6）掌握电源的接口类型，了解电源的功能和作用，熟悉常见计算机电源的品牌和重要参数。

（7）掌握一台计算机所应包括的常用硬件，了解这些硬件的连接与搭配情况，了解各硬件在计算机中的地位和作用。

实验 2　连接计算机各组件

1．实验环境

准备一台主机、一台显示器、电源线、显示器信号线、键盘、鼠标及插线板。

2．实验内容

将计算机的各个外部组件连接到主机箱背面的插孔上。

3．实验目的

掌握计算机外部组件的连接方法。

4．实验步骤

（1）将圆形鼠标插头插入主机箱背后的鼠标接口（一般为绿色）中，如图 1.3.1 所示。

（2）按照同样的方法将键盘连接线的圆形插头对准主机箱背后的键盘接口（一般为紫色）并插入，如图 1.3.2 所示。

图 1.3.1　连接鼠标

图 1.3.2　连接键盘

提示：如果是 USB 接口的键盘和鼠标，只要将它们的 USB 端口与机箱上的 USB 接口相连即可。

（3）在显示器的背后有一根显示器数据信号线，将信号线插入计算机的显卡输出接口（见图 1.3.3）。拧紧信号线两边的紧固螺丝，避免接触不良造成画面不稳定现象，如图 1.3.4 所示。

图 1.3.3　插入显示器信号线

图 1.3.4　拧紧信号线

（4）将主机电源线的楔形端与主机电源的接口连接，如图 1.3.5 所示。

（5）将显示器的电源线楔形的一端插入显示器的背部，如图 1.3.6 所示。

图 1.3.5　主机电源线的连接

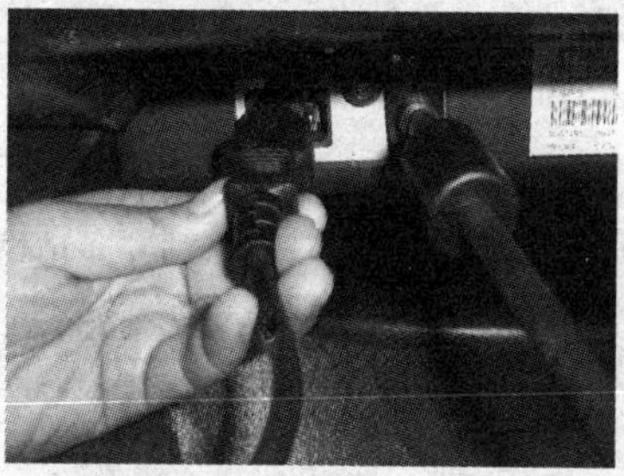

图 1.3.6　显示器电源线的连接

（6）把主机电源线和显示器电源线的另一端插到室内的电源插座上，如图 1.3.7 所示。室内的电源插座应接地良好，这样接通电源就可以开机了。

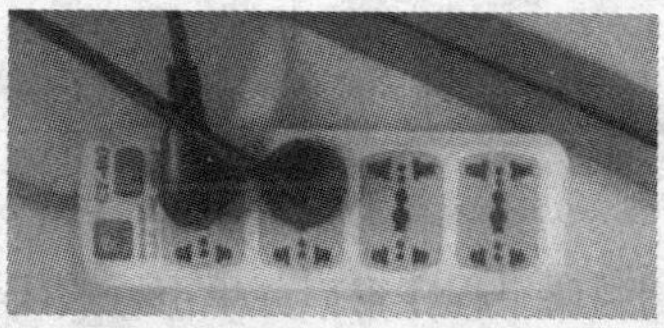

图 1.3.7　电源线和电源插座

实验 3　数码设备的使用

1．实验环境

准备一台带有 USB 接口的计算机、U 盘、数码相机和打印机。

2．实验目的

（1）要求每次在使用 U 盘时，能及时查毒、杀毒，再进行文件的传送。

（2）能将数码相机上的照片打印出来。

3．实验步骤

（1）用 U 盘传送文件。

1）先将 U 盘插入机箱上的 USB 接口。

2）如果你使用的是 Windows Me/2000/XP 操作系统，不需要安装驱动就可以直接使用。但如果是 Windows 98 操作系统就必须安装驱动。驱动程序安装完后系统任务栏会出现一个图标，在“我的计算机”里也能找到可移动磁盘，如图 1.3.8 所示。

3）在插入 U 盘后，要养成对外来文件杀毒的习惯。启动瑞星杀毒软件，在瑞星杀毒界面中选择 杀毒 选项卡，在“杀毒目标”列表中选中“可移动磁盘（K:）”复选框，如图 1.3.9 所示。

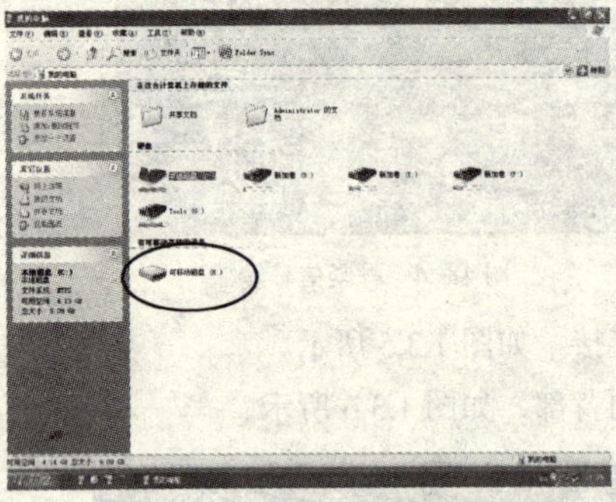

图 1.3.8　找到可移动磁盘

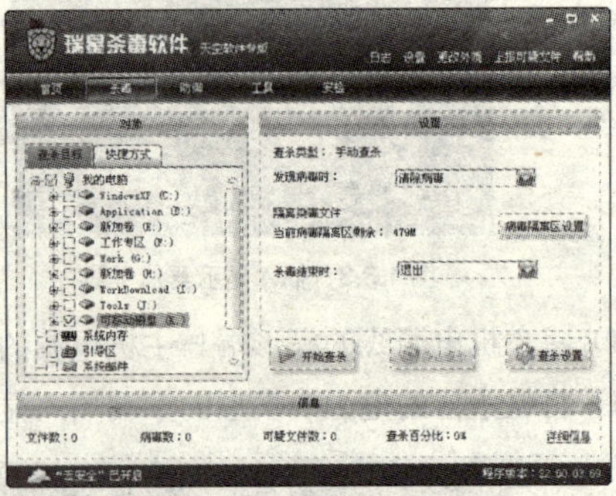

图 1.3.9　选择目标盘

4）单击 开始查杀 按钮，瑞星杀毒程序执行杀毒命令，对 U 盘进行杀毒，如图 1.3.10 所示。

5）杀毒完成后在打开的 杀毒结束 对话框中显示杀毒结果，如图 1.3.11 所示。

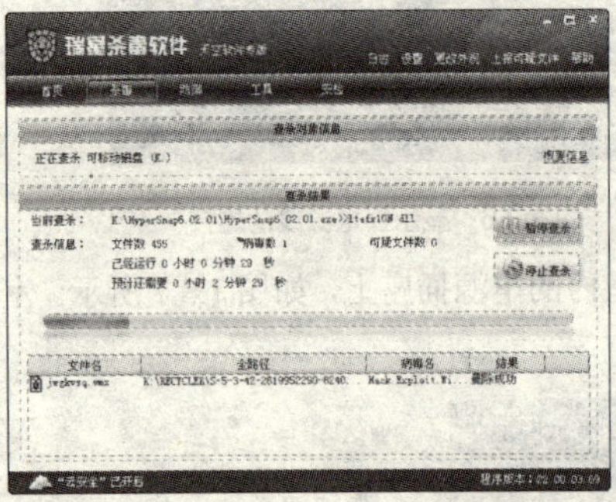

图 1.3.10　开始杀毒

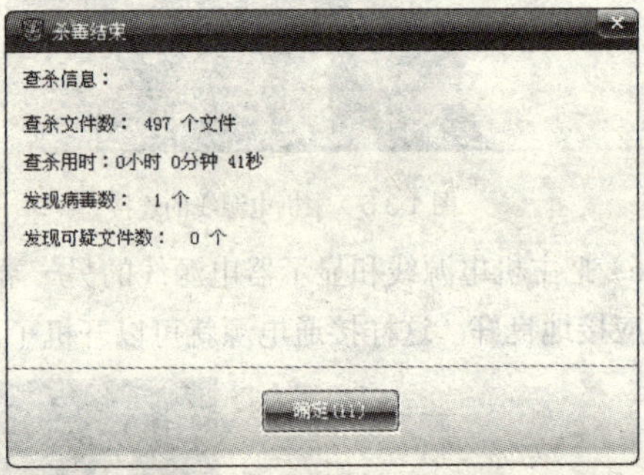

图 1.3.11　浏览查杀病毒结果

6）单击 确定 按钮，返回到瑞星程序窗口并单击“关闭”按钮，退出瑞星杀毒界面。

7）往 U 盘存入文件或删除文件时，要注意盘上的写保护开关是否打开，要使其在“开”的状态下。如果没有在“开”的状态下写入文件，系统会提示出现错误。

8）在对 U 盘文件操作完成后，要退出 U 盘。在系统任务栏中点击 U 盘的图标，选择“安全删除硬件”提示。这时弹出 安全删除硬件 对话框（见图 1.3.12）中，单击 停止(S) 按钮，又弹出 停用硬件设备 对话框，如图 1.3.13 所示。

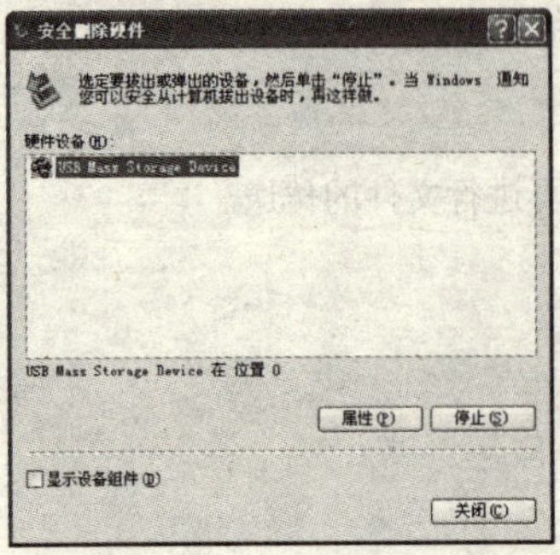

图 1.3.12　“安全删除硬件”对话框

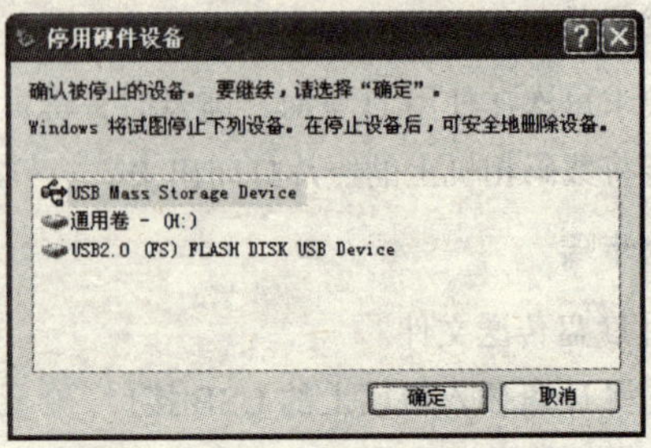

图 1.3.13　“停用硬件设备”对话框

9）单击 确定 按钮返回到 安全删除硬件 对话框中，单击 关闭(C) 按钮。

10）这时系统提示已经安全移除硬件，这样就可以拔下计算机上的 U 盘了，如图 1.3.14 所示。

图 1.3.14　“安全地移除硬件”提示框

（2）打印数码照片。

1）数码相机随机配一条数据线，如图 1.3.15 所示。

图 1.3.15　数码相机数据线

2）数据线的一端为小“U”口，用于连接数码相机，如图 1.3.16 所示。

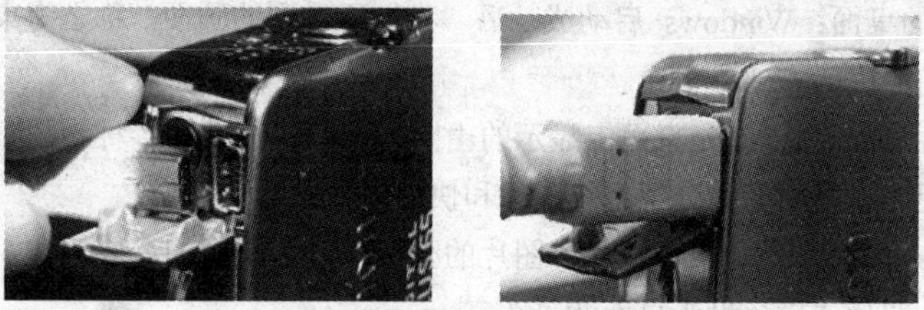

图 1.3.16　小“U”口连接数码相机

3）另一端为标准“U”口，用于连接电脑或是其他设备，例如打印机，如图 1.3.17 所示。

4）在连接打印机和数码相机之后，从数码相机中调出需要打印的照片，选择不同的选项，直接在数码相机的屏幕上进行各种选项的设置，例如照片尺寸、纸张类型等，之后直接点击打印即可，如图 1.3.18 所示。

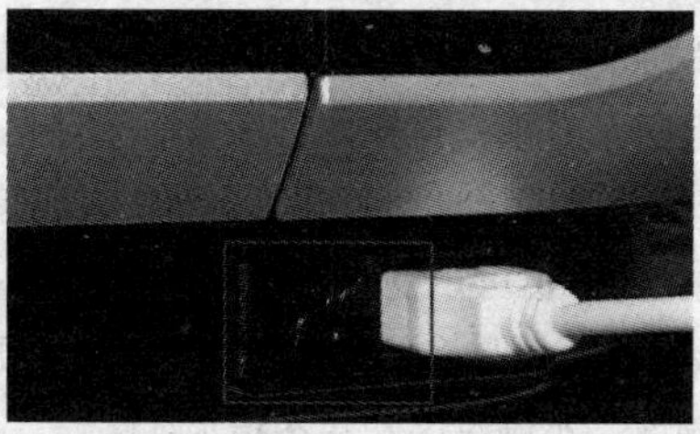

图 1.3.17　连接打印机

图 1.3.18　打印照片

4．实验注意事项

用数据线连接打印机，必须把标准的“U”口插入有 PictBridge 标志的接口内，这样才能实现直接打印。

第 2 章　Windows XP 操作系统

2.1　基 本 概 念

（1）操作系统：操作系统是管理和控制计算机软、硬件资源和数据的大型程序，是用户和计算机间的接口。它位于用户和计算机硬件之间，把人和计算机硬件隔离开来，屏蔽了计算机硬件的复杂性。

（2）文件：操作系统将逻辑上有完整意义的信息资源（程序和数据）以文件的形式存放在外存储器（磁盘、磁带）上，并赋予一个名字，称为文件。

（3）文件夹：每个硬盘中的磁盘数量都是有限的，为了更好地将多个文件分类管理，便引入了文件夹的概念。用户可根据自己的需要在一个磁盘中创建多个文件夹，文件夹是由文件夹图标和文件夹名称组成。

（4）菜单：菜单就是一些程序、命令、文件或文件夹的集合，按照类别可以分为窗口主菜单、右键快捷菜单和“开始”菜单。

（5）Windows 的桌面：Windows 启动成功后，我们所看到的画面，称之为桌面。Windows 桌面主要由桌面图标和任务栏两大部分组成。

（6）桌面图标：桌面图标就是桌面上显示的由图形和名称组成的各种小图案，在图标上双击可打开与图标对应的程序。桌面图标分为系统图标和快捷方式图标。

（7）桌面背景：桌面背景是屏幕中显示图片的区域，位于桌面的最底层，主要用于美化桌面，用户可将自己喜欢的图片或颜色设为桌面背景。

（8）任务栏：在默认情况下，任务栏位于桌面的最下方，由“开始”按钮、“快速启动区”、“窗口按钮”和“通知区域”4 个部分组成。单击“开始”按钮，显示“开始”菜单及子菜单。“开始”菜单包含了计算机上的所有应用程序以及文档、设置、查找、帮助、运行、关闭系统等命令。

（9）窗口：窗口是 Windows XP 的最基本操作界面，它限定了每个应用程序在屏幕上的工作范围，当窗口被关闭时，应用程序也同时被关闭。

（10）对话框：在很多应用程序中，用户与计算机的大部分交互操作都要通过对话框来完成，不同应用程序、不同命令所弹出的对话框一般不同，且每个对话框一般都包括多个选项卡。

（11）回收站：“回收站”实际是电脑磁盘划分的一个区域，用于临时存储所有删除的文件夹和文件。存放在“回收站”中的文件，既可删除（或清空），也可恢复（还原）。

（12）键盘：键盘作为最重要的文字输入工具，如今应用最多的是 107 键盘。为了便于用户的使用，键盘通常分为主键盘区、功能键区、编辑控制键区、小键盘区和状态指示灯区。

（13）指法分区：将主键盘区划分为 8 个区域，分别分配给除大拇指外的 8 个手指，在输入汉字时，每个手指都有负责的输入区域。

（14）切换输入法：切换输入法有两种方法。

鼠标操作：单击“任务栏”右侧的输入法图标，选取一种输入法。

键盘操作：英文与首选中文输入法的切换：Ctrl＋空格键；英文与各类输入法的切换：Ctrl＋Shift 键。

（15）使用输入法：用小写字母才能在输入法中输入编码，否则默认输入英文字母。

（16）汉字的笔画：在五笔字型中，把汉字的笔画分为横（提）、竖、撇、捺（点）、折5种。

（17）汉字的层次：从结构上看，汉字可以分为3个层次：笔画、字根和汉字。

（18）字根：字根是构成汉字最重要、最基本的单位。由若干笔画交叉连接而形成的相对不变的结构称之为字根。

2.2 基础习题

一、填空题

（1）在中文Windows中，为了实现全角与半角状态之间的切换，应按的键是＿＿＿＿＿＿。

（2）关闭一个活动应用程序窗口，可按快捷键＿＿＿＿＿＿。

（3）纯文本文档的扩展名为＿＿＿＿＿＿。

（4）在Windows中，用户可以同时打开多个窗口，窗口的排列方式有＿＿＿＿＿＿和＿＿＿＿＿＿两种，但只有一个窗口处于激活状态，该窗口叫做＿＿＿＿＿＿。如果要想改变窗口的排列方式，可以通过在＿＿＿＿＿＿栏的空白处单击鼠标右键，在弹出的快捷菜单中选取要排列的方式。

（5）当选定文件或文件夹后，要改变其属性设置，可以单击鼠标＿＿＿＿＿＿键，然后在弹出菜单中选择＿＿＿＿＿＿命令。

（6）Windows文件夹名称的最大长度为＿＿＿＿＿＿个字符。

（7）被删除的文件（夹）被临时存放在＿＿＿＿＿＿。

（8）当任务栏被隐藏时，用户可以用按＿＿＿＿＿＿的快捷方式打开“开始”菜单。

（9）在键盘操作方式中，按＿＿＿＿＿＿键可激活活动窗口的菜单栏。

（10）Windows中的＿＿＿＿＿＿可以播放CD、VCD。

（11）用鼠标单击窗口的“控制菜单”按钮，其作用是＿＿＿＿＿＿；双击的作用则是＿＿＿＿＿＿。

（12）在Windows中，要整体移动一个窗口，可以利用鼠标＿＿＿＿＿＿。

（13）在资源管理器中，为了使具有系统和隐藏属性的文件或文件夹不显示出来，首先应进行的操作是选择＿＿＿＿＿＿菜单中的“文件夹选项”。

（14）Windows的整个显示屏幕称为＿＿＿＿＿＿。

（15）Windows系统中默认的切换中英文的方法是＿＿＿＿＿＿。

（16）在Windows中，“剪切”的快捷键是＿＿＿＿＿＿。

（17）在Windows中，关闭一个活动应用程序窗口，使用的快捷键是＿＿＿＿＿＿。

二、选择题

（1）在Windows中，有两个对系统资源进行管理的工具，它们是“资源管理器”和（　）。

A．回收站　　　　B．剪贴板

C．我的电脑　　　D．我的文档

（2）在“资源管理器”中，左窗口显示的内容是（　）。

A．所有未打开的文件夹　　　　B．系统的树形文件夹结构

C．打开的文件夹下的子文件夹及文件　　　D．所有已打开的文件夹

（3）打开“开始”菜单可以使用的快捷键是（　）。

A. Shift+Tab　　B. Ctrl+Shift

C. Ctrl+Esc　　D. 空格键

（4）在不同的运行的应用程序间切换，可以利用快捷键（　）。

A. Alt+Esc　　B. Ctrl+Esc

C. Alt+Tab　　D. Ctrl+Tab

（5）在“开始”菜单下的“我最近的文档”中存放的是（　）。

A. 最近建立的文档　　B. 最近打开过的文件夹

C. 最近打开过的文档　　D. 最近运行过的程序

（6）Windows 的“任务栏”（　）。

A. 只能改变位置不能改变大小　　B. 只能改变大小不能改变位置

C. 既不能改变位置也不能改变大小　　D. 既能改变位置也能改变大小

（7）剪贴板是（　）中的一块临时存放交换信息的区域。

A. RAM　　B. ROM

C. 硬盘　　D. 应用程序

（8）Windows XP 的命令菜单中，变灰的菜单表示（　）。

A. 将弹出对话框　　B. 该命令正在作用

C. 该命令的快捷键　　D. 该命令当前不能使用

（9）Windows XP 的命令菜单中，命令名后带有省略号“…”则表示（　）。

A. 选择该菜单后将弹出对话框　　B. 该命令正在起使用

C. 该命令的快捷键　　D. 该命令当前不能使用

（10）在 Windows 中，当鼠标指针变成“T”形状，则表示（　）。

A. 当前系统正在访问磁盘　　B. 可以改变窗口的大小

C. 可以改变窗口的位置　　D. 鼠标指针出现处可以接收键盘的输入

（11）在 Windows XP 环境中，有关创建文件夹的正确说法是（　）。

A. 不能在桌面上创建文件夹

B. 无法在软盘中创建文件夹

C. 在文档的“另存为”对话框中也可以创建文件夹

D. 无法在“资源管理器”的浏览窗口中新建文件夹

（12）在“资源管理器”的左窗格的目录图标上，有“-”号的表示（　）。

A. 当前活动文件夹　　B. 是一个可执行文件

C. 是一个没有子文件夹的文件　　D. 该文件夹的子文件夹已展开

（13）在 Windows 中，任务列表中列出的内容是（　）。

A. 正在运行的各个应用程序名　　B. 当前正在活动任务的程序名

C. 已被打开的各文档的文件名　　D. 系统中各个可执行的程序名

（14）当一个文档窗口被关闭后，该文档将（　）。

A. 保存在硬盘中　　B. 保存在内存中

C. 保存在剪贴板中　　D. 既保存在硬盘也保存在内存中

（15）在查找文件时，可使用的通配符有（　）个。

A. 0　　B. 1

C．2　　D．3

（16）在 Windows 中，为了防止他人修改某一文件，应设置该文件属性为（　）。

A．只读　　B．隐藏

C．存档　　D．系统

（17）可以将当前活动窗口中的全部内容复制到剪贴板中的操作是（　）键。

A．按 Ctrl+Print Screen　　B．按 Print Screen

C．按 Alt+Print Screen　　D．按 Alt+Ctrl+Print Screen

（18）运行中的 Windows 应用程序名，列在桌面任务栏的（　）中。

A．地址工具栏　　B．系统区

C．活动任务区　　D．快捷启动工具栏

（19）Windows 桌面任务栏的快捷启动工具栏中列出了（　）。

A．部分应用程序的快捷方式　　B．运行中但处于最小化的应用程序名

C．所有可执行应用程序的快捷方式　　D．已经启动并处于前台运行的应用程序名

（20）不能在“任务栏”内进行的操作是（　）。

A．快捷启动应用程序　　B．排列和切换窗口

C．排列桌面图标　　D．设置系统日期和时间

（21）在 Windows XP 中，需要查找以 AB 开头的所有文件，在查找对话框内的名称中应输入（　）。

A．AB.*　　B．*.AB

C．AB?.　　D．AB*.*

（22）下面关于 Windows 多媒体应用的说法，正确的是（　）。

A．媒体播放机是专门用来播放动画的

B．CD 播放器可以播放各种格式的音频文件

C．使用控制面板中的“多媒体”图标可以管理多媒体设备和设置多媒体属性

D．扩展名为.wav 的文件是 Windows 的标准视频文件

（23）在 Windows 系统的操作过程中，按（　）键，可以随时获得联机帮助。

A．Esc　　B．Alt

C．F4　　D．F1

（24）在 Windows 环境中各个应用程序之间能够交换和共享信息，是通过（　）来实现的。

A．“我的电脑”窗口中的调度　　B．资源管理器的操作

C．剪贴板查看程序　　D．剪贴板这个公共数据通道

（25）Windows 是一个（　）的操作系统。

A．单任务　　B．多任务

C．实时　　D．重复任务

（26）用鼠标（　）桌面上的图标，可以把它的窗口打开。

A．左键单击　　B．左键双击

C．右键单击　　D．右键双击

（27）下列选项中，（　）符号在菜单命令项中不可能出现。

A．▶　　B．●

C．▲　　D．√

(28) 若屏幕上同时显示多个窗口，可以根据窗口中（ ）栏的特殊颜色来判断它是否为当前活动窗口。

A．菜单　　B．符号

C．状态　　D．标题

(29) 在菜单操作时，各菜单项后有用方括号括起来的大写字母，表示该项可通过按（ ）键来实现。

A．Alt+字母　　B．Ctrl+字母

C．Shift+字母　　D．Space+字母

(30) 在画图中，选用“矩形”工具后，移动鼠标到绘图区，拖动鼠标时按住（ ）键可以绘制正方形。

A．Alt　　B．Ctrl

C．Shift　　D．Space

(31) 在 Windows 中，桌面是指（ ）。

A．活动窗口　　B．电脑桌

C．资源管理器窗口　　D．窗口、图标及对话框所在的屏幕背景

(32)“平铺”命令的功能是将窗口（ ）。

A．顺序编码　　B．层层嵌套

C．折叠起来　　D．并列排列

(33) 在 Windows 的资源管理器中不允许（ ）。

A．一次删除多个文件　　B．同时选择多个文件

C．一次拷贝多个文件　　D．同时启动多个应用程序

(34) 应用程序窗口和文档窗口的区别在于（ ）。

A．有没有系统菜单　　B．有没有菜单栏

C．有没有标题栏　　D．有没有最小按钮

(35) 如要将一个段落末尾的“回车符”删除，使此段落与其后面的段落合为一段，则原来前段文字内容将（ ）。

A．仍采用原来设定的格式　　B．采用中文 Word 缺省的格式

C．采用后来设定的格式　　D．无格式，必须重新设定

(36)“控制面板”的作用是（ ）。

A．对系统进行有关设置　　B．设置“开始”菜单

C．控制所有程序的执行　　D．设置硬件接口

(37) 在某个文档窗口中进行了多次剪切操作，当关闭了该文档窗口后，剪贴板中的内容为（ ）。

A．第一次剪切的内容　　B．最后一次剪切的内容

C．所有剪切的内容　　D．空白

(38) 下列关于剪贴板的描述中，（ ）是错误的。

A．凡是有“剪切”和“复制”命令的地方，都可以把信息送至剪贴板保存

B．剪贴板中的信息超过一定数量时，会自动清空，以便节省内存空间

C．按下 Print Screen 键和 Alt+Print Screen 键，都会将信息送入剪贴板

D．剪贴板中的信息可以保存到磁盘文件中长期保存

（39）Windows 附件中，写字板与记事本的区别是（ ）。

A．写字板文档可以保存为 DOC、TXT 格式，记事本文档只能保存为 TXT 格式

B．写字板文档中可以进行段落设置，记事本不能

C．写字板支持图文混排，记事本只能编辑纯文本文件

D．以上都正确

（40）附件程序组中的系统工具包括（ ）。

A．磁盘扫描程序　　B．磁盘格式化程序

C．压缩磁盘空间程序　　D．磁盘碎片整理程序

（41）当鼠标位于窗口边界且形状为水平双向箭头时，可以实现的操作是（ ）。

A．改变窗口的横向尺寸　　B．移动窗口的位置

C．改变窗口的纵向尺寸　　D．窗口中插入文本

（42）当 Windows 程序被最小化后，该程序（ ）。

A．停止运行　　B．被转入后台运行

C．不能打开　　D．不能关闭

（43）Windows XP 资源管理器中为用户提供了（ ）种文件的显示方式。

A．3　　B．4

C．5　　D．6

（44）使用（ ）快捷键也可在多个窗口间进行切换。

A．Alt+Tab　　B．Ctrl+Space

C．Alt+Enter　　D．Ctrl+Shift

（45）输入法的编码规则有（ ）。

A．音码　　B．形码

C．音形码　　D．王码

（46）在计算机运行的状态下，如果遇到死机现象，则可以热启动计算机，其操作方法是（ ）。

A．按主机上的电源按钮　　B．按下主机上的“Reset”按钮

C．按“Ctrl+Alt+Delete”组合键　　D．按下显示器上的电源开关

（47）按文件字节的大小顺序显示文件夹中的文件，应在“查看”菜单的“排列图标”选项中选择（ ）命令。

A．按名称　　B．按日期

C．按类型　　D．按大小

（48）下列关于 Windows XP 桌面上图标的叙述中，正确的是（ ）。

A．图标都可以移动　　B．图标的位置不可以改变

C．图标不能被删除　　D．图标不可以重命名

（49）在 Windows XP 系统中，不能对当前窗口进行（ ）操作。

A．大小调整　　B．关闭

C．删除　　D．移动

（50）在 Windows XP 系统中，可以通过用鼠标（ ）来移动窗口的位置。

A．拖曳标题栏　　B．拖曳工作区

C．拖曳边框　　D．拖曳指定按钮

（51）Windows 窗口的最小化是指（　）。

A．窗口隐藏　　B．窗口缩放到任务栏

C．窗口暂时关闭　　D．窗口缩小一半

（52）在 Windows 的窗口中，标题栏的右侧有“最大化”“最小化”“还原”和“关闭”按钮，其中不可能同时出现的两个按钮是（　）。

A．“最大化”和“最小化”　　B．“最小化”和“还原”

C．“最大化”和“还原”　　D．“最小化”和“关闭”

（53）在 Windows XP 中，下面文件名中（　）是不合法的文件名形式。

A．AABB　　B．文档.DOC

C．ONE_two.txt　　D．X?C.EXE

（54）在 Windows 中，下面（　）字符能出现在文件名中。

A．*　　B．空格

C．<　　D．？

（55）在 Windows 系统中，利用控制面板中的（　）属性，能够对系统中的输入法进行添加或删除。

A．显示　　B．系统

C．输入法　　D．添加/删除程序

（56）使用标准指法击键，输入“u”应用（　）。

A．左手小指　　B．右手中指

C．右手食指　　D．左手食指

（57）设 Windows 桌面上已经有某应用程序的图标，在系统默认方式下，要运行该程序，可以（　）。

A．用鼠标左键单击该图标　　B．用鼠标右键单击该图标

C．用鼠标左键双击该图标　　D．用鼠标右键双击该图标

（58）在 Windows XP 中，需要查找近一个星期内建立的所有文件，可以采用（　）。

A．按位置查找　　B．按名称查找

C．高级查找　　D．按日期查找

（59）在进行文档编辑时，不能进行中英文切换的操作是（　）。

A．Shift+空格键

B．Ctrl+空格键

C．用“任务栏”右侧的输入法按钮

D．用鼠标左键单击输入法状态窗口中最左边的中英文切换按钮

（60）在 Windows XP 支持下，用户操作计算机系统的基本工具是（　）。

A．键盘　　B．鼠标

C．键盘和鼠标　　D．以上都不对

（61）当一个文件改名后，该文件内容（　）。

A．完全消失　　B．部分消失

C．完全不变　　D．全部改变

（62）当一个应用程序的窗口被最小化后，该应用程序将（　）。

A．继续运行　　　　　　　　　　B．仍然在内存中运行
C．被终止运行　　　　　　　　　D．被暂停运行

三、简答题

（1）若忘记了自己的文件夹所存放的位置，怎样将它们找出来？

（2）Windows 窗口由哪些部分组成？

（3）实现文件或文件夹移动、复制、重命名和删除操作有哪些方法？

（4）在 Windows XP 中，“任务栏”的作用是什么？如何个性化自己的任务栏？

（5）“控制面板”的作用是什么？利用“控制面板”能完成什么工作？

（6）在 Windows XP 中，如何个性化自己的桌面？

四、判断题

（1）文件夹中只能包含文件。（　）

（2）窗口的大小可以通过鼠标拖动来改变。（　）

（3）快捷方式只是指向对象的指针，其图标左下角有一个小箭头。（　）

（4）桌面上的任务栏可根据需要移动到桌面上的任意位置。（　）

（5）在 Windows 的窗口中，选中末尾带有省略号（…）的菜单意味着该菜单项已被选用。（　）

（6）“资源管理器”中某些文件夹左端有一个“+”，表示该文件夹包含子文件夹。（　）

（7）将 Windows 应用程序窗口最小化后，该程序将立即关闭。（　）

（8）如果设定了屏幕保护，那么在指定等待时间内未操作鼠标，屏幕就会进入保护状态。（　）

（9）磁盘上刚刚被删除的文件或文件夹都可以从“回收站”中恢复。（　）

（10）用鼠标移动窗口，只需要窗口中按住鼠标左键不放，拖曳移动鼠标，使窗口移动到预定位置后释放鼠标左键即可。（　）

（11）“回收站”被清空后，“回收站”图标不会发生变化。（　）

（12）对话框和普通窗口一样可以调整大小。（　）

（13）对话框和普通窗口一样可以最大化及最小化。（　）

（14）启动 Windows XP 后，出现在屏幕的整个区域称为桌面。（　）

（15）当改变窗口的大小，使窗口中的内容显示不下时，窗口中会自动出现垂直滚动条或水平滚动条。（　）

（16）Windows 桌面上的“我的文档”中只能存放非应用程序。（　）

（17）在 Windows XP 中，“资源管理器”和“我的电脑”对文件的管理其效果是类似的。

（18）删除了一个应用程序的快捷方式就删除了相应的应用程序。(　)

（19）在为某个应用程序创建了快捷方式图标后，再将该应用程序移动到另一个文件夹中，该快捷方式仍能启动该应用程序。（　）

（20）Windows 的图标是在安装的同时就设置好了的，以后不能进行更改。(　)

（21）经常运行磁盘碎片整理程序有助于提高计算机的性能。(　)

（22）双击任务栏右下角的时间显示区，可以对系统时间进行设置。(　)

（23）屏幕保护程序的图案，只能通过系统提供的几种图案进行选择，用户不能自行设置。(　)

（24）快捷方式的图标与一般图标的区别在于它有一个箭头。(　)

（25）由于不小心，在回收站里删除了一个文件(夹)，立即撤消操作可以避免损失。(　)

（26）Windows 不允许删除正在打开的应用程序。(　)

（27）通过单击 Windows XP 系统任务栏上的按钮，可以实现窗口之间的切换。（ ）

（28）在 Windows XP 中，通过“任务栏”可以对所有打开的窗口进行“纵向平铺”的设置。（ ）

（29）在 Windows XP 系统中同时打开多个窗口时，全部都是活动窗口。（ ）

（30）在 Windows XP 系统中，最小化一个窗口就是结束该窗口正在运行的程序。（ ）

2.3 上 机 指 导

实验 1 启动和关闭计算机

1. 实验目的

掌握 Windows XP 操作系统的启动和关闭。

2. 实验内容

练习启动和关闭计算机的操作方法。

3. 实验步骤

（1）打开显示器及主机电源，稍后屏幕上将显示计算机自检信息。

（2）如果安装了多操作系统，则选择 Windows XP 选项，按回车键进入 Windows XP 操作系统，显示如图 2.3.1 所示的用户登录界面。

（3）在该界面中输入正确的登录账号和密码，然后按回车键即可运行 Windows XP 操作系统，并进入如图 2.3.2 所示的 Windows XP 桌面。

（4）计算机使用完后，关闭所有已经打开的应用程序。

图 2.3.1 用户登录界面

图 2.3.2 Windows XP 桌面

（5）单击 开始 按钮，在弹出的“开始”菜单中选择 关闭计算机(U) 命令，弹出 关闭计算机 对话框，如图 2.3.3 所示。

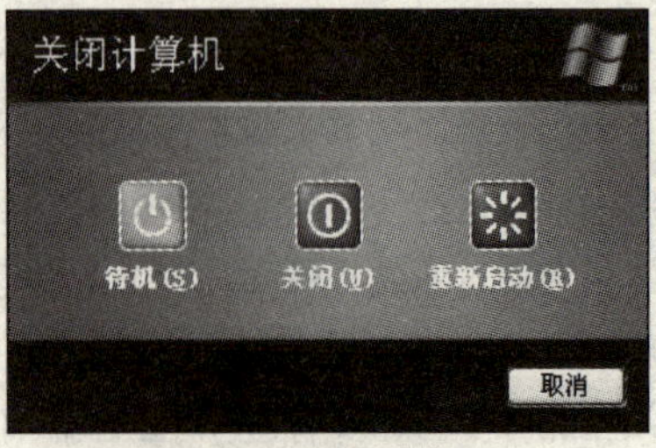

图 2.3.3 “关闭计算机”对话框

(6) 在该对话框中单击“关闭”按钮，即可关闭计算机。

(7) 最后关闭显示器及总电源。

实验 2 使用键盘和鼠标操作计算机

1. 实验目的

掌握使用键盘和鼠标操作窗口的方法。

2. 实验内容

练习使用键盘和鼠标以不同的方式打开“我的电脑”窗口。

3. 实验步骤

(1) 双击打开。在 Windows XP 系统的桌面上，将鼠标移动到“我的电脑”图标上，用鼠标左键双击该图标即可打开“我的电脑”窗口，如图 2.3.4 所示。

(2) 单击打开。在桌面上用鼠标左键单击 开始 按钮，在弹出的“开始”菜单中，单击“我的电脑”选项，即可打开“我的电脑”窗口，如图 2.3.5 所示。

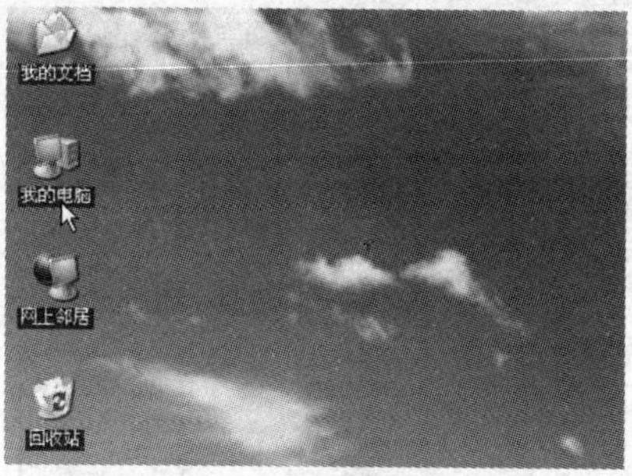

图 2.3.4 双击“我的电脑”图标

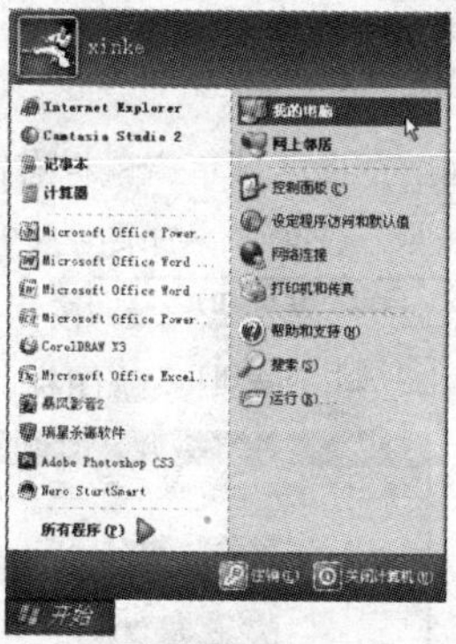

图 2.3.5 “开始”菜单

(3) 右键单击打开。用鼠标右键单击桌面上的“我的电脑”图标。在弹出的快捷菜单中选择“打开”命令即可打开“我的电脑”窗口，如图 2.3.6 所示。

(4) 使用键盘打开。按住键盘上的 Windows 键，然后再按键盘上的“E”键，即可打开“我的电脑”窗口，如图 2.3.7 所示。

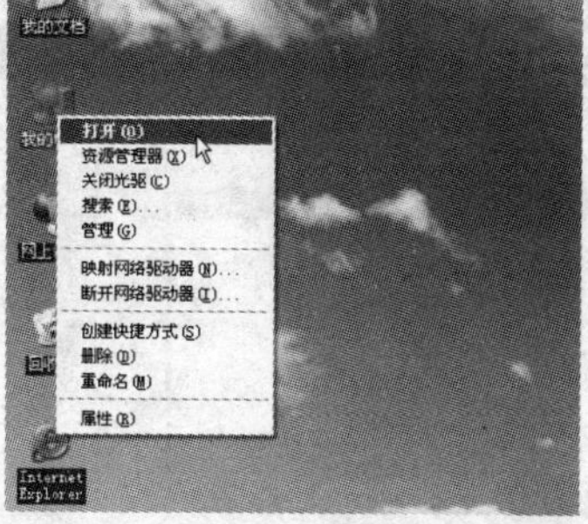

图 2.3.6 右键单击“我的电脑”图标

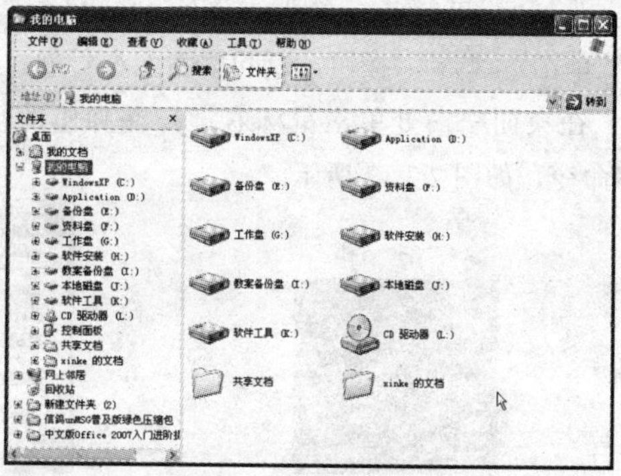

图 2.3.7 “我的电脑”窗口

实验 3 操作桌面图标

1. 实验目的

掌握系统图标的创建与桌面图标的排列方式。

2. 实验内容

创建“网上邻居”系统图标，并对桌面图标按名称进行排列，效果如图 2.3.8 所示。

图 2.3.8 桌面图标排列效果图

3. 实验步骤

(1)在桌面的空白区域单击鼠标右键，在弹出的快捷菜单中选择 属性(R) 命令，打开 显示 属性 对话框，单击 桌面 选项卡，如图 2.3.9 所示。

(2) 单击 自定义桌面(D)... 按钮，在打开的 桌面项目 对话框中单击 常规 选项卡，在“桌面图标”栏中选中 ☑网上邻居(N) 系统图标，如图 2.3.10 所示。

图 2.3.9 “桌面”选项卡

图 2.3.10 选中“网上邻居”系统图标

(3) 单击 确定 按钮，返回桌面上查看创建的“网上邻居”系统图标，如图 2.3.11 所示。

(4) 在桌面空白处单击鼠标右键，在弹出的快捷菜单中选择 排列图标(I) ▶→ 名称(N) 命令，如图 2.3.12 所示。

图 2.3.11 查看“网上邻居”系统图标

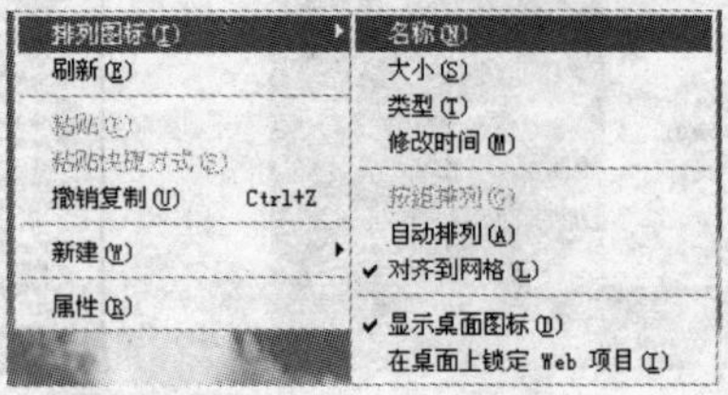

图 2.3.12 按“名称”排列图标

实验 4 创建用户自己的图标

1. 实验目的

为了更快捷地执行某个文件。

2. 实验内容

（1）创建快捷图标——下载图片，并将其移动到桌面上。

（2）创建文件夹图标——学生档案。

（3）创建文件图标——工资表。

创建的用户图标，如图 2.3.13 所示。

图 2.3.13 创建的用户图标效果图

3. 实验步骤

（1）创建快捷图标——下载图片，并将其移动到桌面上。

1）选择[开始]→[所有程序(P)]→[附件]→[Windows 资源管理器]命令，打开 Windows 资源管理器，如图 2.3.14 所示。

2）选择[文件(F)]→[新建(W)]→[快捷方式(S)]命令，弹出[创建快捷方式]对话框，如图 2.3.15 所示。

图 2.3.14 Windows 资源管理器

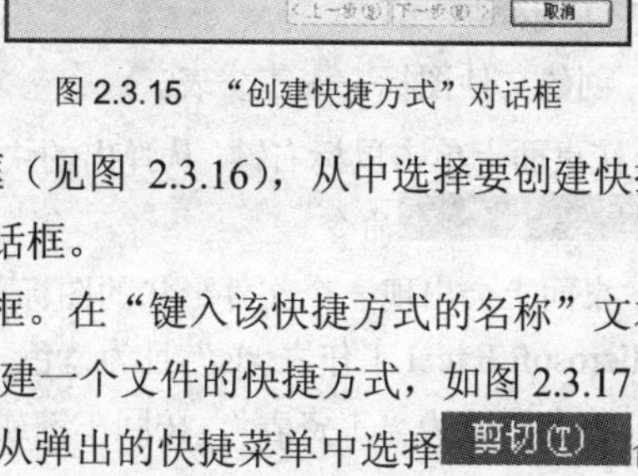

图 2.3.15 “创建快捷方式”对话框

3）单击[浏览(R)...]按钮，弹出[浏览文件夹]对话框（见图 2.3.16），从中选择要创建快捷方式的程序名，并单击[确定]按钮，返回到[创建快捷方式]对话框。

4）单击[下一步(N) >]按钮，弹出[选择程序标题]对话框。在“键入该快捷方式的名称”文本框中输入快捷方式的名称，然后单击[完成]按钮，即可创建一个文件的快捷方式，如图 2.3.17 所示。

5）选中创建的快捷方式图标，单击鼠标右键，从弹出的快捷菜单中选择[剪切(T)]命令，单击“向上”按钮，打开 Windows 桌面文件夹，单击鼠标右键，从弹出的快捷菜单中选择 粘贴(P) 命令，即可将创建的快捷方式图标移到桌面上，效果如图 2.3.13 所示。

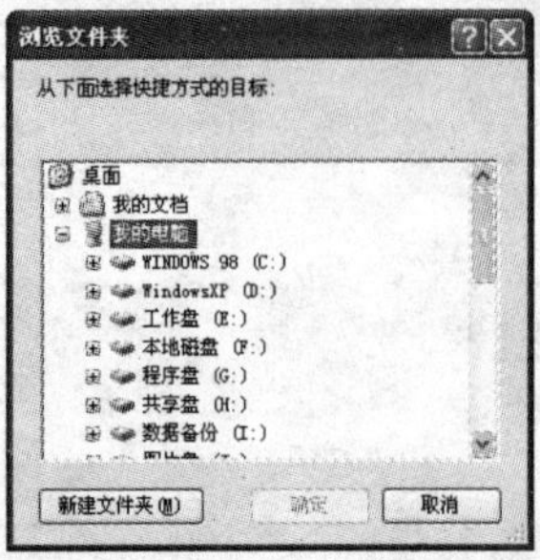

图 2.3.16 “浏览文件夹”对话框

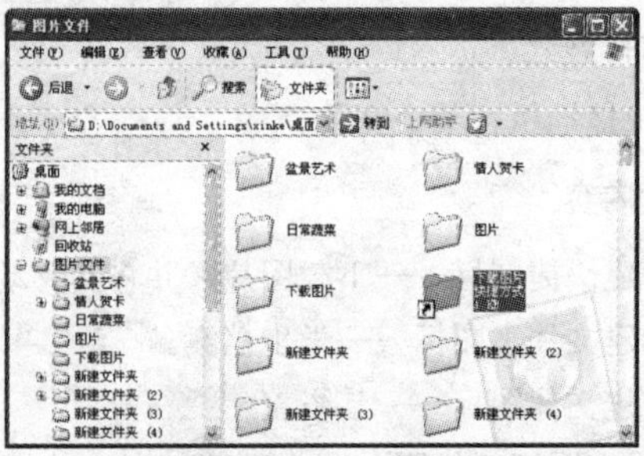

图 2.3.17 创建快捷方式

（2）创建文件夹图标——学生档案。

1）在桌面上单击鼠标右键，从弹出的快捷菜单中选择 新建(W) → 文件夹(F) 命令。

2）桌面上会出现一个文件夹形状的图标，光标落在图标下方的名称框中，系统默认的名称为“新建文件夹”且为蓝色，表示此时可以改名。

3）将名称改为“学生档案”文件夹，按回车键或光标退出该框即可。

4）在创建的“学生档案”文件夹上，单击鼠标右键，在弹出的快捷菜单中选择 属性(R) 命令，弹出“属性”对话框，打开 自定义 选项卡，如图 2.3.18 所示。

5）单击 更改图标(I)... 按钮，弹出“更改图标”对话框，在图标列表中选择喜欢的图标，如图 2.3.19 所示。

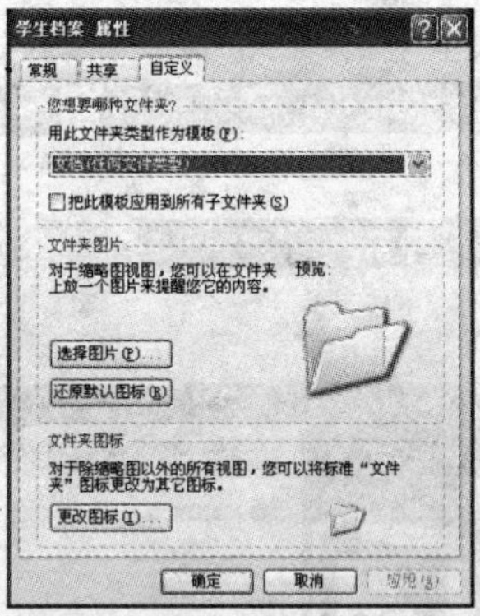

图 2.3.18 “自定义”选项卡

图 2.3.19 “更改图标”对话框

6）单击 确定 按钮返回“属性”对话框，再单击 确定 按钮文件夹图标即可被更改，效果如图 2.3.13 所示。

（3）创建文件图标——工资表。

1）在桌面上单击鼠标右键，从弹出的快捷菜单中选择 新建(W) → Microsoft Excel 工作表 命令。

2）桌面上会出现一个文件形状的图标，光标落在图标下方的名称框中，系统默认的名称为“新建 Microsoft Excel 工作表.xls”且为蓝色，表示此时可以改名。

3）将名称改为“工资表”，按回车键或光标退出该框即可。

实验5 隐藏文件夹

1. 实验目的

掌握文件夹属性和文件夹选项的设置方法。

2. 实验内容

通过对“我的日记”文件夹属性设置，隐藏该文件夹，保护个人的隐私。

3. 实验步骤

（1）新建文件夹并重新命名为“我的日记”，选定该文件夹，然后单击鼠标右键，在弹出的快捷菜单中选择**属性(R)**命令，弹出**我的日记 属性**对话框，选中☑**隐藏(H)**复选框，如图2.3.20所示。

（2）单击**确定**按钮，在弹出的**确认属性更改**对话框中选择是否需要应用于当前文件夹中的所有子文件夹和文件，单击**确定**按钮，如图2.3.21所示。

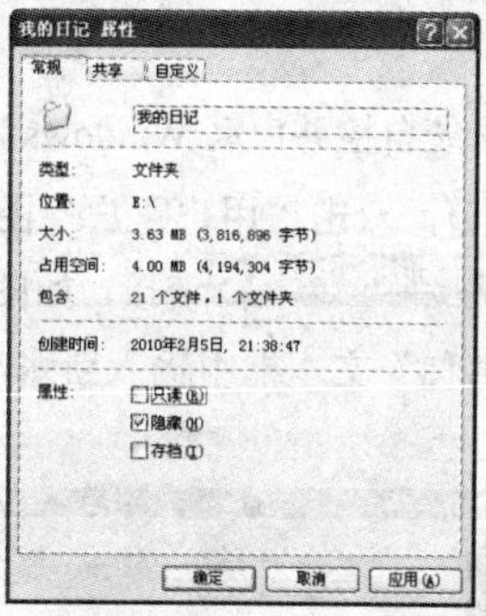

图2.3.20 设置文件夹属性

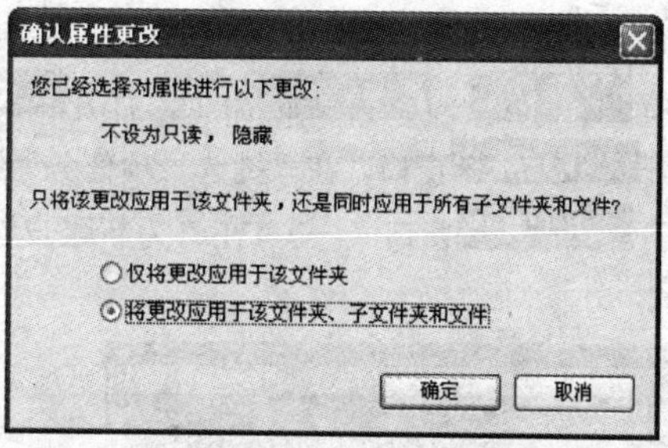

图2.3.21 “确认属性更改”对话框

（3）设置隐藏属性后文件夹将显示为浅色，此时还须进行设置才能隐藏文件夹。选择**工具(T)**→**文件夹选项(O)...**命令，弹出**文件夹选项**对话框。

（4）在该对话框中单击“查看”选项卡，在“高级设置”列表框中选中⊙**不显示隐藏的文件和文件夹**单选按钮，如图2.3.22所示。

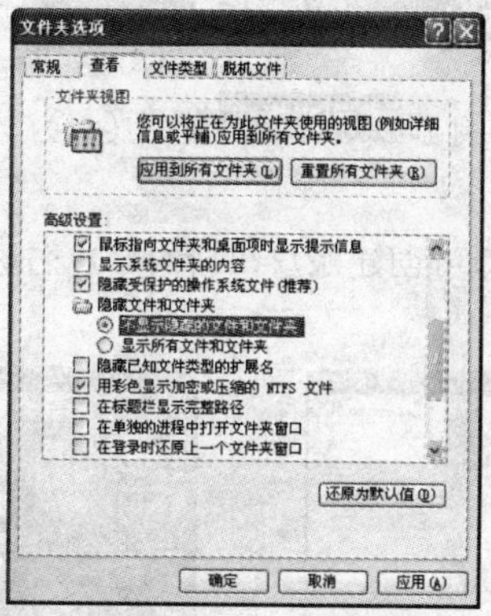

图2.3.22 “查看”选项卡

（5）单击**确定**按钮，再查看相应的文件夹内容时就看不到“我的日记”文件夹了。如果需要使用隐藏的文件夹，则在**文件夹选项**对话框的“查看”选项卡中选中⊙**显示所有文件和文件夹**单选按钮即可。

实验 6　创建用户账户并设置使用环境

1. 实验目的

掌握窗口、菜单的操作方法及用户账户、桌面显示效果的设置方法。

2. 实验内容

创建一个名为“songxinpu”的管理员账户，然后为该账户设置密码，最后切换到该用户下，设置主题和屏幕保护程序，效果如图 2.3.23 所示。

图 2.3.23　设置的屏幕保护

3. 实验步骤

（1）依次按下显示器和电脑主机的电源开关，接通电源，系统自检并启动 Windows XP 操作系统。

（2）选择 开始 → 控制面板(C) 命令，打开 控制面板 窗口，双击“用户账户”图标。

（3）打开 用户帐户 窗口，在“挑选一项任务”组中单击 创建一个新帐户 链接，如图 2.3.24 所示。

（4）打开 用户帐户 窗口（一），在“为新账户键入一个名称”文本框中输入新账户的名称，如图 2.3.25 所示。

图 2.3.24　创建新账户

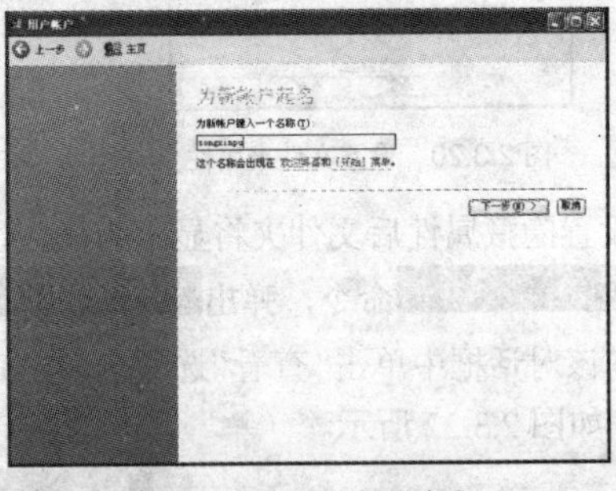

图 2.3.25　输入新账户名

（5）单击 下一步(N) > 按钮，打开 用户帐户 窗口（二），选中 计算机管理员(A) 账户类型，如图 2.3.26 所示。

（6）单击 创建帐户(C) 按钮即可创建账户，新的账户名称将出现在 用户帐户 窗口中，如图 2.3.27 所示。

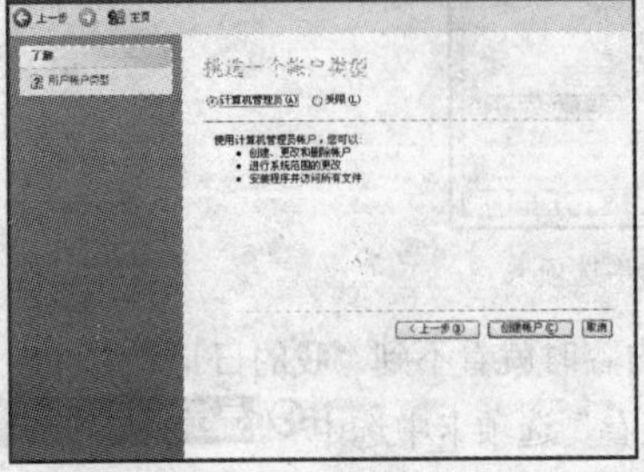

图 2.3.26　选择账户类型

图 2.3.27　创建的新用户账户

（7）返回用户帐户窗口，在“挑选一项任务”选项组中单击更改帐户超链接。

（8）打开“更改账户类型”窗口，在“挑选一个要更改的账户”选项组中单击需要设置密码的账户，如图 2.3.28 所示。

（9）打开“为该账户指定一个密码”窗口，单击创建密码超链接。

（10）打开“创建密码”窗口，在“新密码”和“确认新密码”文本框中输入“songxinpu”，如图 2.3.29 所示。

图 2.3.28　选择需要更改的账户

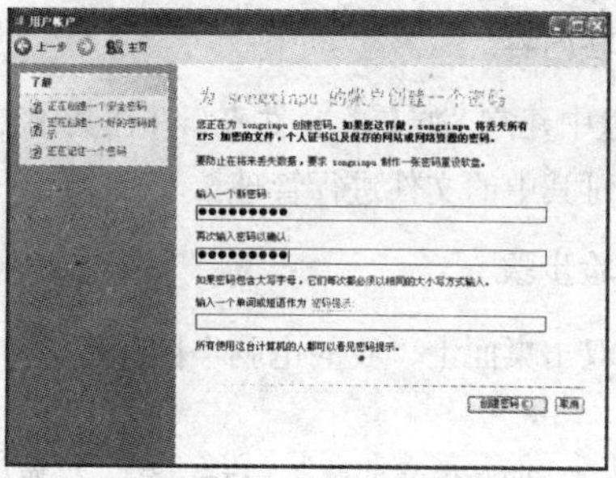

图 2.3.29　创建密码

（11）单击用户帐户窗口右上角的“关闭”按钮，返回到 Windows XP 工作界面。

（12）在桌面空白处单击鼠标右键，在弹出的快捷菜单中选择属性(R)命令，打开显示 属性对话框。打开主题选项卡，在“主题”下拉列表中选择“Windows 经典”选项，如图 2.3.30 所示。

（13）打开屏幕保护程序选项卡，在“屏幕保护程序”列表中选择“字幕”，如图 2.3.31 所示。

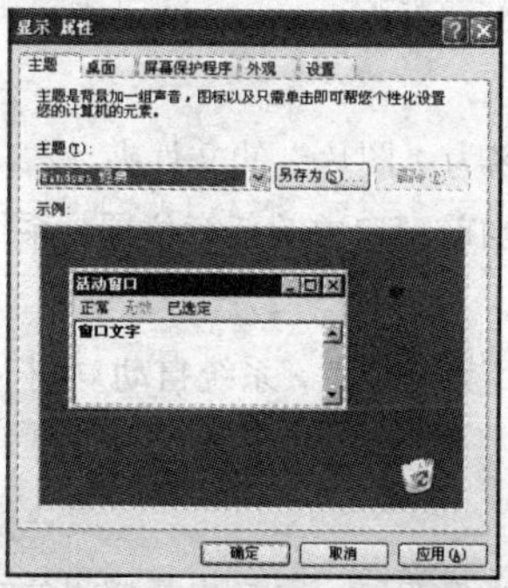

图 2.3.30　选择主题

图 2.3.31　设置屏幕保护

（14）单击设置(T)按钮，弹出字幕设置对话框，在“文字”框中输入“一年之计在于春”，在“背景颜色”列表中选择一种颜色，如图 2.3.32 所示。

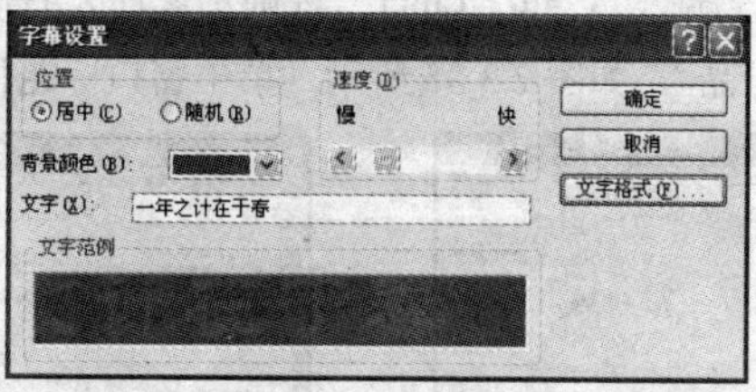

图 2.3.32　“字幕设置”对话框

提示：单击文字格式(F)...按钮，弹出文字格式对话框，可设置文字的字体、字形和大小。

（15）单击确定按钮返回显示 属性对话框，在“等待”下拉列表中选择“30”分钟。

（16）单击 确定 按钮返回桌面，等待 30 分钟后可看到设置的屏幕保护，如图 2.3.23 所示。

实验 7　管理 E 盘下的文件

1. 实验目的

掌握在“我的电脑”和“资源管理器”中操作文件和文件夹的方法。

2. 实验内容

在 E 盘中建立“娱乐”文件夹，并在其中创建 3 个子文件夹，分别命名为“图片”“音乐”和“作品”，最后对其中的文件进行管理。

3. 实验步骤

（1）双击桌面上“我的电脑”图标，打开 我的电脑 窗口，在其中双击 新加卷 (E:)，打开 E 盘。

（2）在 E 盘的空白处单击鼠标右键，在弹出的快捷菜单中选择 新建(W) → 文件夹(F) 命令，出现一个新建的文件夹，其名称框呈可编辑状态。

（3）直接在名称框中输入“娱乐”，按“Enter”键确定，其操作过程如图 2.3.33 所示。

图 2.3.33　新建“娱乐”文件夹

（4）双击“娱乐”文件夹打开该文件夹。

（5）用相同的方法在“娱乐”文件夹下创建一个名为“图片”的文件夹。

（6）选中“图片”文件夹，按住“Ctrl”键拖动到当前窗口中的任意位置，系统自动复制一个名为“复件 图片”的文件夹。

（7）按住“Ctrl”键继续拖动“复件 图片”文件夹到另一位置，系统自动复制一个名为“复件 复件 图片”，如图 2.3.34 所示。

提示： 第（6）、（7）步中，复制文件夹的方法是在同一窗口中最常用的方法。但需要注意的是，复制时文件夹中若有文件内容，将会连同文件夹中的所有内容一起复制。

（8）右键单击“复件 图片”文件夹，在弹出的快捷菜单中选择“重命名”命令，使文件夹名称框变为可编辑状态，然后输入“音乐”，按“Enter”键确定文件夹名称。用同样的方法将“复件 复件 图片”文件夹重命名为“作品”，如图 2.3.35 所示。单击窗口标题栏右边的按钮关闭该窗口。

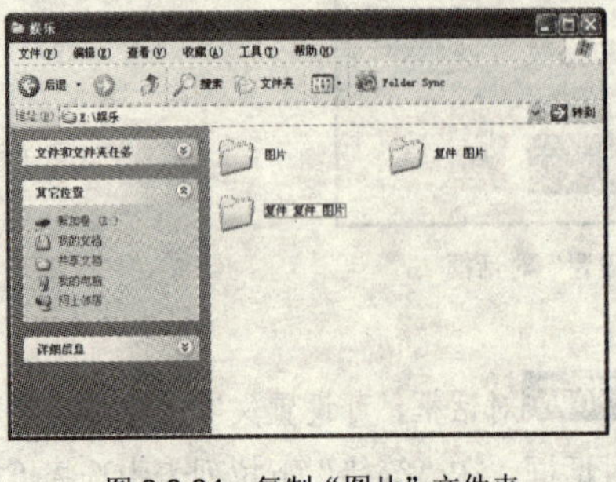

图 2.3.34　复制“图片”文件夹

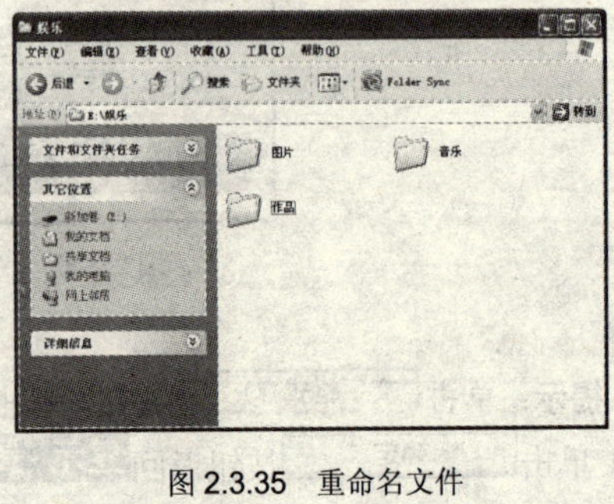

图 2.3.35　重命名文件

（9）选择 开始 → 搜索(S) 命令，打开“搜索助理”窗口，在其中单击 图片、音乐或视频(P) 链接，在打开的窗口中选中 图片和相片(P) 复选框。单击 搜索(R) 按钮开始搜索。完成后，搜索到的图片将显示在窗口右侧，如图 2.3.36 所示。

（10）用鼠标右键单击 开始 按钮，在弹出的快捷菜单中选择 资源管理器(X) 命令，打开“资源管理器”窗口。

（11）在“资源管理器”的“文件夹”区中单击 E 盘前面的⊞标记，展开下级目录，单击“娱乐”文件夹前的⊞标记展开该文件夹，再单击其下的“图片”文件夹，如图 2.3.37 所示。

图 2.3.36 搜索到的图片

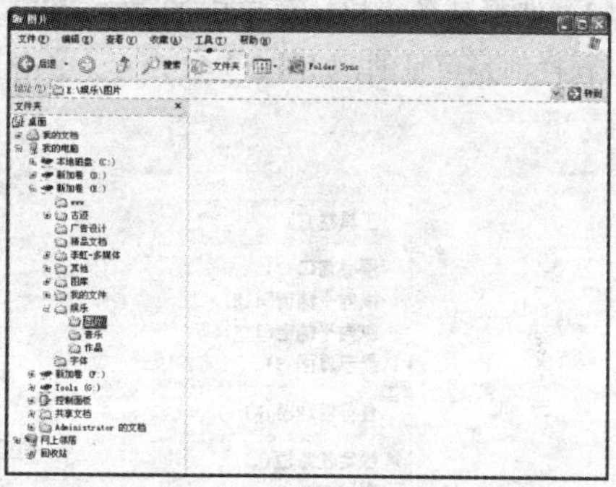

图 2.3.37 展开“资源管理器”中的文件夹

（12）切换到“搜索结果”窗口中单击第一个图片文件，再按住“Shift”键单击最后一个图片文件选定所有图片文件，如图 2.3.38 所示。在选定的文件上单击鼠标右键，从弹出的快捷菜单中选择 复制(C) 命令。

（13）切换到“资源管理器”，在其右侧单击鼠标右键，从弹出的快捷菜单中选择 粘贴(P) 命令将图片粘贴到“图片”文件夹，如图 2.3.39 所示。

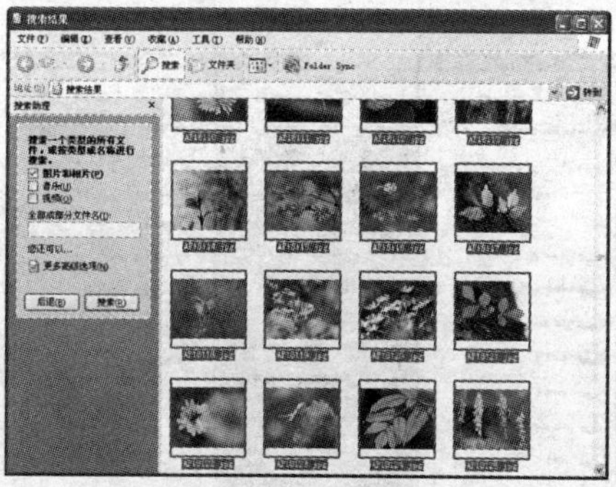

图 2.3.38 选择图片文件

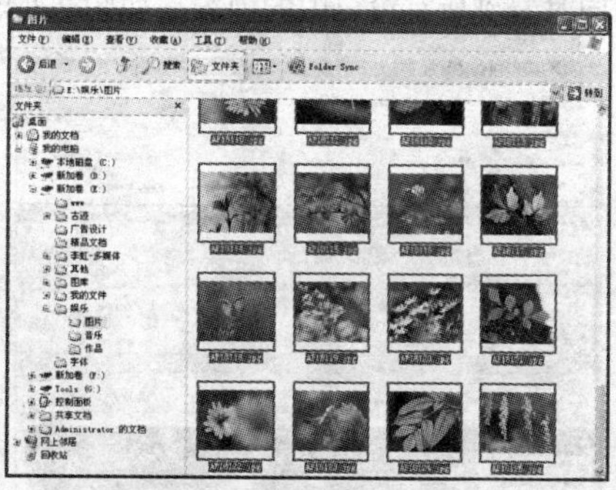

图 2.3.39 复制图片文件到图片文件夹

（14）用同样的方法将音乐文件搜索出来复制到“音乐”文件夹下，将自己的作品搜索出来复制到“作品”文件夹下。

（15）切换到“搜索结果”窗口，按“Ctrl+A”键选中所有文件，再单击鼠标右键，从弹出的快捷菜单中选择 删除(D) 命令，系统弹出 确认删除多个文件 对话框，单击 是(Y) 按钮删除这些文件。

实验 8 排列与切换窗口

1. 实验目的

掌握窗口的操作。

2．实验内容

排列多个窗口，切换窗口。

3．实验步骤

（1）单击“开始”按钮，然后分别选择“我的电脑”、“网上邻居”和“控制面板(C)”命令，在桌面上同时打开上述 3 个窗口。

（2）用鼠标右键单击任务栏空白区域，打开如图 2.3.40 所示的任务栏快捷菜单。

（3）选择任务栏快捷菜单中的“层叠窗口(S)”命令，即可将所有打开的窗口层叠在一起，每个窗口的标题栏都是可见的，如图 2.3.41 所示。单击某个窗口的标题栏，即可将该窗口显示在其他窗口之上。

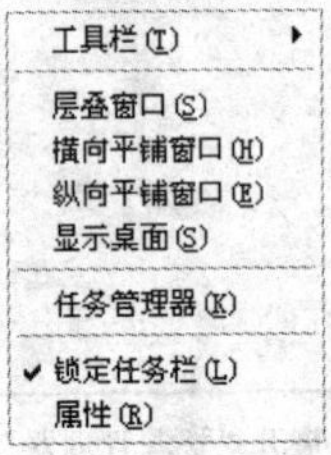

图 2.3.40　任务栏快捷菜单

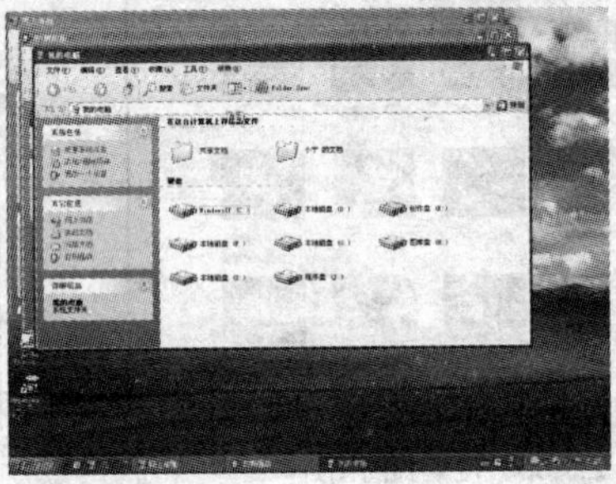

图 2.3.41　层叠窗口

（4）单击任务栏快捷菜单上的“横向平铺窗口(H)”命令，可在屏幕上横向平铺所有打开的窗口，可以同时看到所有窗口中的内容，如图 2.3.42 所示。而层叠窗口，只能看到其中一个窗口的内容。横向平铺窗口后，用户可以很方便的在两个窗口之间进行复制和移动文件的操作。

（5）单击任务栏快捷菜单上的“纵向平铺窗口(E)”命令，可以在屏幕上纵向平铺所有打开的窗口，也可以同时看到所有窗口中的内容，如图 2.3.43 所示。

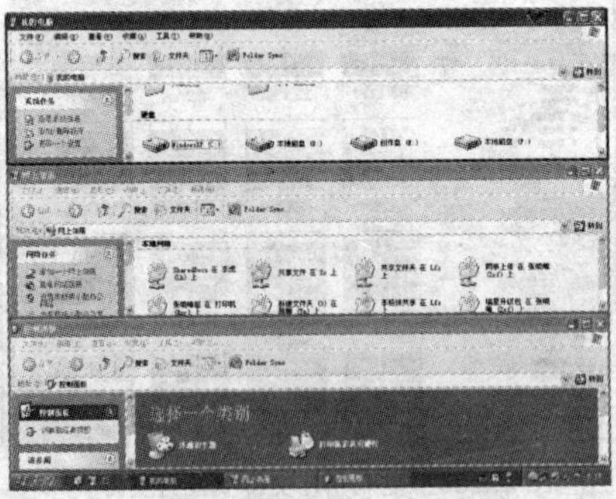

图 2.3.42　横向平铺窗口

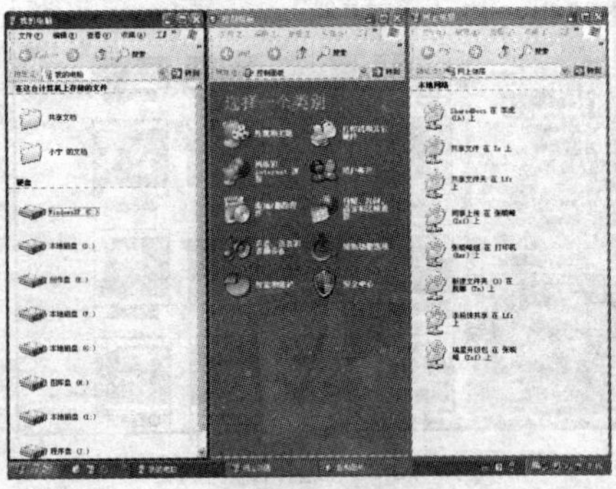

图 2.3.43　纵向平铺窗口

（6）按住“Alt”键然后再按“Tab”键，这时屏幕弹出一个任务框，框中排列着当前打开的各窗口的图标，然后每按一次“Tab”键，就会按顺序选中一个窗口图标。选中所需图标后，释放“Alt”键，相应窗口即被激活为当前窗口。

实验 9　维护计算机 E 盘

1．实验目的

掌握磁盘维护和查杀病毒的方法。

2．实验内容

练习对计算机中的E盘进行磁盘维护和查杀病毒。

3．操作步骤

（1）在桌面上双击“我的电脑”图标。

（2）在打开的“我的电脑”窗口中选择E盘，选择菜单栏中 文件(F) → 属性(R) 命令，如图2.3.44所示。

（3）在打开的 新加卷（E:）属性 对话框中选择 工具 选项卡，单击 开始检查(C)... 按钮，弹出 检查磁盘 新加卷（E:）对话框。

（4）选中 ☑自动修复文件系统错误(A) 和 ☑扫描并试图恢复坏扇区(N) 两个复选框，单击 开始(S) 按钮，如图2.3.45所示。

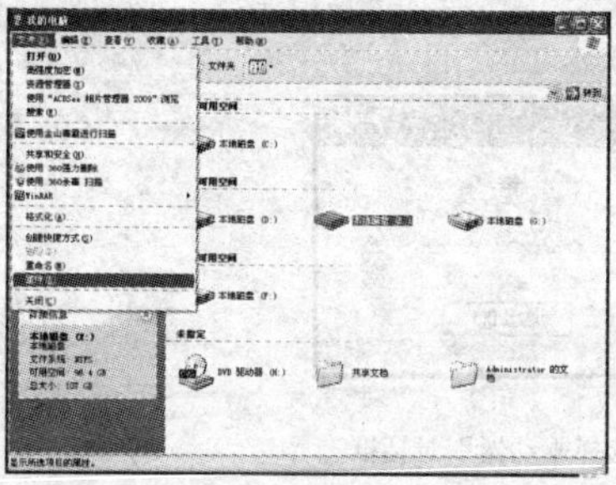

图2.3.44 选择文件命令

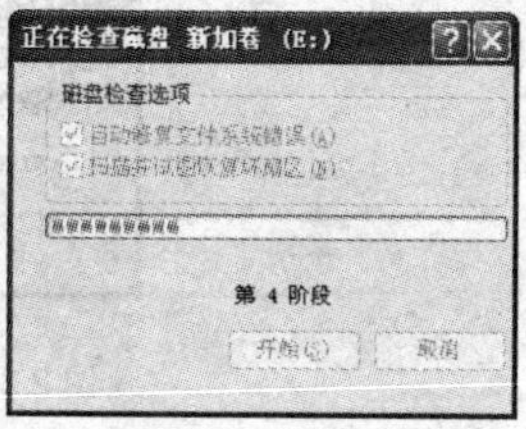

图2.3.45 检查磁盘

（5）扫描结束后，系统将打开一个对话框提示扫描完毕，如图2.3.46所示。

图2.3.46 检查并修复磁盘完毕

（6）单击 确定 按钮，返回到 新加卷（E:）属性 对话框中，单击 确定 按钮完成磁盘维护。

（7）启动瑞星杀毒软件，在瑞星杀毒界面中选择 杀毒 选项卡，在“杀毒目标”列表中选中“新加卷（E:）”复选框，如图2.3.47所示。

（8）单击 开始查杀 按钮，瑞星杀毒程序执行扫描杀毒命令，杀毒完成后在打开的 杀毒结束 对话框中浏览杀毒结果，如图2.3.48所示。

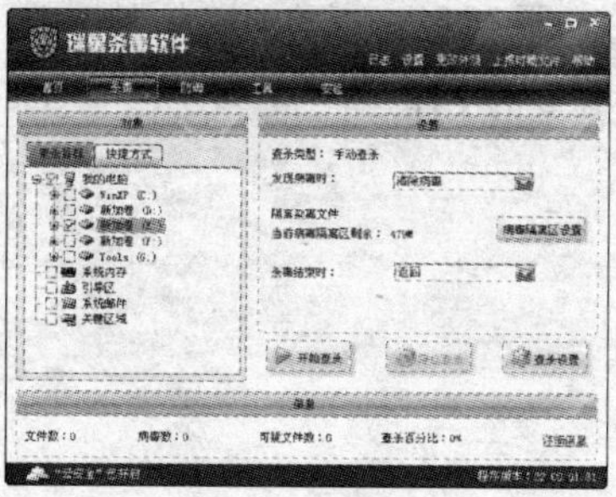

图2.3.47 选择杀毒目标

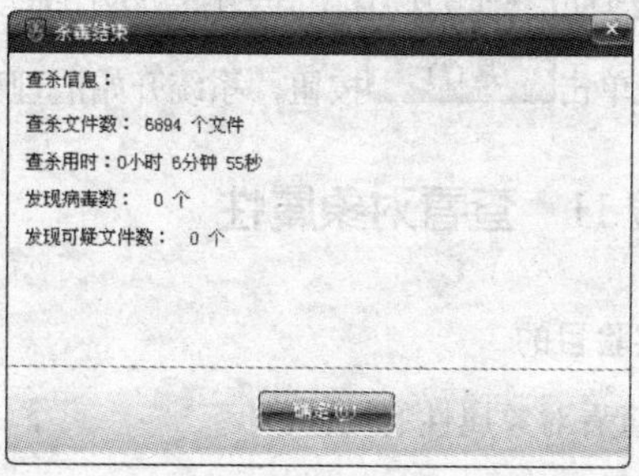

图2.3.48 浏览查杀病毒结果

（9）单击 确定(O) 按钮，返回到瑞星程序窗口并单击“关闭”按钮。

实验 10 清理磁盘

1. 实验目的

掌握磁盘清理程序的使用方法，删除不用的文件，释放更多的磁盘空间。

2. 实验内容

清理共享盘中不用的文件。

3. 实验步骤

（1）单击 开始 按钮，在打开的“开始”菜单中选择 所有程序(P) → 附件 → 系统工具 → 磁盘清理 命令，弹出 选择驱动器 对话框，如图 2.3.49 所示。

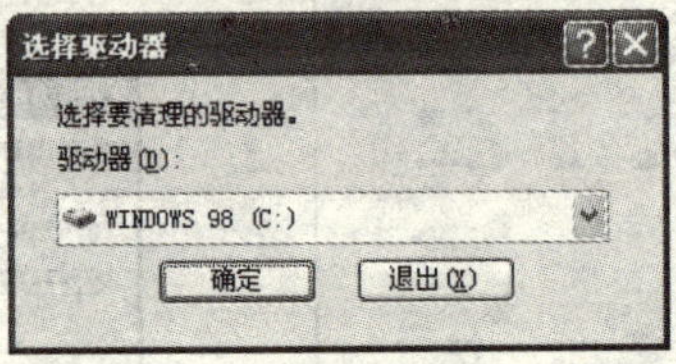

图 2.3.49 “选择驱动器”对话框

（2）在该对话框中选择一个磁盘驱动器，例如选择“共享盘（H:）”，然后单击 确定 按钮，弹出 共享盘(H:)的磁盘清理 对话框，如图 2.3.50 所示。

（3）在该对话框中的“要删除的文件”下拉列表中选择要删除的文件类型，单击 确定 按钮，系统弹出一个提示框，如图 2.3.51 所示。

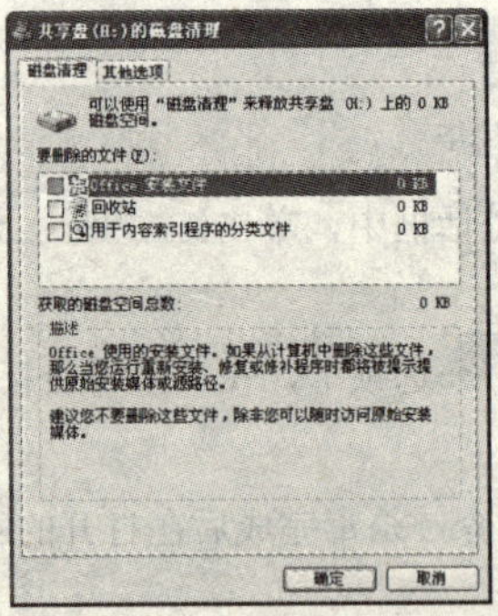

图 2.3.50 “共享盘（H:）的磁盘清理”对话框

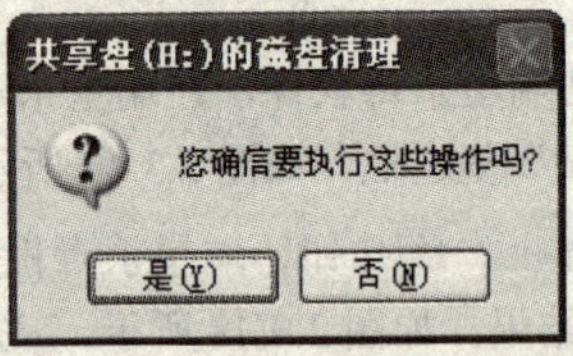

图 2.3.51 “清除文件”提示框

（4）单击 是(Y) 按钮，系统开始清理磁盘中不需要的文件。

实验 11 查看对象属性

1. 实验目的

熟悉查看对象属性的操作。

2. 实验内容

查看磁盘属性；查看文件或文件夹的属性。

3. 实验步骤

（1）单击开始按钮，选择我的电脑命令，打开我的电脑窗口。

（2）选中“本地磁盘（I:）”，在“详细信息”窗格中查看磁盘属性，如可用空间和磁盘大小，如图2.3.52所示。

（3）用鼠标右键单击本地磁盘（I:）图标，在快捷菜单中选择属性(R)命令，打开“磁盘属性”对话框，查看磁盘属性，如图2.3.53所示。

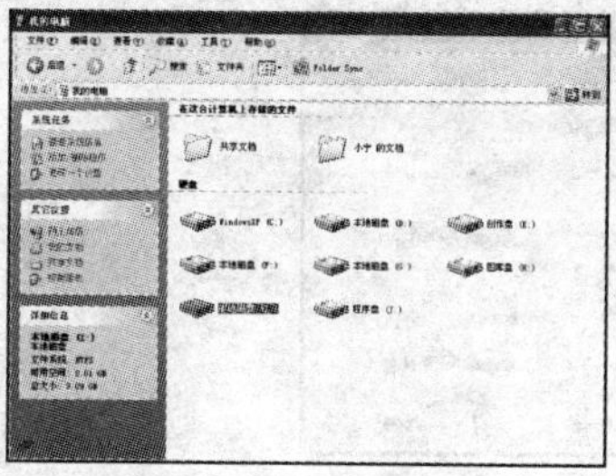

图2.3.52　查看磁盘属性

图2.3.53　查看磁盘属性

（4）双击“本地磁盘（I:）”图标，选中一个文件夹并单击鼠标右键，在弹出的快捷菜单中选择属性(R)命令，打开“属性”对话框，查看文件夹的属性，如图2.3.54所示。

（5）选中一个文件并单击鼠标右键，在弹出的快捷菜单中选择属性(R)命令，打开“属性”对话框，查看文件的属性，如图2.3.55所示。

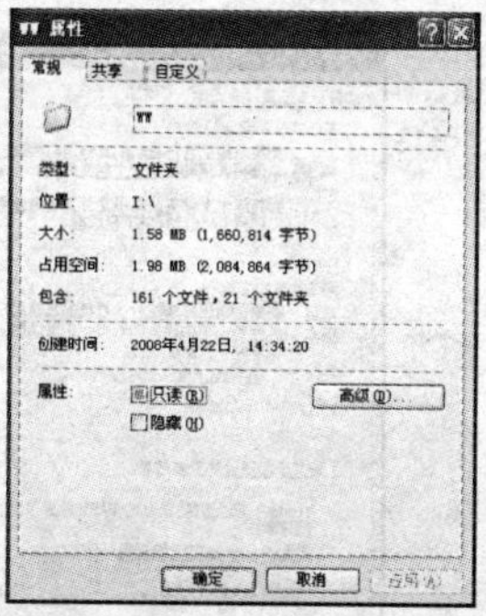

图2.3.54　查看文件夹的属性

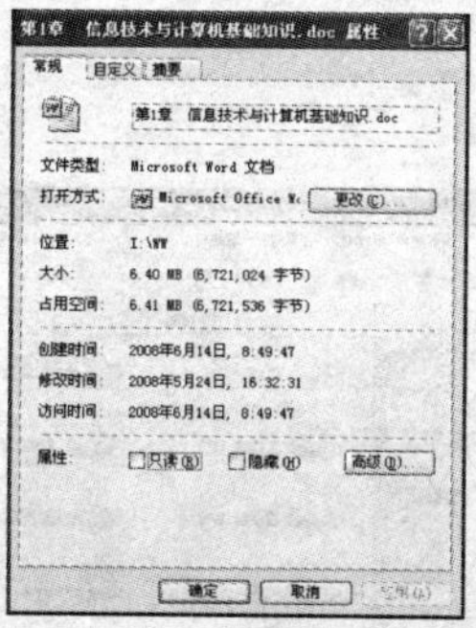

图2.3.55　查看文件的属性

（6）选中多个文件并单击鼠标右键，在弹出的快捷菜单中选择属性(R)命令，打开“属性”对话框，查看多个文件的属性，如图2.3.56所示。

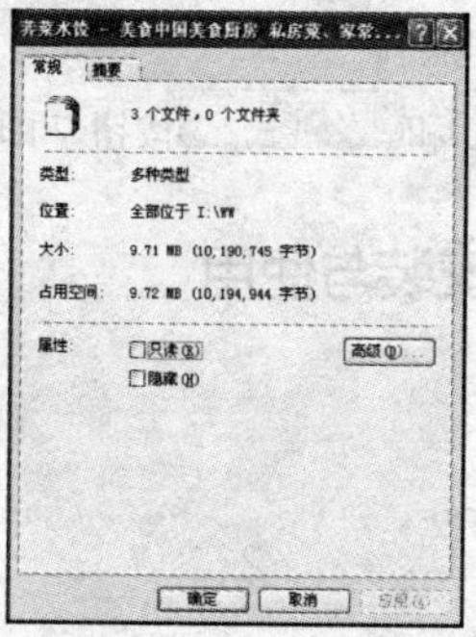

图2.3.56　查看多个文件的属性

实验 12　共享磁盘

1．实验目的

掌握磁盘共享的设置方法。

2．实验内容

在“我的电脑”文件夹中选中一个磁盘符，并将其设置为共享，效果如图 2.3.57 所示。

图 2.3.57　“设置共享磁盘”效果图

3．实验步骤

（1）打开 我的电脑 窗口，并在该窗口中选中需要共享的磁盘，如图 2.3.58 所示。

（2）单击鼠标右键，从弹出的快捷菜单中选择 共享和安全(H)... 命令，弹出 共享盘（H:）属性 对话框，打开 共享 选项卡，如图 2.3.59 所示。

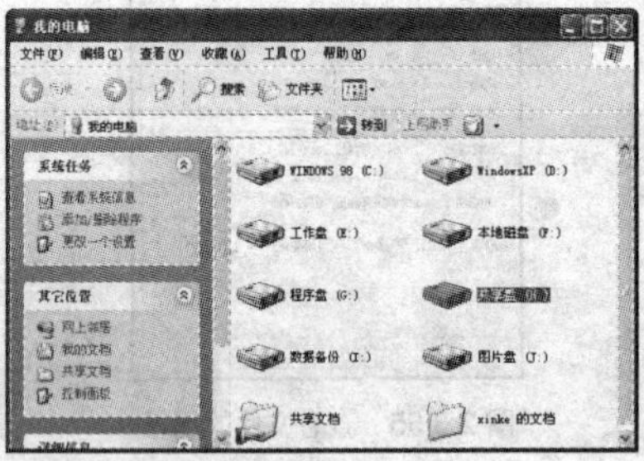

图 2.3.58　选中共享磁盘

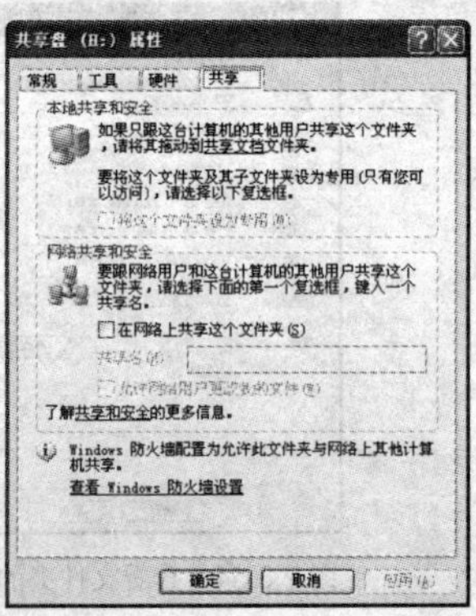

图 2.3.59　“共享”选项卡

（3）在该选项卡中的“网络共享和安全”选区中选中 ☑在网络上共享这个文件夹(S) 复选框；在“共享名”文本框中输入共享名文本“共享盘”。

（4）设置完成后，单击 应用(A) 和 确定 按钮，即可将该磁盘在网络上共享。

实验 13　瑞星杀毒软件的安装与使用

1．实验目的

掌握瑞星杀毒软件的安装与使用方法。

2．实验内容

从网上下载瑞星杀毒软件的最新版本，并将其安装在自己的计算机中。

3．实验步骤

（1）将瑞星杀毒软件安装光盘放入光驱中，自动运行安装引导程序，如图 2.3.60 所示。引导程序完成后，自动弹出瑞星杀毒软件主安装程序对话框，如图 2.3.61 所示。

图 2.3.60　安装引导程序

图 2.3.61　主安装程序

（2）默认安装为“中文简体”，单击“确定”按钮，弹出“瑞星欢迎您”对话框，如图 2.3.62 所示。单击“下一步”按钮，弹出“最终用户许可协议”对话框，如图 2.3.63 所示。

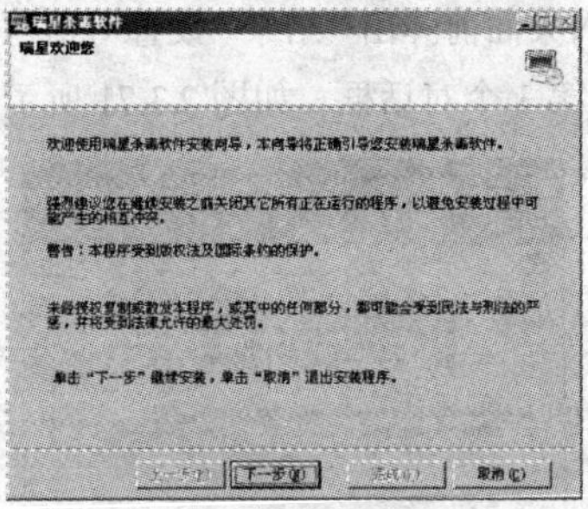

图 2.3.62　“瑞星欢迎您”对话框

图 2.3.63　“最终用户许可协议”对话框

（3）单击“下一步”按钮，弹出“定制安装”对话框，如图 2.3.64 所示。再单击“下一步”按钮，弹出“选择目标文件夹”对话框，如图 2.3.65 所示。

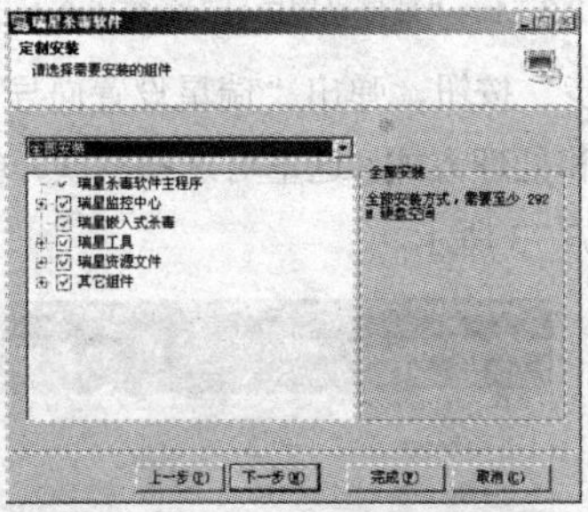

图 2.3.64　“定制安装”对话框

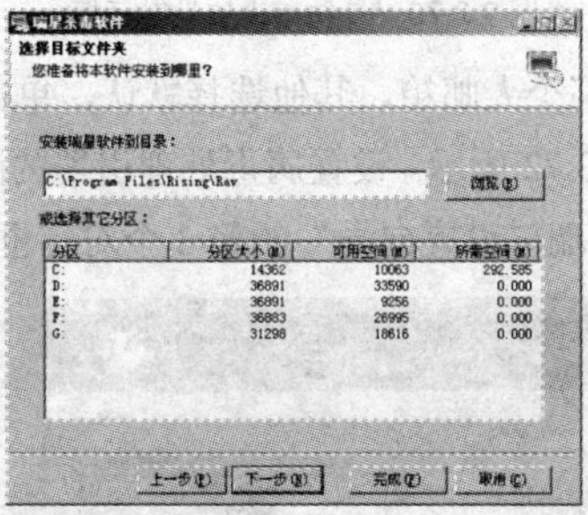

图 2.3.65　“选择目标文件夹”对话框

（4）单击“下一步”按钮，弹出“选择开始菜单文件夹”对话框，如图 2.3.66 所示。再单击“下一步”按钮，弹出“安装信息”对话框，如图 2.3.67 所示。

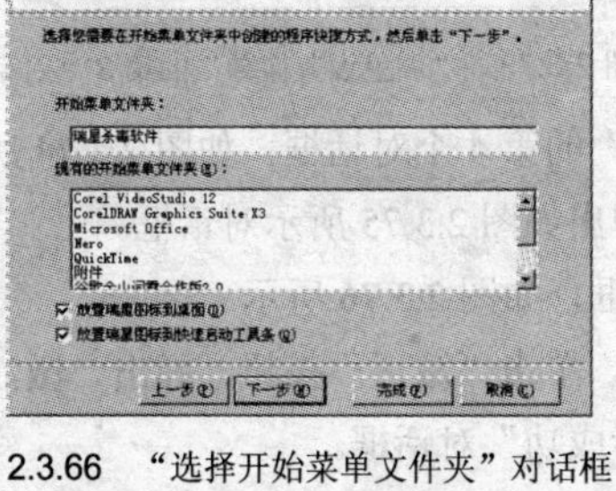

图 2.3.66　“选择开始菜单文件夹”对话框

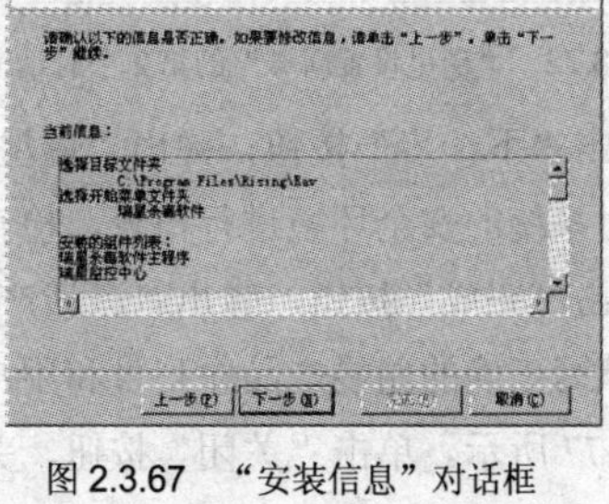

图 2.3.67　“安装信息”对话框

（5）单击“下一步”按钮，弹出“安装过程中…”对话框开始安装程序，如图 2.3.68 所示。程序安装完成后弹出“结束”对话框，如图 2.3.69 所示。

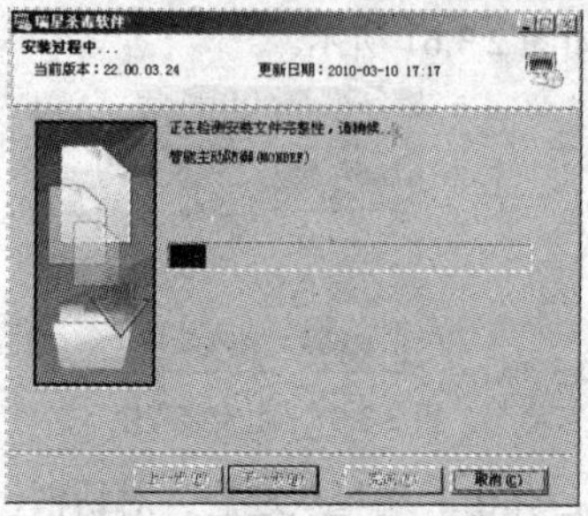

图 2.3.68 “安装过程中…”对话框

图 2.3.69 “结束”对话框

（6）单击“完成”按钮，重新启动计算机。重启进入桌面前弹出“结束”设置对话框，如图 2.3.70 所示。再单击“完成”按钮，弹出“瑞星设置向导”的第 1 个对话框，如图 2.3.71 所示。

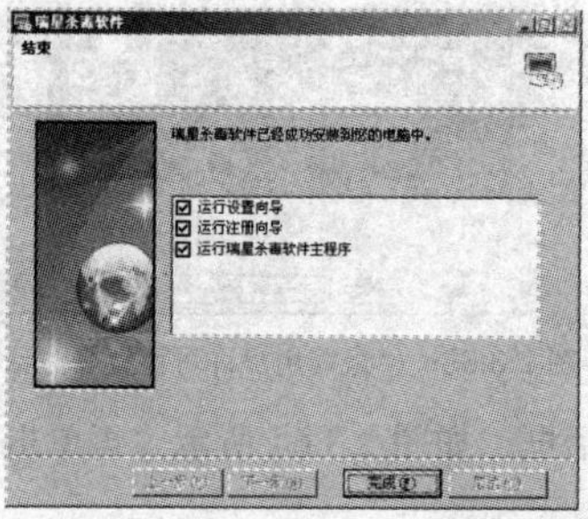

图 2.3.70 “结束设置”对话框

图 2.3.71 “瑞星设置向导”的第 1 个对话框

（7）填写个人邮箱，其他选择默认，单击“下一步”按钮，弹出“瑞星设置向导”的第 2 个对话框，如图 2.3.72 所示。设置病毒处理引擎的防御级别和处理方式，这里可选择默认，单击“下一步”按钮，弹出“瑞星设置向导”的第 3 个对话框，如图 2.3.73 所示。

图 2.3.72 “瑞星设置向导”的第 2 个对话框

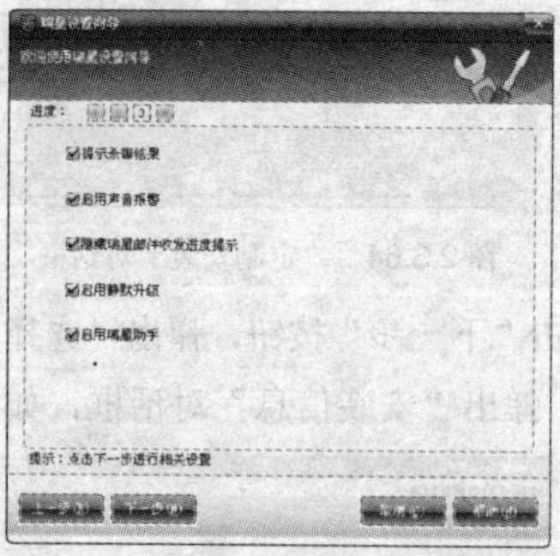

图 2.3.73 “瑞星设置向导”的第 3 个对话框

（8）单击“下一步”按钮，弹出“瑞星设置向导”的第 4 个对话框，如图 2.3.74 所示。瑞星杀毒软件自动对系统的安全环境进行检查，检查完成后弹出如图 2.3.75 所示对话框。

（9）单击“完成”按钮，弹出“激活产品”对话框，如图 2.3.76 所示。

（10）填写正确的瑞星产品序列号和用户 ID 号后，单击“激活”按钮，弹出“激活成功”对话框，如图 2.3.77 所示。单击“关闭”按钮，关闭“激活成功”对话框。

图 2.3.74　“瑞星设置向导”的第 4 个对话框

图 2.3.75　“瑞星设置向导”检查完成对话框

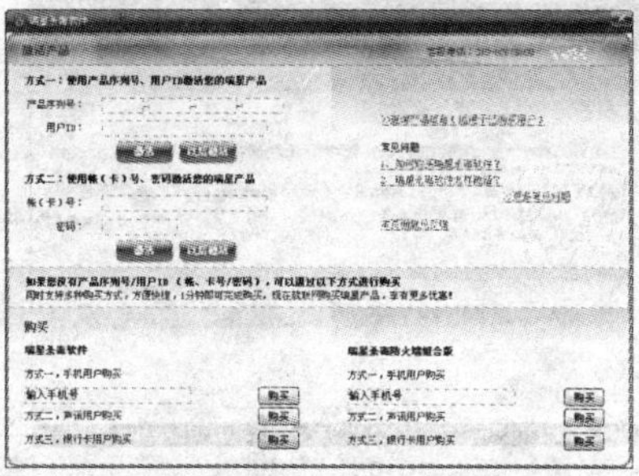

图 2.3.76　“激活产品”对话框

图 2.3.77　“激活成功”对话框

（11）瑞星安装成功后的主界面上有“家庭模式”和“专业模式”供不同用户选择，这里选择“专业模式”，如图 2.3.78 所示。

（12）新安装的瑞星杀毒软件需要立即进行升级，以使病毒库更新到最新。单击“软件升级”按钮，进行智能升级，如图 2.3.79 所示。升级成功后系统自动进行更新，“更新过程中…”对话框如图 2.3.80 所示。

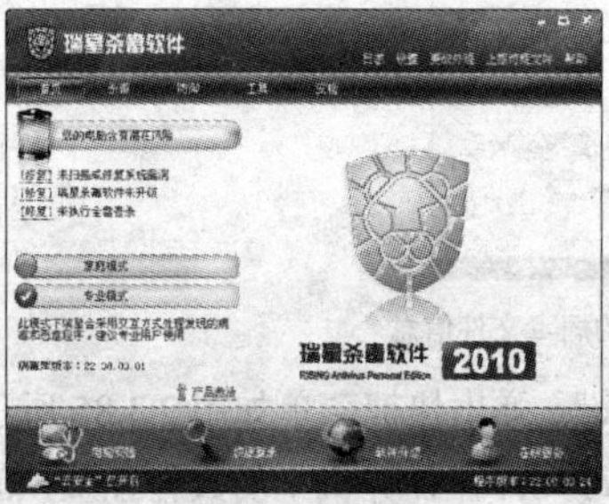

图 2.3.78　瑞星杀毒软件主界面

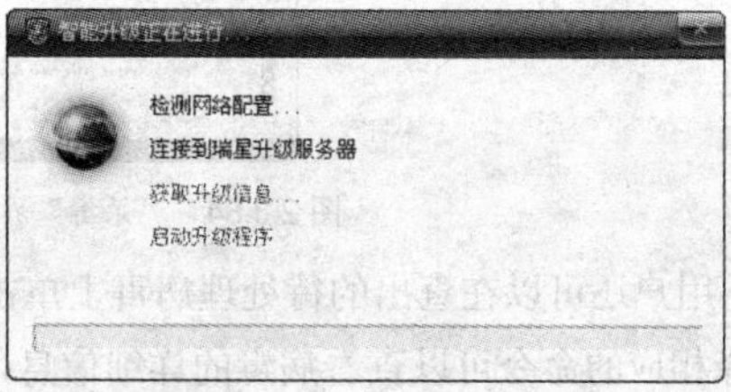

图 2.3.79　进行智能升级

（13）更新完成后，弹出更新“结束”对话框，如图 2.3.81 所示。单击“完成”按钮，完成瑞星杀毒软件的升级。

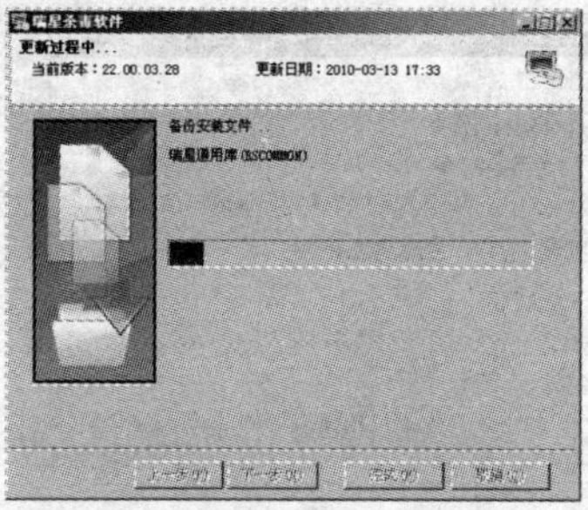

图 2.3.80　“更新过程中…”对话框

图 2.3.81　更新“结束”对话框

（14）首次升级完成后需要对系统做一个全面的杀毒，以保证其安全可靠。可以直接单击“快速查杀”按钮，对系统关键区进行查杀。这里建议全面查杀，单击“杀毒”选项卡，弹出“杀毒”界面如图 2.3.82 所示。

（15）在“杀毒”界面中设置“发现病毒时”的处理方式为“清除病毒”，弹出“确认验证码”对话框，输入验证码，单击“确定”按钮。

（16）设置“杀毒结束时”的处理方式为“退出”，单击“开始查杀”按钮，弹出“正在杀毒”界面，如图 2.3.83 所示。

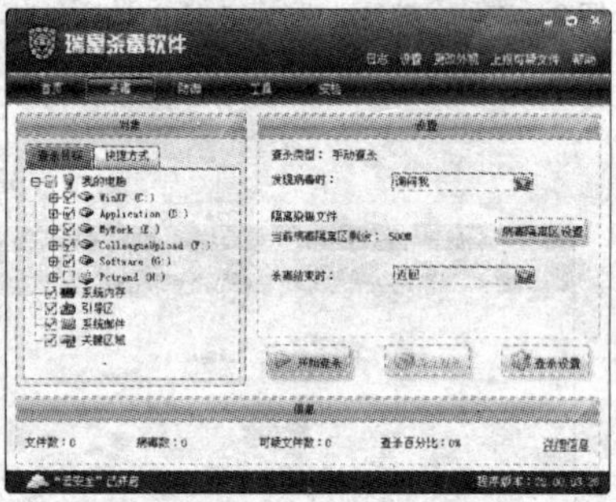

图 2.3.82　“杀毒”界面

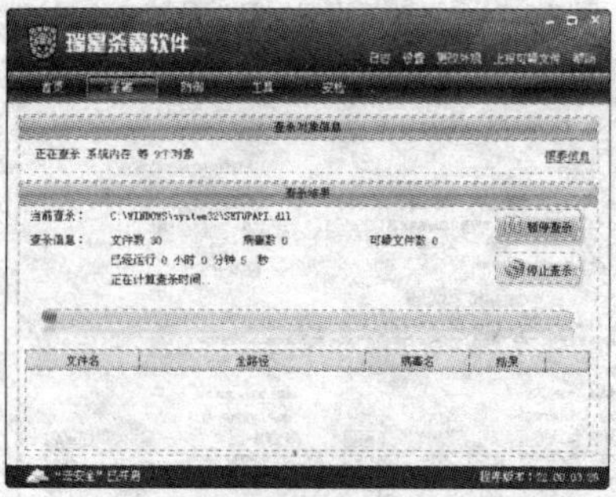

图 2.3.83　“正在杀毒”界面

（17）瑞星杀毒软件将查杀并按用户设置要求处理的病毒文件信息显示在“杀毒”界面的底栏中，如图 2.3.84 所示。

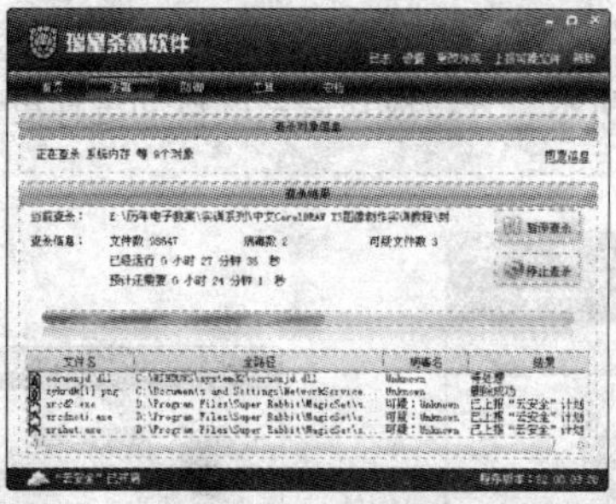

图 2.3.84　“杀毒”界面的底栏的病毒文件信息

（18）用户还可以在查出的待处理病毒上单击鼠标右键，弹出快捷菜单如图 2.3.85 所示。在快捷菜单中选择相应的命令可以查看病毒的详细信息，定位病毒文件在计算机中的具体位置，还可以对病毒文件作进一步地处理。

（19）计算机病毒查杀处理完成后，弹出如图 2.3.86 所示“杀毒结束”对话框，单击“确定”按钮或 10 秒钟后系统自动完成此次杀毒过程，并退出。

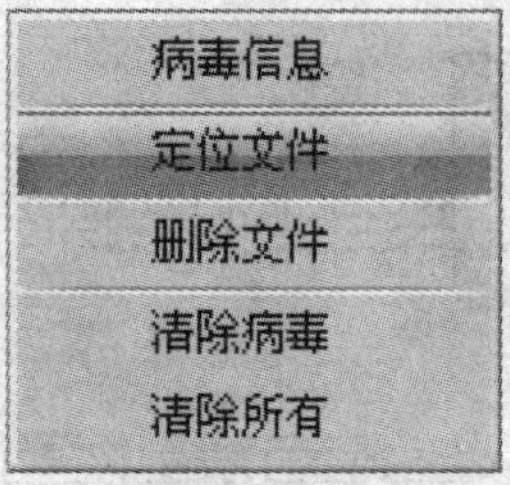

图 2.3.85　快捷菜单

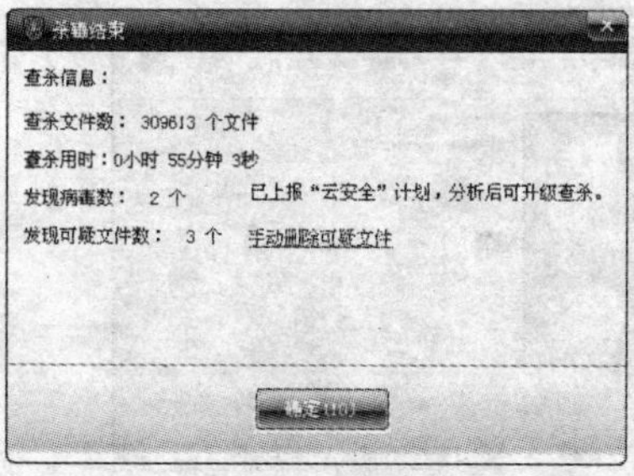

图 2.3.86　“杀毒结束”对话框

实验14　卸载程序

1．实验目的

掌握控制面板中添加和删除程序的用法。

2．实验内容

将计算机中旧版本的杀毒软件卸载。

3．实验步骤

（1）选择 开始 → 控制面板(C) 命令，打开“控制面板”窗口。

（2）在该窗口中双击“添加或删除程序”图标，打开“添加或删除程序”窗口。

（3）在该窗口中选择要卸载的应用程序，如图2.3.87所示。单击 更改/删除 按钮，打开选中应用程序的卸载窗口，如图2.3.88所示。

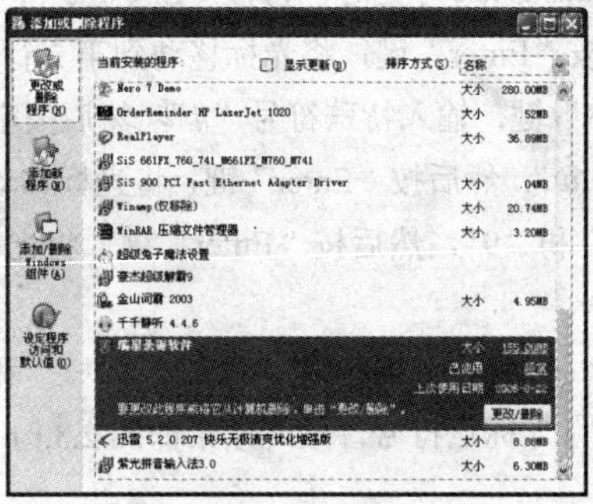

图2.3.87　“添加或删除程序”窗口

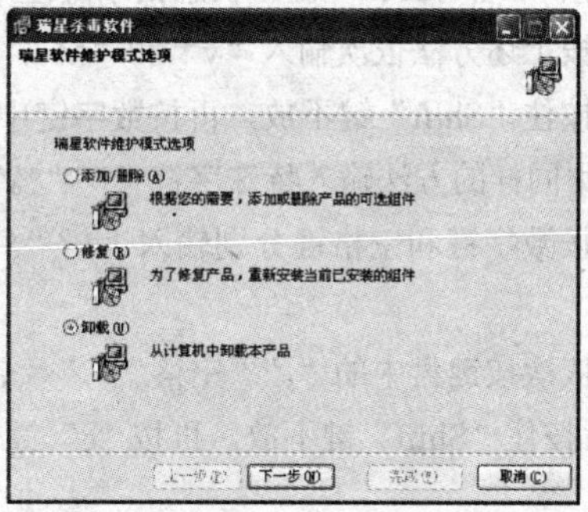

图2.3.88　“瑞星杀毒软件”窗口

（4）单击 下一步(N) 按钮，打开正在卸载窗口，如图2.3.89所示。该窗口中显示了卸载程序卸载软件的进度。

（5）卸载完成后，打开结束窗口，如图2.3.90所示。选中 ☑删除瑞星安装的目录(E) 复选框，单击 完成(F) 按钮，即可将瑞星杀毒软件从用户的计算机中完全卸载。

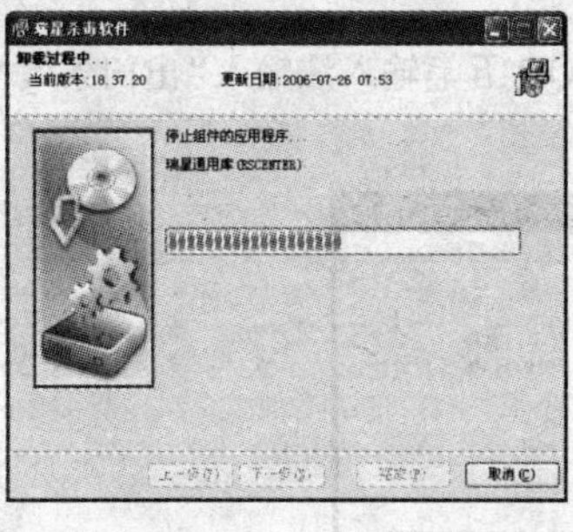

图2.3.89　“正在卸载”窗口

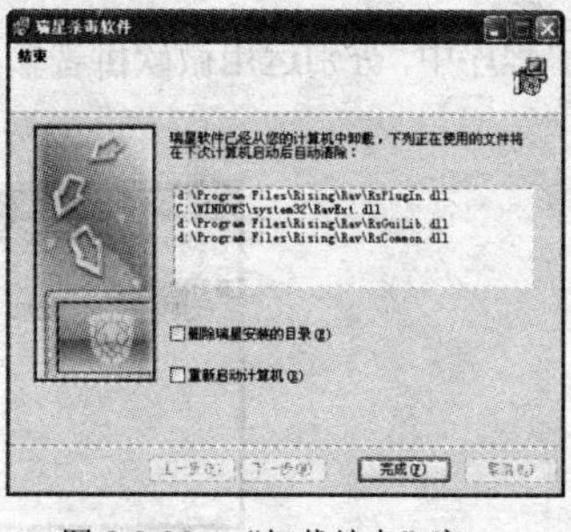

图2.3.90　“卸载结束”窗口

实验15　输入字符

1．实验目的

掌握键盘中一些键的具体使用方法。

2．实验内容

本例主要练习字母、特殊符号、数字以及标点符号的输入方法，如图 2.3.91 所示。

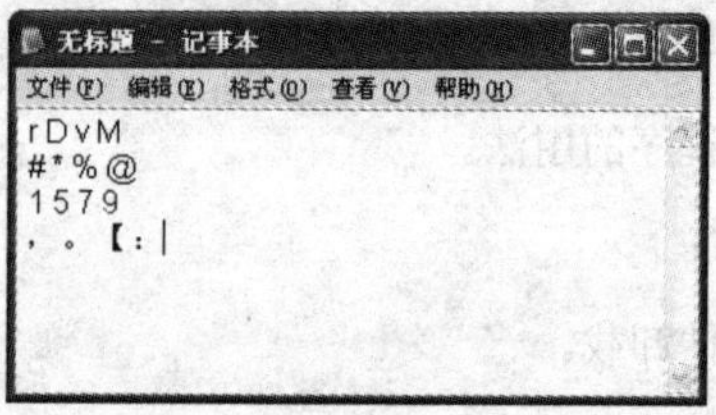

图 2.3.91 “练习输入”效果图

3．实验步骤

（1）选择 开始 → 所有程序(P) → 附件 → 记事本 命令，启动记事本程序。

（2）在打开的“记事本”窗口中，按“R”键输入字母“r”，再按空格键。

（3）按“Caps Lock”键，状态指示灯区中的 Caps Lock 灯亮时，再按“D”键。

（4）按上述方法依次输入“v”和“M”，然后按“Enter”键，将光标移动到第 2 行。

（5）按住“Shift”键不放，再按数字键中的“3”键，输入特殊符号“#”，然后按空格键。

（6）用同样的方法输入特殊字符“*”“%”和“@”，然后按“Enter”键，将光标移动到第 3 行。

（7）按数字键和空格键分别输入“1”“5”“7”和“9”，然后按“Enter”键，将光标移动到第 4 行。

（8）依次按键盘中的“,”“空格”“.”“空格”“[”和“空格”键，输入“，”“。”和“【”标点符号，然后按住“Shift”键不放，再按“;”键输入“：”标点符号，最终效果如图 2.3.91 所示。

实验 16　输入“出门条”

1．实验目的

掌握不同输入法输入字符以及输入法切换的方法。

2．实验内容

在“记事本”程序中，分别运用微软拼音输入法和 QQ 五笔输入法输入“出门条”，效果如图 2.3.92 所示。

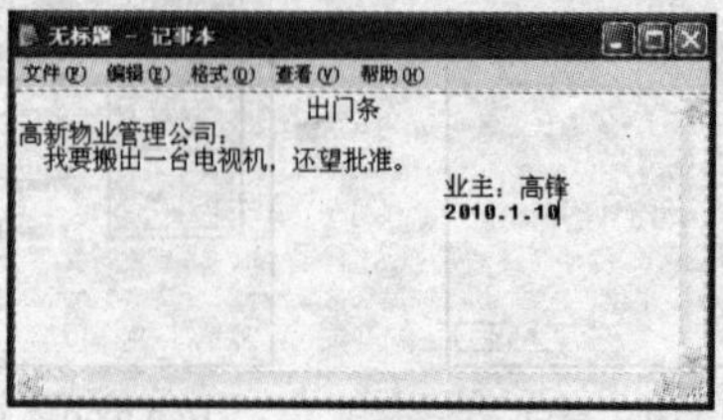

图 2.3.92 最终效果图

3．实验步骤

（1）选择 开始 → 所有程序(P) → 附件 → 记事本 命令，打开记事本程序。

（2）在语言栏中单击输入法图标，在弹出的列表中选择“微软拼音输入法 2007”。

（3）在“记事本”的空白区域中连续敲击空格键，将文本定位点定位在文档的居中位置，运用混拼输入方式输入“chum”，在文字选择框中即可看到要输入的文本“出门”排至首位，按空格键确认输入，如图 2.3.93 所示。

（4）使用全拼的方式输入“条”字的拼音“tiao”，在文字选择框中即可看到“条”排至首位，按空格键确认输入，如图 2.3.94 所示。

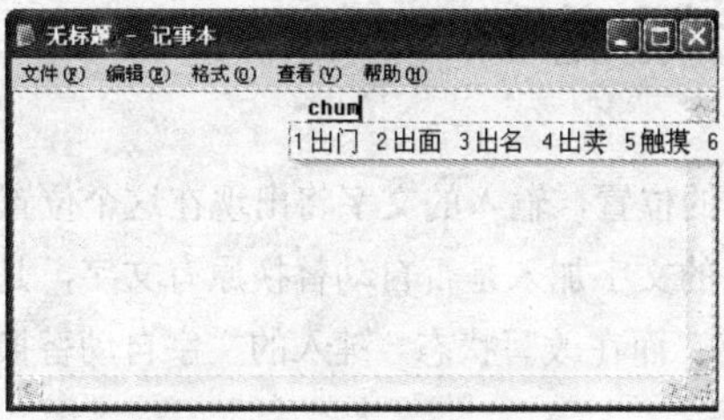

图 2.3.93 使用混拼输入方式

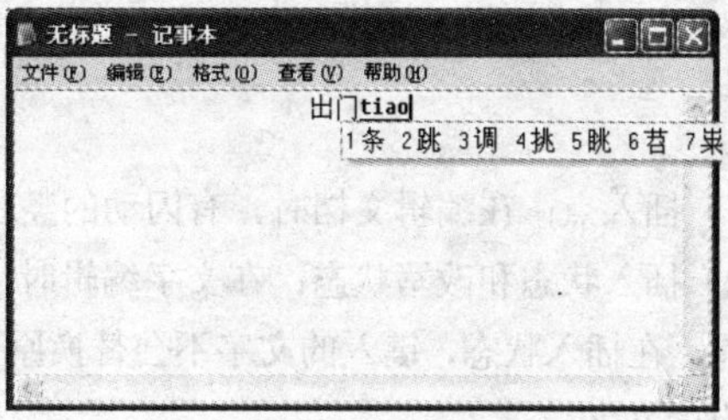

图 2.3.94 使用全拼输入方式

（5）按 Enter 键换行，单击输入法图标，在弹出的列表中选择“QQ 五笔输入法”。

（6）输入二级简码“高”，其字根是“亠、冂”，它们对应的简码是 Y、M，输入时只须击字母键“YM”再按空格键即可，如图 2.3.95 所示。

（7）输入三级简码“新”，其字根是“立、木、斤”，它们对应的简码是 U、S、R，输入时只须击字母键“USR”再按空格键即可。

（8）输入双字词组“物业”，其字根是“丿、扌、业、一”，它们对应的简码是 T、R、O、N，输入时击字母键“TRON”即可。

（9）用同样的方法输入词组“管理”“公司”，用“Shift+:”输入“:”。

（10）按 Enter 键换行，按两次空格键，继续输入文本。分别输入“我”“要”的一级简码“Q”和“S”。

（11）输入词组“搬出”的简码 RTBM，在文字选择框中可看到“搬出”排至第 3 位，所以按键盘上的数字 3 即可输入，如图 2.3.96 所示。

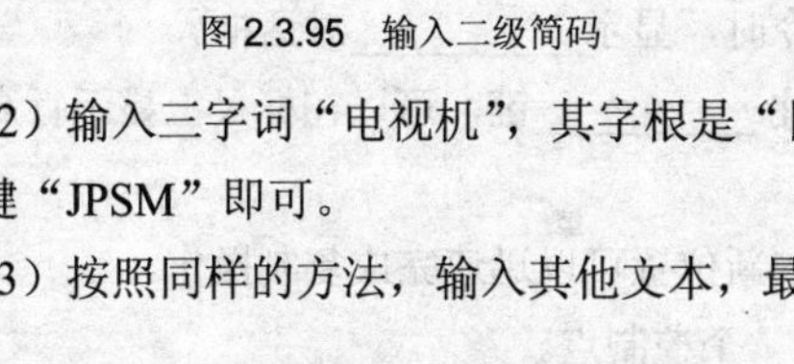

图 2.3.95 输入二级简码

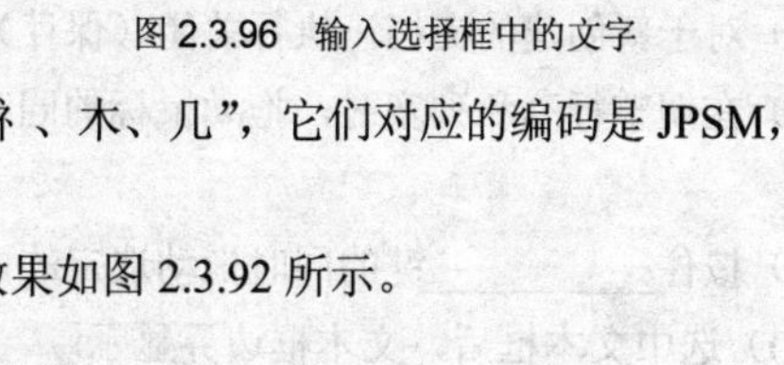

图 2.3.96 输入选择框中的文字

（12）输入三字词“电视机”，其字根是“日、礻、木、几”，它们对应的编码是 JPSM，输入时击字母键“JPSM”即可。

（13）按照同样的方法，输入其他文本，最终效果如图 2.3.92 所示。

第 3 章　文字处理软件 Word 2003

3.1　基 本 概 念

（1）插入点：在编辑文档时，有闪动的竖线标出的位置，输入的文字将出现在这个位置。

（2）插入状态和改写状态：在文字编辑时，键入的文字加入是否自动替换原有文字，是两种不同的状态。在插入状态，键入的文字不会替换原有文字；而在改写状态，键入的文字自动替换插入点右侧原有的文字。

（3）字符格式化：在文档的编辑过程中，有时要更改某些文本的外观，使整个文档看起来比较美观并突出某些内容，此时可对这些文本的字符格式进行设置。

（4）段落格式化：在一个段落的页面范围内对内容进行排版，使得整个段落显得更美观、大方，更符合规范。

3.2　基 础 习 题

一、填空题

（1）在 Word 中，选定区位于文本区__________。要选定某行文字，可以用鼠标在选定区指向这行文字并_____、_____。

（2）一个 Word 文档通常只有一个__________，当采用两种或更多不同的__________时才需要分成两个或更多。

（3）选定文本后，拖动鼠标到需要处即可实现文本块的移动；按住__________键拖动鼠标到需要处即可实现文本块的复制。

（4）Word 窗口中，设光标停在某个字符之前，当选择某个样式时，该样式就会对当前__________起作用。

（5）要想自动生成目录，一般在文档中应包含__________样式。

（6）纯文本文档的扩展名为__________。

（7）对于新创建的文档，执行关闭（保存）命令时，显示__________对话框。

（8）在调整行高和列宽时，拖动鼠标的同时按住__________键，可以在标尺上显示行高或列宽的数值。

（9）按住__________键的同时拖动选定的内容到新位置可以迅速完成复制操作。

（10）选中文本框后，文本框边界显示__________个控制点。

（11）为输入的文本加边框时，应单击__________按钮。

（12）在文档中各段落前如要有编号，可采用命令来设置，此命令所在菜单为__________。

（13）对于已保存的文档，又进行编辑后再执行关闭命令时，显示__________对话框。

（14）进行文字的录入与修改最合适的视图选择是__________；可以进行子文档管理的屏幕视图

是________。

（15）在 Word 中，若用户选择了文本块，按________键可以删除所选定的文本。

（16）选中文本块后，按________键拖动鼠标到目标处即可实现文本的复制。

（17）单击常用工具栏中的________按钮，可显示/隐藏空格记号。

（18）为 Word 文档添加的背景只能在________视图下才能看到，而格式的复制可以通过________快速实现。

（19）在 Word 中，如果要对两个页面进行不同的页面排版，可以在两个页面之间插入一个________，如果要在某段文字后面直接进入到下一个页面，可以插入一个________。

二、选择题

（1）如果当前打开了多个文档，单击当前文档窗口的关闭按钮，（ ）窗口。

A．关闭 Word　　B．关闭当前文档

C．关闭所有文档　　D．关闭非当前文档

（2）如果当前插入点在段落的末尾，按 Del 键则会（ ）。

A．删除当前段落　　B．删除前面的字符

C．删除当前段落的格式　　D．当前段落和下一段落合并

（3）在没有选中艺术字时，“艺术字”工具栏中仅（ ）按钮有效。

A．插入艺术字　　B．艺术字库

C．编辑艺术字　　D．艺术字形状

（4）插入艺术字时，自动切换到（ ）视图。

A．大纲　　B．页面

C．打印预览　　D．版式

（5）要求打印文档时每一页上都有页码，最佳方法是（ ）。

A．由 Word 根据纸张大小分页时自动加上

B．应由用户执行“插入”菜单中的“页码”选项加以指定

C．应由用户执行“文件”菜单中的“页面设置”选项加以指定

D．应由用户在每一页的文字中自行输入

（6）把指针移到段落左边空白处，使指针变成右指的箭头，若（ ）则选定该段落。

A．单击鼠标左键　　B．单击鼠标右键

C．双击鼠标左键　　D．双击鼠标右键

（7）如果先把鼠标定位在文档中的某处，然后按住左键移动，移动到另一位置后放开，该操作实际上是（ ）。

A．复制文字　　B．删除文字

C．移动文字　　D．选定文字

（8）Word 模板的功能是（ ）。

A．建立具有固定格式的专用文档　　B．设置文字的段落格式

C．建立具有固定格式的专用模板　　D．设置文档中的对象格式

（9）Word 中，样式是（ ）。

A．一个标准格式的文档　　B．一组已命名的字符和段落格式

C．一个文字对象　　D．一组文字对象的格式集合

（10）在 Word 的屏幕显示中（　）是不可隐藏的。

A．工具栏　　B．菜单栏
C．状态栏　　D．标尺

（11）为了看清文件的打印输出效果，应使用（　）视图。

A．普通　　B．页面
C．大纲　　D．阅读版式

（12）在执行“查找”命令时，查找内容为 OFF，如果选择了（ ）复选框，则 OFF 不会被查到。

A．区分大小写　　B．区分全半角
C．全字匹配　　D．使用通配符

（13）如规定某一段的第一行左端起始位置在该段其余各行左端的右面，这叫做（　）。

A．左缩进　　B．右缩进
C．首行缩进　　D．首行悬挂

（14）如果要将一个段落末尾的“回车符”删除，使此段落与其后面的段落合为一段，则原来前段文字内容将（　）。

A．仍采用原来设定的格式　　B．采用中文 Word 缺省的格式
C．采用原来后段的格式　　D．无格式，必须重新设定

（15）在制表位对话框中（　）。

A．只能清除特殊制表符　　B．只能设置特殊制表符
C．既可设置又可清除特殊制表符　　D．不能清除特殊制表符

（16）对某段落设置首字下沉之前，（　），再打开“首字下沉”对话框。

A．应将插入点置于该段落　　B．只能将插入点置于该段落首行
C．不能将插入点置于该段落的末行　　D．插入点可在任意位置

（17）在 Word 中进行文字编辑时，键入的文字将（　）。

A．加入在插入点位置
B．替换插入点右侧的字符
C．依据是插入状态还是改写状态，增加在插入点或替换插入点右侧的字符
D．依据在键入之前是否击“Ins”键，增加在插入点或替换插入点右侧的字符

（18）在输入文本时，按“Enter”键产生了（　）。

A．回车　　B．段落标记
C．分节符　　D．分页符

（19）在页面设置中无法设置的是（　）。

A．页边距　　B．页码大小
C．走纸方式　　D．纸张大小

（20）不能加底纹的对象是（　）。

A．正文　　B．标题
C．图片　　D．线条

（21）在设置分栏排版时，不能设置的项目是（　）。

A．分栏数　　B．应用范围
C．分隔线线型　　D．栏宽

（22）在打印对话框中，无法设置（　）。

A．打印机属性　　B．打印格式

C．打印范围　　D．打印份数

（23）在 Word 中，需要将每一页的页码放在页底部右端，正确的命令是（　）。

A．“插入”菜单中的页码　　B．“视图”菜单中的页眉

C．“插入”菜单中的符号　　D．“工具”菜单中的选项

（24）要选定多个图形时须先按住（　）键，然后用鼠标单击要选定的图形对象。

A．Shift　　B．Ctrl

C．Alt　　D．Tab

（25）在 Word 中，（　）是将文字、表格、图形精确定位的有利工具。

A．文本框　　B．自选图形

C．艺术字　　D．公式编辑器

（26）在 Word 表格中，若选定一单元格，再单击“剪切”按钮，结果是（　）。

A．将该单元格内容删除变成空白

B．将该单元格删除，表格被拆分

C．将该单元格删除，表格减少一个单元格

D．沿该单元格左边，将原表剪切成两个表格

（27）在 Word 中，若要对文档进行多种形式的分栏，为了避免得不到实际的分栏效果，最好的方法是在要分栏的文档结束处插入（　）。

A．分页符　　B．制表符

C．分节符　　D．分栏符

（28）在 Word 的预览窗体中，由于显示比例的关系，页中的内容看不清楚，利用工具栏上的（　）按钮可以看清页上的细节。

A．显示比例　　B．标尺

C．全屏显示　　D．放大镜

（29）对于仅设置了修改权限密码的文档，如果不输入密码，该文档（　）。

A．不能打开

B．能打开且修改后能保存为其他文档

C．能打开但不能修改

D．能打开且能修改原文档

（30）对于只设置了打开权限的文档，输入正确密码后，可以打开文档，（　）。

A．修改后既可保存为另外的文档又可保存为原文档

B．但不能修改

C．可以修改但必须保存为另外的文档

D．可以修改但不能保存为另外的文档

（31）如果要将文档中的“我们”字符串替换为“他们”，应在（　）框中输入“我们”。

A．查找内容　　B．替换为

C．搜索范围　　D．同音

(32) 对字符串带格式查找时，应单击（　）按钮。

A. 格式　　B. 特殊字符

C. 不限定格式　　D. 常规

(33) 当用户输入错误的或系统不可识别的文字时，Word 会在文字下面以（　）下画线标注。

A. 红色直线　　B. 红色波线

C. 绿色直线　　D. 绿色波线

(34) 单击（　）→“对象”，在“对象”对话框内选中“Microsoft 公式 3.0”，显示“公式”工具栏。

A. 编辑　　B. 插入

C. 格式　　D. 工具

(35) 关于利用标尺设置格式的说法中，下列不正确的是（　）。

A. 可以快速地改变段落的缩进

B. 可以快速地设置制表位

C. 可以改变段落的对齐方式

D. 可以调整页边距

(36) 从文档页眉/页脚编辑进入正文，可以（　）。

A. 单击“页眉/页脚”工具栏中的关闭按钮

B. 单击文档正文区

C. 双击文档正文区

D. 用鼠标右键单击页眉/页脚编辑区→选择“关闭”项

(37) 以下关于打印预览的叙述中，正确的是（　）。

A. 打印预览状态下能显示出标尺

B. 打印预览可以显示多张页面

C. 打印预览下可以直接进行打印

D. 打印预览状态下可以进行部分文字处理

(38) 使用 Word 时，对文本应用样式的方法有（　）。

A. 从格式工具栏的样式框中选择所需样式

B. 选择“格式”→“样式”命令

C. 利用“格式刷”按钮

D. 利用命令“插入”→“对象”

(39) 在 Word 中设置页眉/页脚时，（　）。

A. 所有页的页眉必须相同

B. 所有奇偶页的页眉不会相同

C. 第一页的页眉总是与其他页的页眉不相同

D. 不同节可以有不同的页眉

(40) 用 Word 的目录功能建立的目录（　）。

A. 在文档内容改变后能够进行更新操作，以适应新的内容

B. 在文档内容改变后能够自动进行更新，而不必执行任何命令

C. 在文档内容改变后必须将原来的目录删除，然后重新生成新的目录

D．在文档内容改变后必须将原来目录中的页码删除，然后重新生成新的目录

（41）在 Word 环境中，（　）能够不经过对话框操作就直接打开最近使用过的 Word 文件。

A．单击工具栏中的一个特殊按钮

B．选择“[illegible]”菜单中的“打开”命令

C．使用快[illegible] Ctrl+O

D．在“文件”菜单中的文件列表中选择

（42）在 Word 编辑状态下，不可以进行的操作是（　）。

A．对选定的段落进行页眉、页脚设置

B．在选定的段落内进行查找、替换

C．对选定的段落进行拼写和语法检查

D．对选定的段落进行字数统计

（43）在 Word 中，如果插入表格的内外框线是虚线，要想将虚线变成实线，可使用的选项是(　)。（假如插入点在表格中）

A．“表格”菜单下的“虚线”命令

B．“格式”菜单下的“边框和底纹”命令

C．“表格”菜单下的“选中表格”命令

D．“格式”菜单下的“制表位”命令

（44）在 Word 中，不用打开文件对话框就能直接打开最近编辑过的文件的方法是使用（　）。

A．工具栏按钮　　B．菜单命令

C．快捷键　　D．“文件”菜单中的文件列表

（45）在 Word 软件中，对于一段两端对齐的文字，只选定其中的几个字符，用鼠标单击“居中”按钮，则（　）。

A．整个段落均变成居中格式　　B．只有被选定的文字变成居中格式

C．整个文档变成居中格式　　D．格式不变，操作无效

（46）在 Word 中，不缩进段落的第一行，而缩进其余的行，是指（　）。

A．首行缩进　　B．左缩进

C．悬挂缩进　　D．右缩进

（47）在 Word 编辑状态下，若要调整光标所在段落的行距，首先进行的操作是（　）。

A．打开“编辑”下拉菜单　　B．打开“视图”下拉菜单

C．打开“格式”下拉菜单　　D．打开“工具”下拉菜单

（48）下面关于Word文档“分栏”的说法中，不正确的是（　）。

A．可以对某段文字进行分栏

B．选择“格式”→“分栏”菜单命令，可以实现分栏操作

C．在“分栏”对话框中，可以设置各栏的“宽度”“间距”

D．只能对整篇文档进行分栏

（49）在 Word 2003 编辑状态下，若需要调整左右边界，更直接、快捷是利用（　）。

A．工具栏　　B．格式栏

C．菜单　　D．标尺

（50）在 Word 编辑状态下，当前输入的文字显示在（ ）。

A．鼠标光标处　　B．插入点处

C．文件尾部　　D．当前行的尾部

三、简答题

（1）在 Word 中选择文本的操作有哪些方法？请列出其中的 3 种。

（2）请说明 Word 标尺上“首行缩进”“左缩进”和“悬挂缩进”3 个标记的含义。

（3）创建表格都有哪些途径？如果要制作一张学生履历表，用什么方式较好？

（4）如何在文档中插入文件，实现多个文件的共享？

（5）文本框的作用是什么？在 Word 中如何将文本框转换成图文框？

（6）什么是“样式”？如何在 Word 文档中创建一个新样式？

（7）创建表格有哪些途径？如果要制作一张学生履历表，用什么方式较好？

四、判断题

（1）用“插入”菜单中的“符号”命令可以插入符号和其他特殊字符。（ ）

（2）Word 中的工具栏可由用户根据需要显示或隐藏。（ ）

（3）对图片及文本都可以进行剪切、复制、粘贴操作。（ ）

（4）用“格式”菜单中的“字体”命令可以设置字体颜色、字间距。（ ）

（5）格式工具对表格内容不起作用。（ ）

（6）在 Word 中，可同时打开多个 Word 文档。（ ）

（7）用剪贴板只能移动文本而不能复制文本。（ ）

（8）剪贴板上的内容可粘贴到文本中多处，甚至可粘贴到其他应用程序。（ ）

（9）在 Word 中制表时，当输入的文字长度超过单元格宽度时，表格会自动扩展列宽。（ ）

（10）Word 表格可以按指定某列数据进行排序。（ ）

（11）Word 中的所有功能都可通过工具栏上的工具按钮来实现。（ ）

（12）利用鼠标拖动选择块时，表示进行复制。（ ）

（13）改变表格行高时，只能改变一整行的高度，不能单独改变某个单元格的高度。（ ）

（14）分栏中的“间距”是指两栏之间的间隔。（ ）

（15）普通视图模式下，显示的效果和打印出来的效果基本一致。（ ）

（16）删除分页符时，只须将光标移到分页符上，按 Del 键即可。（ ）

（17）Word 中的表格是一个图形对象，可以任意移动位置、放大或缩小。（ ）

（18）文本块的复制和粘贴必须经过剪贴板。（ ）

（19）Word 的表格只有求和计算功能。（ ）

（20）在处理很长的文档时，需要直接移到文档中的某个具体页码时，可以使用“查找和替换”对话框中的“定位”标签来实现。（ ）

（21）改变表格列宽时，只能改变一整列的宽度，不能单独改变某个单元格的宽度。（ ）

（22）首字下沉只有在页面视图下才能显示出它的效果。（ ）

（23）页眉/页脚的操作可以在普通视图下进行。（ ）

（24）一个已填入数据的表格，不能再用“自动套用格式”功能来改变表格的格式。（ ）

（25）在 Word 中，可同时打开多个 Word 文档并建立多个显示文档的窗口。（ ）

（26）“删除”按钮和“剪切”按钮功能完全一样。（ ）

3.3　上 机 指 导

实验 1　制作“读者调查表”

1. 实验目的

掌握特殊符号的输入，文字的提升和降低操作。

2. 实验内容

制作一份“读者调查表”，效果如图 3.3.1 所示。

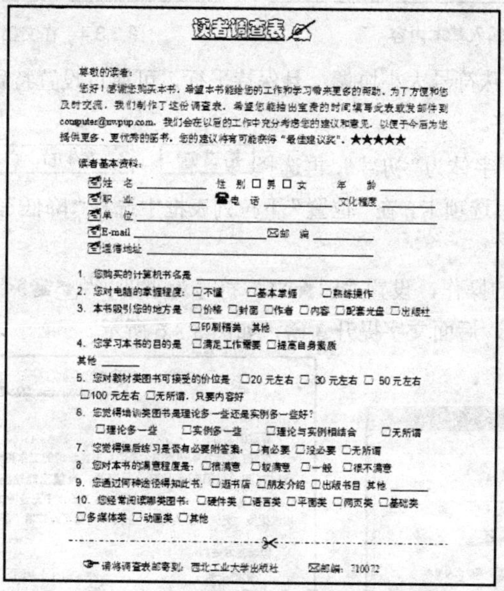

读者调查表✍

尊敬的读者：

您好！感谢您购买本书，希望本书能给您的工作和学习带来更多的帮助。为了方便和您及时交流，我们制作了这份调查表，希望您能抽出宝贵的时间填写此表或发邮件到 computer@nwpup.com，我们会在以后的工作中充分考虑您的建议和意见，以便于今后为您提供更多、更优秀的图书。您的建议将有可能获得“最佳建议奖”。★★★★★

读者基本资料：

姓　名 ________ 性 别 □男 □女　年　龄 ________

职　业 ________ ☎电　话 ________ 文化程度 ________

单　位 ________________________

E-mail ________________ ✉邮　编 ________

通信地址 ________________________

1. 您购买的计算机书名是 ________________

2. 您对电脑的掌握程度：□不懂　□基本掌握　□熟练操作

3. 本书吸引您的地方是　□价格 □封面 □作者 □内容 □配套光盘 □出版社 □印刷精美　其他 ______

4. 您学习本书的目的是　□满足工作需要 □提高自身素质

其他 ______

5. 您对教材类图书可接受的价位是　□20 元左右 □ 30 元左右 □ 50 元左右 □100 元左右 □无所谓，只要内容好

6. 您觉得培训类图书是理论多一些还是实例多一些好？

□理论多一些　□实例多一些　□理论与实例相结合　□无所谓

7. 您觉得课后练习是否有必要附答案：□有必要 □没必要 □无所谓

8. 您对本书的满意程度是：□很满意 □较满意 □一般 □很不满意

9. 您通过何种途径得知此书：□逛书店 □朋友介绍 □出版书目 其他 ______

10. 您经常阅读哪类图书：□硬件类 □语言类 □平面类 □网页类 □基础类 □多媒体类 □动画类 □其他

------------------------✂------------------------

☞ 请将调查表邮寄到：西北工业大学出版社　✉邮编：710072

图 3.3.1　“制作的读者调查表”效果图

3. 实验步骤

（1）单击“常用”工具栏中的“新建空白文档”按钮，创建一个空白 Word 文档。

（2）在文档中输入标题“读者调查表”，设置字体为“华文彩云”，字号为“二号”，字符缩放 90%，加粗下画线，如图 3.3.2 所示。

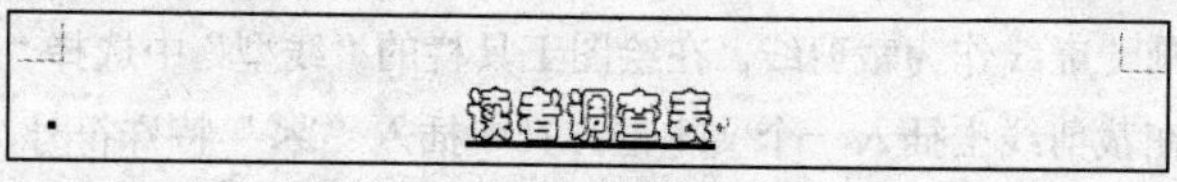

图 3.3.2　设置标题

（3）输入以下正文内容，要求正文字体为“宋体”五号，文中“您的建议将……”为“楷体”五号；输入“读者基本资料：”和“调查内容”，设置字体为“黑体”五号，如图 3.3.3 所示。

（4）结合题目内容，在不同的位置依次插入“✍✂★☎☞✉□”等特殊符号。选择 插入(I) → 符号(S)... 命令，单击 符号(S) 选项卡，在“字体”下拉列表框中选择 Monotype Corsiva 字体，插入“✍✂★☎”特殊符号；选择 Webdings 字体，插入“☞、、”特殊符号；选择 Wingdings 字体，插入“✉”符号；选择 Wingdings 2 字体，插入“□”特殊符号，如图 3.3.4 所示。

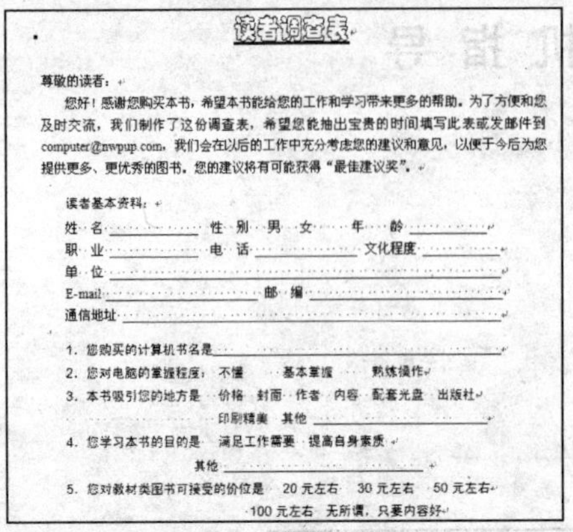

图 3.3.3　输入基本内容

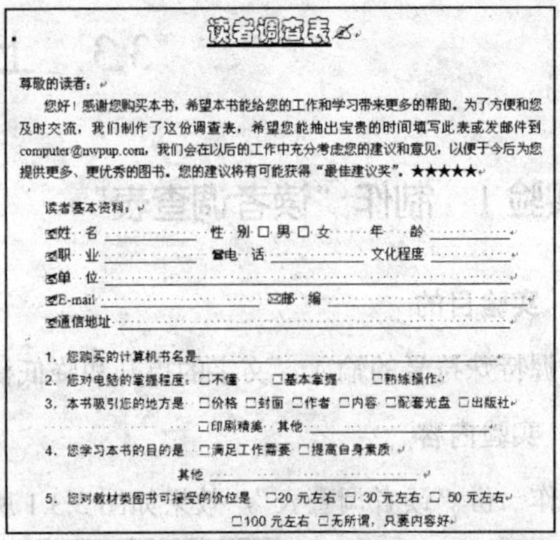

图 3.3.4　在文档中插入特殊符号

（5）为了使文字与特殊符号大小协调，且保持平行，可通过设置特殊符号字号、文字和特殊符号的提升、降低等进行调整。

（6）选择符号✍，设置字体为“初号”，再选择 格式(O) → A 字体(F)... 命令，在弹出的 字体 对话框中单击 字符间距(R) 选项卡，在“位置”下拉列表框中选择“降低”，磅值为“6磅”，如图3.3.5所示。

（7）重复步骤（6）的操作，设置“□★✉”符号为小四；“✍☎✂”符号为三号；“✉”符号为小二，“☞”符号为二号，后面文字提升3磅，如图3.3.6所示。

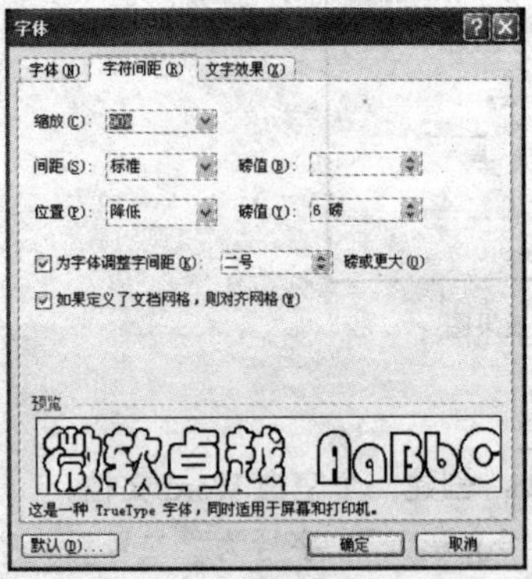

图 3.3.5　“字符间距”选项卡

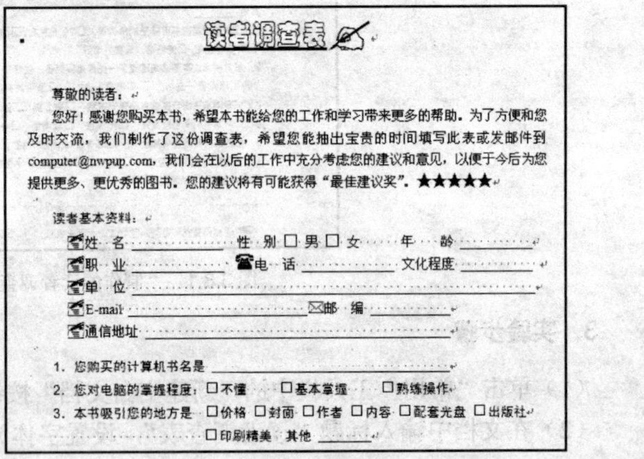

图 3.3.6　设置字符格式后的效果

（8）用绘图工具画一虚线作为裁剪线。在绘图工具栏的“线型”中选择“1磅”，在“虚线线型”中选择第5种线型；在裁剪线上插入一个文本框，其中插入“✂”特殊符号，设置文本框边框线条颜色和文本框的填充色为无色，再将裁剪线与文本框组合，如图3.3.7所示。

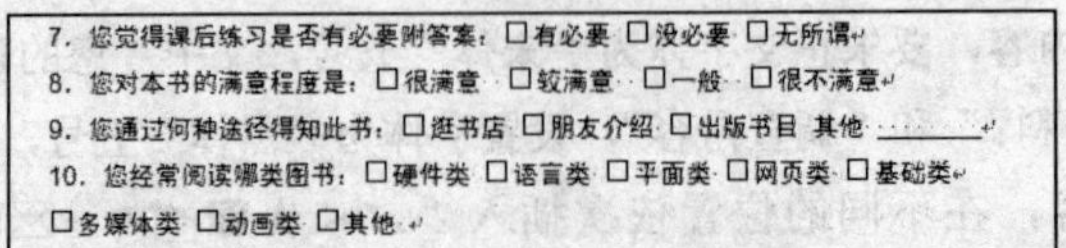

图 3.3.7　插入裁剪线

（9）至此，“读者调查表”制作完毕，最终效果如图3.3.1所示。

实训 2　制作课程表

1. 实验目的

掌握表格创建与编辑，边框和底纹的设置方法。

2. 实验内容

本例制作一个班级的课程表，效果如图 3.3.8 所示。

课 程 表

上海电信学校　2009/2010 学年　第二学期　0602 班

课程/星期/时间	星期一	星期二	星期三	星期四	星期五
1~2 节 (8:00~9:30)	英语	语文	数学	计算机	数学
3~4 节 (9:50~11:20)	数学	计算机	品德	语文	英语
午餐、午休					
5~6 节 (13:00~14:30)	艺术体操	美工	英语	电工基础	班会
7~8 节 (14:45~16:15)	普通话	实践活动	艺术欣赏	体育	

图 3.3.8　“制作的课程表”效果图

3. 实验步骤

（1）打开 Word 2003 应用程序，单击“常用”工具栏中的“新建空白文档”按钮，新建一个空白文档。

（2）选择 文件(F) → 页面设置(U)... 命令，弹出 页面设置 对话框。单击 纸张 选项卡，在“纸张大小”下拉列表中选择“自定义大小”选项，设置“宽度”为“21 厘米”，“高度”为“16 厘米”，如图 3.3.9 所示。

（3）单击 页边距 选项卡，在“方向”栏中单击“横向”按钮，设置“上”“下”页边框均为“2 厘米”，如图 3.3.10 所示。

图 3.3.9　设置纸张大小

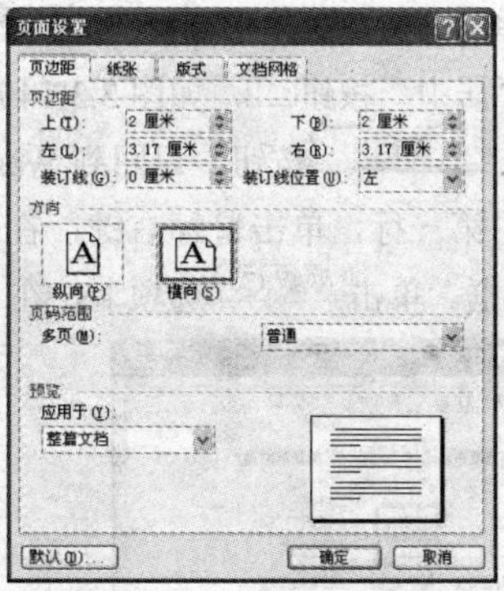

图 3.3.10　设置页边距

（4）单击 确定 按钮，完成页面设置。

（5）输入标题“课程表”，选定标题，在“格式”工具栏中设置字体为“黑体“、字号为“一号”，并单击“居中”按钮，用空格键调整标题文字间距，然后按回车键。

（6）输入文本“上海电信学校　2009/2010 学年　第二学期　0602 班”，并选中该部分内容，设置字体为“宋体”、字号为“四号”，然后按回车键。

（7）选择 表格(A) → 插入(I) → 表格(T)... 命令，弹出 插入表格 对话框。在“表格尺寸”栏中设置“行数”和“列数”为“6”，选中 固定列宽(W) 复选框。

（8）单击 确定 按钮，效果如图 3.3.11 所示。

图 3.3.11　插入的表格

（9）选中第一行第一个单元格，选择 表格(A) → 绘制斜线表头(U)... 命令，弹出 插入斜线表头 对话框。在“表头样式”下拉列表中选择“样式二”，在“字体大小”下拉列表中选择“小五”，在“行标题”输入“星期”，在“数据标题”输入“课程”，在“列标题”输入“时间”，如图 3.3.12 所示。

（10）单击 确定 按钮，效果如图 3.3.13 所示。

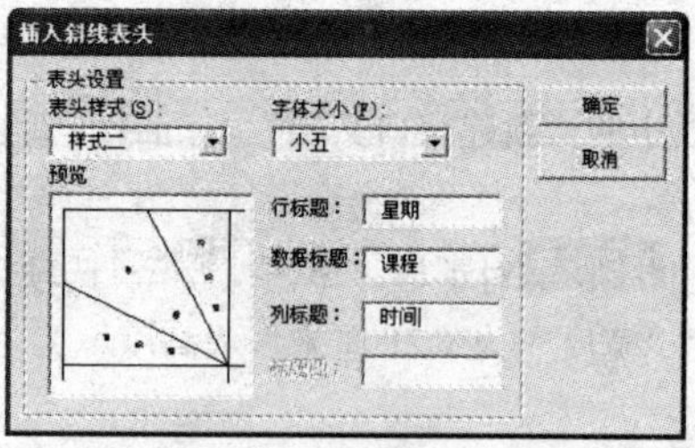

图 3.3.12　“插入斜线表头”对话框

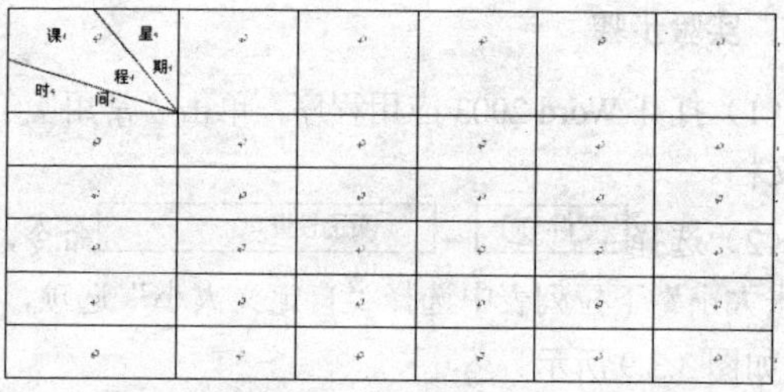

图 3.3.13　插入斜线表头

（11）按住“Ctrl”键，选中除第一行第一个单元格外的所有单元格，设置字体为“五号”，单击鼠标右键，在弹出的快捷菜单中选择 表格属性(R)... 命令，弹出 表格属性 对话框。选择 单元格(E) 选项卡，单击“居中”按钮，如图 3.3.14 所示。

（12）单击 确定 按钮，返回到 Word 文档中。

（13）选中第一行，单击鼠标右键，在弹出的快捷菜单中选择 边框和底纹(B)... 命令，弹出 边框和底纹 对话框。单击 底纹(S) 选项卡，在“填充”颜色列表中选择一种颜色，如图 3.3.15 所示。

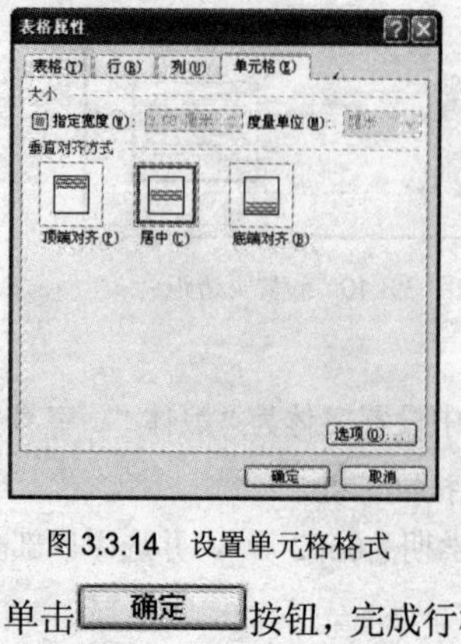

图 3.3.14　设置单元格格式

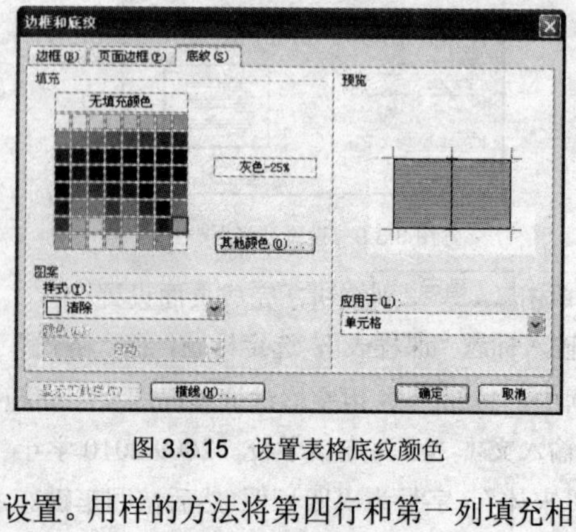

图 3.3.15　设置表格底纹颜色

（14）单击 确定 按钮，完成行标题的设置。用样的方法将第四行和第一列填充相同的颜色，如图 3.3.16 所示。

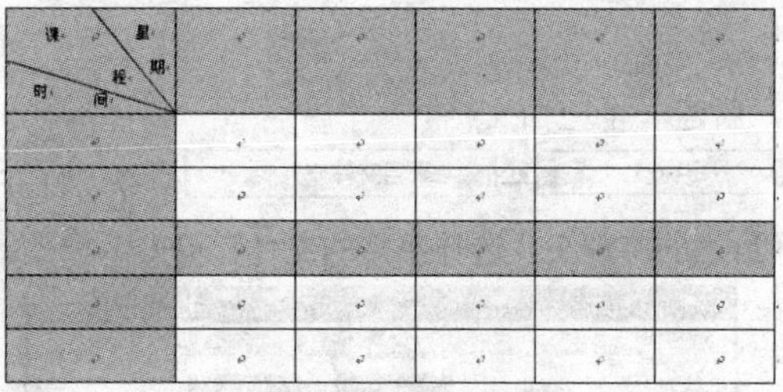

图 3.3.16　设置表格底纹效果

（15）单击表格左上角的 按钮，选中整个表格。

（16）单击鼠标右键，在弹出的快捷菜单中选择 边框和底纹(B)... 命令，弹出 边框和底纹 对话框。单击 边框(B) 选项卡，在“线型”下拉列表中选择一种线型，在“宽度”下拉列表中选择“3 磅”，在“设置”栏中单击“网格”按钮，如图 3.3.17 所示。

（17）单击 确定 按钮返回到 Word 文档中，如图 3.3.18 所示。

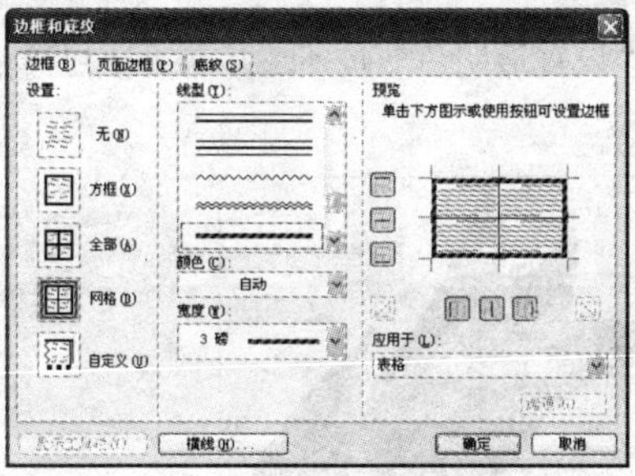

图 3.3.17　设置表格外边框

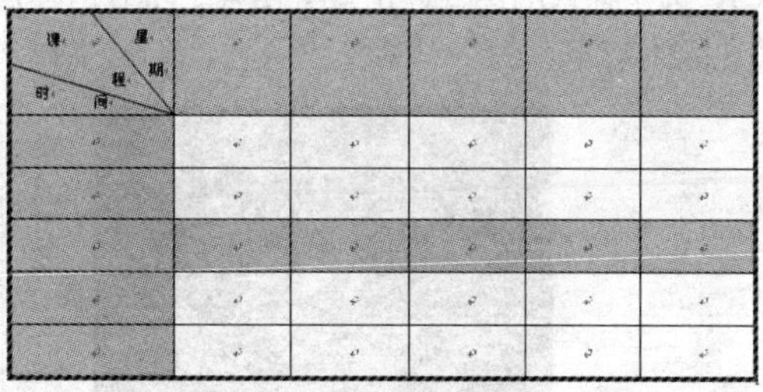

图 3.3.18　设置表格边框效果

（18）选中第 4 行，单击“常用”工具栏中的“合并单元格”按钮，将第 4 行合并成一个单元格。在表格中输入相关内容，最终效果如图 3.3.8 所示。

实验 3　贺卡的设计

1．实验目的

掌握插入图片和艺术字、设置图片和艺术字的格式、页面设置及设置文本框格式等操作。

2．实验内容

本例制作教师节贺卡，效果如图 3.3.19 所示。

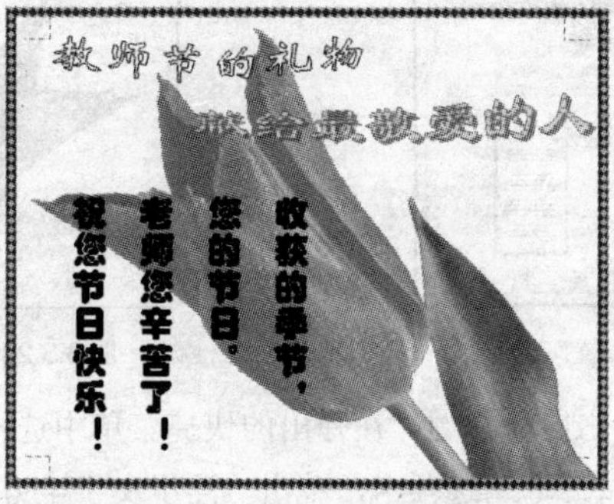

图 3.3.19　“制作的贺卡”效果图

3．实验步骤

（1）启动 Word 2003，新建一个空白文档。

（2）选择 插入(I) → 图片(P) → 来自文件(F)... 命令，打开 插入图片 对话框。单击“查找范围”下拉列表框中选择自己的文件夹，选择所需的文件，单击 插入(S) 按钮，如图 3.3.20 所示。

图 3.3.20　“插入图片”对话框

（3）选中插入的图片，出现“图片”工具栏，单击“设置透明色”按钮，在图片上单击，效果如图 3.3.21 所示。

图 3.3.21　设置图片透明色

（4）选择 文件(F) → 页面设置(U)... 命令，弹出 页面设置 对话框。单击 纸张 选项卡，在纸张大小下拉列表中选择“自定义大小”，在“宽度”数值框中输入“19”，在“高度”数值框中输入“15”，如图 3.3.22 所示。

（5）单击 确定 按钮完成页面设置，效果如图 3.3.23 所示。

图 3.3.22　“页面设置”对话框

图 3.3.23　页面设置效果

（6）选中插入的图片，单击鼠标右键，在弹出的快捷菜单中选择 设置图片格式(I)... 命令，弹出 设置图片格式 对话框。打开 版式 选项卡，单击“浮于文字上方”按钮，如图 3.3.24 所示。

（7）单击 高级(A)... 按钮，弹出 高级版式 对话框。打开 图片位置 选项卡，在“水平对齐”

和“垂直对齐”下拉列表中选择“居中”，“相对于”下拉列表中选择“页面”选项，如图 3.3.25 所示。

（8）单击 确定 按钮返回到 设置图片格式 对话框，再单击 确定 按钮，得到图片居中对齐覆盖整个页面的效果。

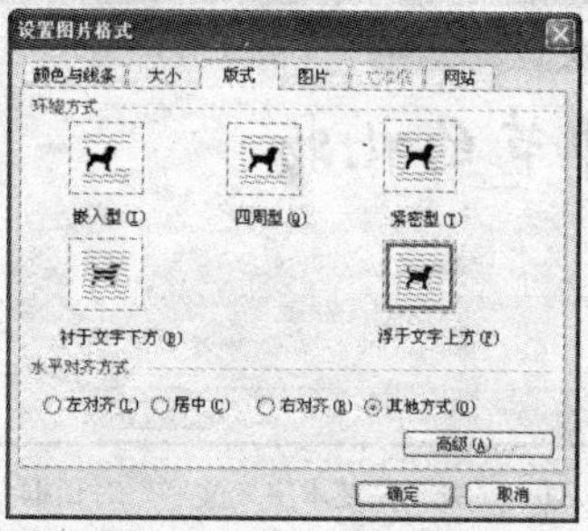

图 3.3.24　“版式”选项卡

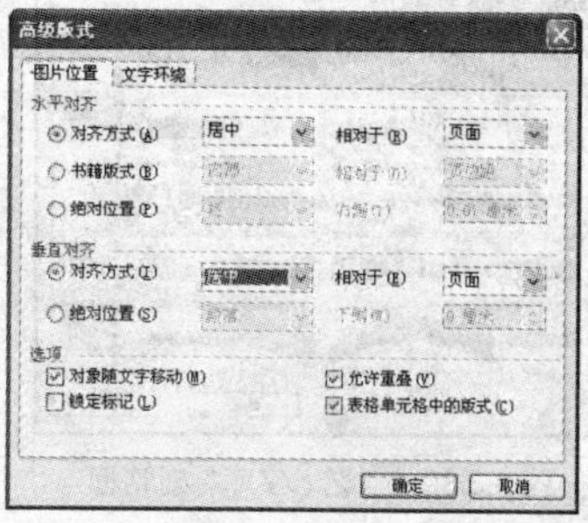

图 3.3.25　“高级版式”对话框

（9）选中插入的图片，单击“图片”工具栏上的“设置图片格式”按钮，弹出 设置图片格式 对话框。打开 颜色与线条 选项卡，在线条颜色下拉列表中选择 带图案线条(P)... 命令，弹出 带图案线条 对话框，从中选择“实心菱形”图案，并设前景色为“金色”，背景色为“红色”如图 3.3.26 所示。

（10）单击 确定 按钮返回到 设置图片格式 对话框。在“线条”栏的“粗细”数值框中输入“7 磅”，如图 3.3.27 所示。

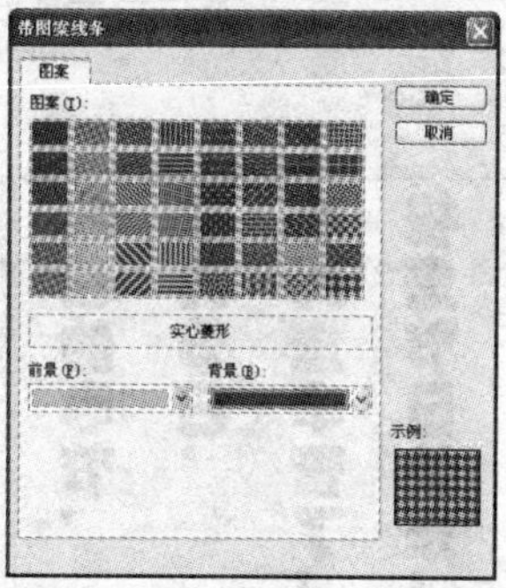

图 3.3.26　“带图案线条”对话框

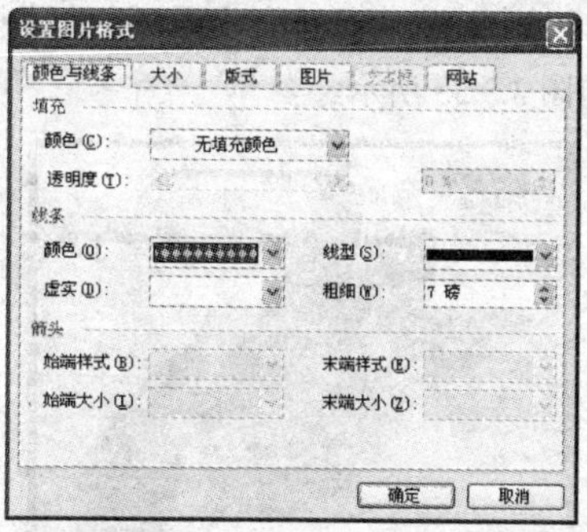

图 3.3.27　“设置图片格式”对话框

（11）单击 确定 按钮，完成图片的边框格式设置，如图 3.3.28 所示。

（12）重复上述步骤，在弹出的 设置图片格式 对话框中，打开 图片 选项卡，在“图像控制”栏下的“亮度”数值框中输入“65%”，在“对比度”数值框中输入“35%”，单击 确定 按钮，效果如图 3.3.29 所示。

图 3.3.28　设置图片边框效果

图 3.3.29　设置图片亮度和对比度后的效果

（13）选择 插入(I) → 图片(P) ▸ → 艺术字(W)... 命令，弹出 艺术字库 对话框，选择第一种艺术字样式，如图 3.3.30 所示。

（14）单击确定按钮，这时弹出编辑“艺术字”文字对话框，在文本框中输入“教师节的礼物”，在“字体”下拉列表中选择“华文新魏”，如图 3.3.31 所示。

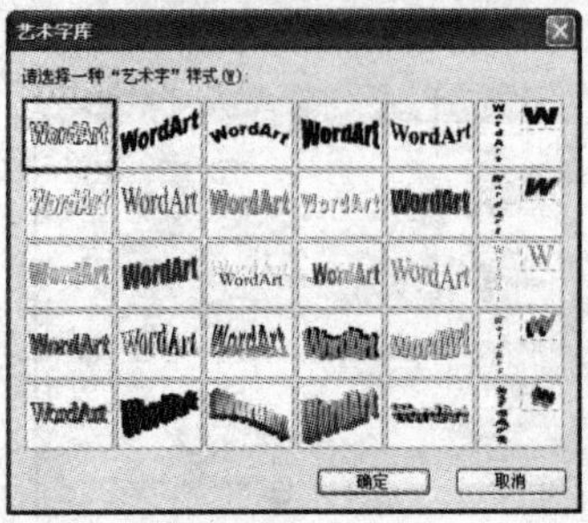

图 3.3.30　“艺术字库”对话框

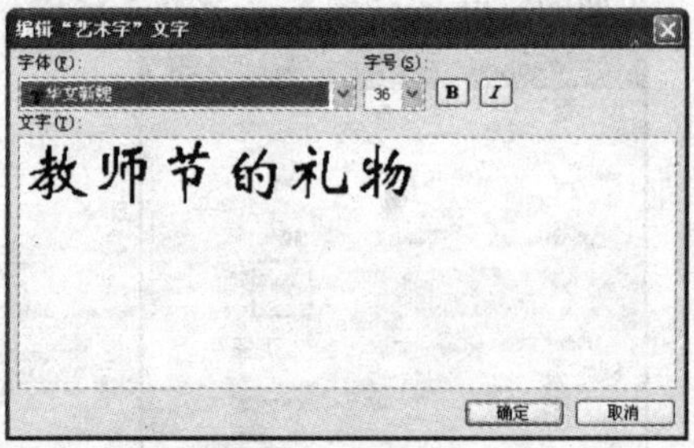

图 3.3.31　“编辑‘艺术字’文字”对话框

（15）选中插入的艺术字，将其缩放到合适的大小。单击“艺术字”工具栏中的“文字环绕”按钮，从中选择浮于文字上方(N)命令，将其拖放到合适的位置。

（16）单击“艺术字”工具栏中的“艺术字形状”按钮，在弹出的艺术字形状列表中选择“正V 形”形状，得到该形状的艺术字效果。用同样的方法完成艺术字“献给最敬爱的人”的输入与设置，效果如图 3.3.32 所示。

（17）单击“绘图”工具栏中的“竖排文本框”按钮，此时光标变成十形状，在文档中单击并拖动鼠标，绘制出一个竖排文本框，在文本框中输入所需文本，设置字体为“华文琥珀”，大小为“小一”，如图 3.3.33 所示。

图 3.3.32　设置艺术字格式效果

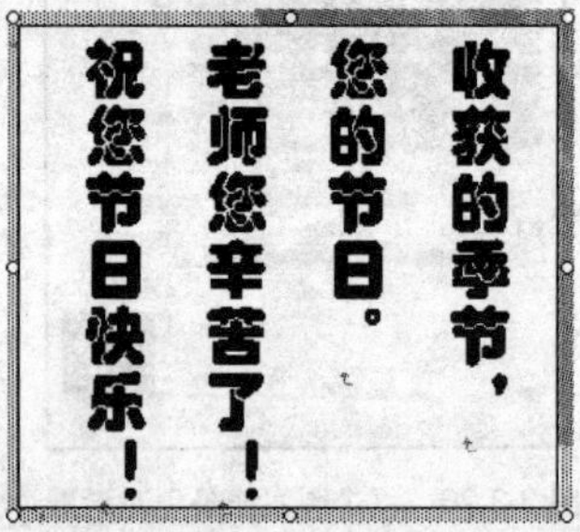

图 3.3.33　插入文本框并设置文本格式

（18）在文本框上单击鼠标右键，在弹出的快捷菜单中选择设置文本框格式(O)...命令，弹出设置文本框格式对话框。打开颜色与线条选项卡，在“填充颜色”下拉列表中选择“无填充颜色”，在“线条颜色”下拉列表中选择“无线条颜色”，如图 3.3.34 所示。

（19）单击确定按钮完成文本框格式设置，效果如图 3.3.35 所示。

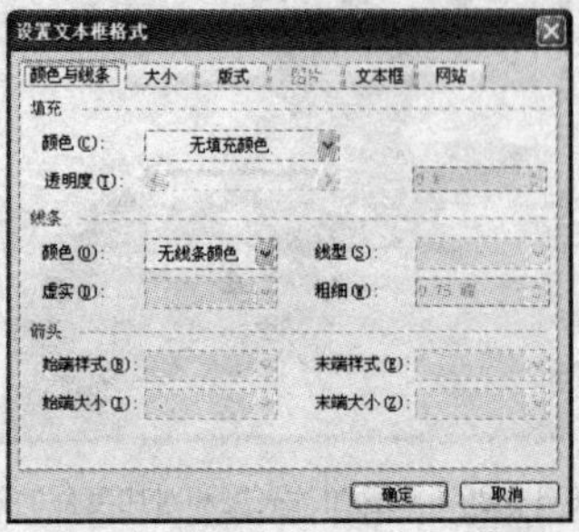

图 3.3.34　“设置文本框格式”对话框

图 3.3.35　设置文本框的效果

（20）分别选择各对象，调整大小和位置。选中所有对象，单击鼠标右键，在弹出的快捷菜单中

选择 组合(G) ▸→ 组合(G) 命令，对各对象组合成一体，再进行版式的修饰。

（21）制作完成后，单击“常用”工具栏中的“保存”按钮，将其命名为“贺卡的设计制作”，最终效果如图 3.3.19 所示。

实验 4　使用向导创建日历

1．实验目的

掌握使用向导创建日历文档、插入图片、设置自选图形格式等操作。

2．实验内容

本例制作日历，效果如图 3.3.36 所示。

图 3.3.36　“制作的日历”效果图

3．实验步骤

（1）启动 Word 2003 新建一个空白文档，选择 视图(V) → 任务窗格(K) Ctrl+F1 命令，打开如图 3.3.37 所示的 新建文档 任务窗格。

（2）在该任务窗格的“模板”选区中单击 本机上的模板... 超链接，在弹出的 模板 对话框中打开 其他文档 选项卡，如图 3.3.38 所示。

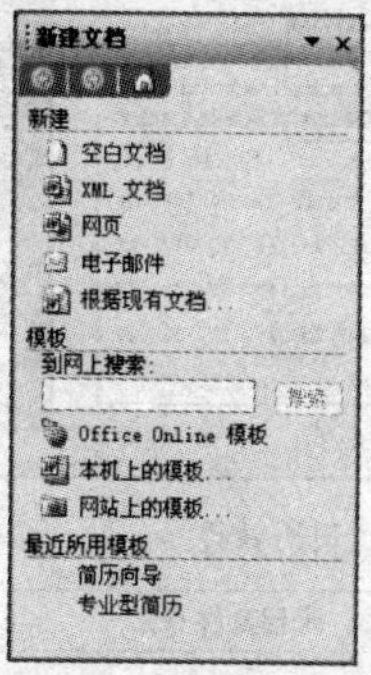

图 3.3.37　“新建文档”任务窗格

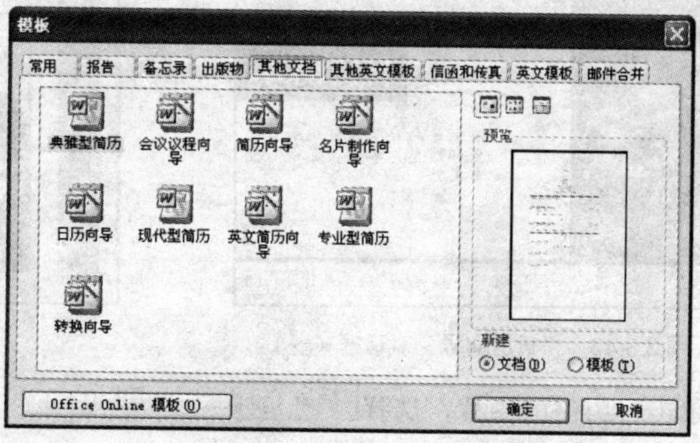

图 3.3.38　“其他文档”选项卡

（3）在该选项卡中选中 日历向导 图标，然后单击 确定 按钮，弹出如图 3.3.39 所示的 日历向导 对话框（一）。

（4）在该对话框中单击下一步(N) >按钮，弹出如图 3.3.40 所示的日历向导对话框（二）。

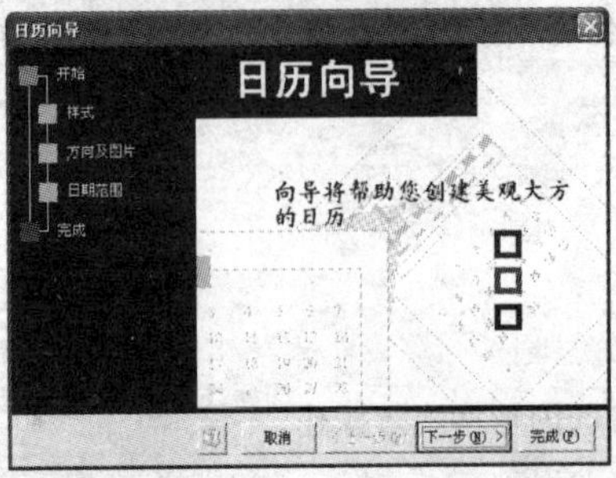

图 3.3.39 “日历向导”对话框（一）

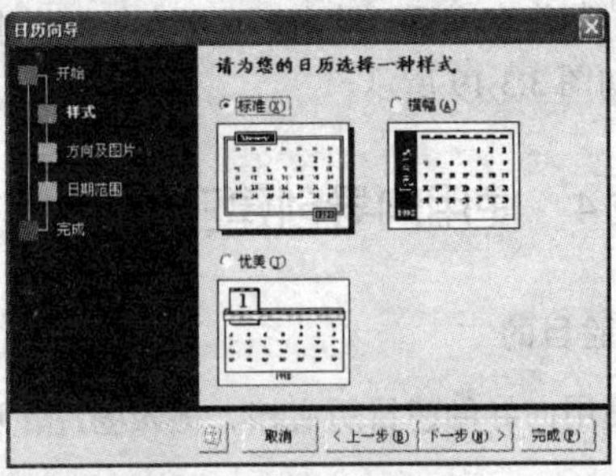

图 3.3.40 “日历向导”对话框（二）

（5）在该对话框中选中优美(I)单选按钮，单击下一步(N) >按钮，弹出如图 3.3.41 所示的日历向导对话框（三）。

（6）在该对话框中选中是(Y)单选按钮，单击下一步(N) >按钮，弹出如图 3.3.42 所示的日历向导对话框（四）。

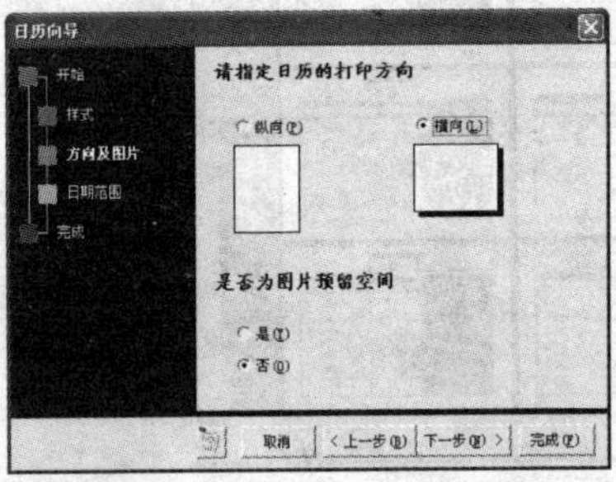

图 3.3.41 “日历向导”对话框（三）

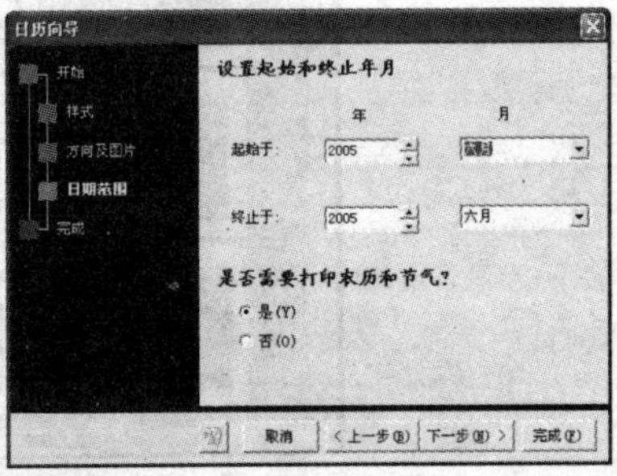

图 3.3.42 “日历向导”对话框（四）

（7）在该对话框中设置日历的起始年月和终止年月，设置完成后，单击下一步(N) >按钮，弹出如图 3.3.43 所示的日历向导对话框（五）。

（8）单击完成(F)按钮，系统自动生成如图 3.3.44 所示的日历。

图 3.3.43 “日历向导”对话框（五）

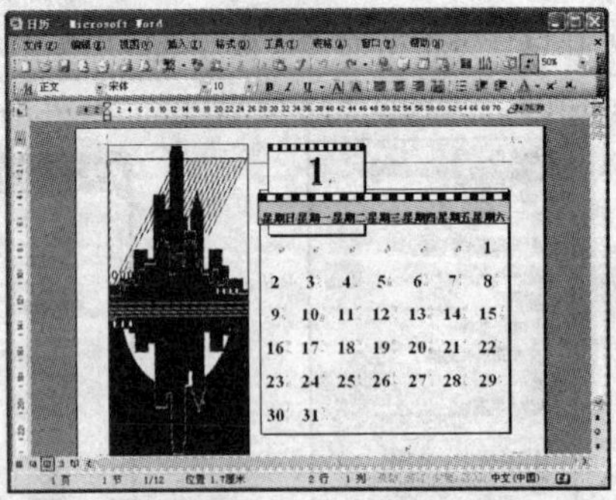

图 3.3.44 日历效果

（9）单击日历中的图片，选择插入(I)→图片(P)→来自文件(F)...命令，弹出插入图片对话框。在“查找范围”下拉列表中选择图片所在的位置，然后在列表框中选择所需图片，单击插入(S)按钮，效果如图 3.3.45 所示。

（10）在该图片文本框的边框中单击鼠标右键，在弹出的快捷菜单中选择设置自选图形格式(O)...命令，弹出设置自选图形格式对话框，如图 3.3.46 所示。

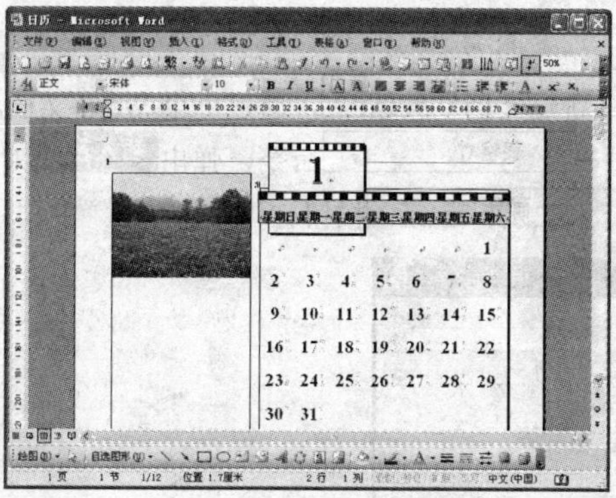

图 3.3.45　插入图片效果

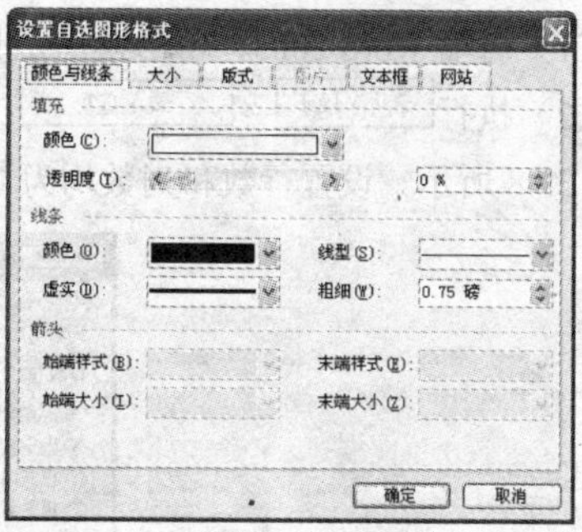

图 3.3.46　“设置自选图形格式”对话框

（11）在该对话框的“填充”选区中将图片的文本框颜色设置为“无填充颜色”；在“线条”选区中将图片文本框的线条设置为“无线条颜色”。

（12）将光标置于图片的右下角，当光标变成↘形状时，拖动图片至合适大小。

（13）打开 版式 选项卡，在“环绕方式”选区中将图片的环绕方式设为“衬于文字下方”，然后单击 确定 按钮。

（14）按步骤（11）～（14）的方法设置其他日历的图片。

（15）日历制作完成，最终效果如图 3.3.36 所示。

实例 5　制作挂历

1．实验目的

掌握在 Word 中插入表格、设置表格格式、插入图片和艺术字等操作。

2．实验内容

本例制作挂历，效果如图 3.3.47 所示。

图 3.3.47　“制作的挂历”效果图

3．实验步骤

（1）启动 Word 2003，单击常用工具栏上的“新建文档”按钮，新建一个 Word 文档。

（2）执行“表格(A)”→“插入(I)”→“表格(T)...”命令，弹出“插入表格”对话框，如图 3.3.48 所示。设置行数和列数均为 7，单击“确定”按钮。

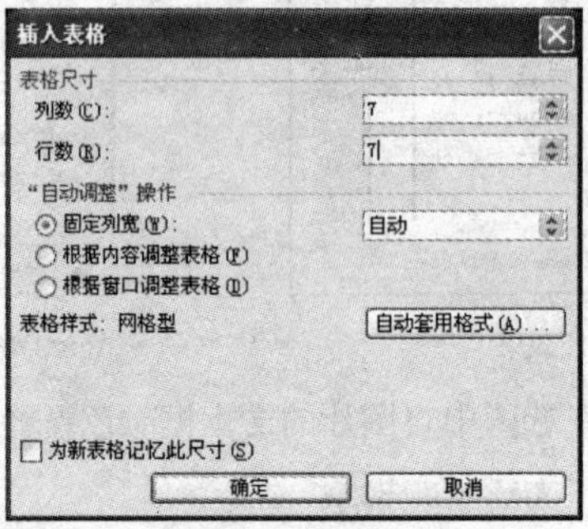

图 3.3.48　“插入表格”对话框

（3）选中表格，执行“格式(O)”→“边框和底纹(B)...”命令，弹出“边框和底纹”对话框，设置表格外边框线为“3 磅”的文武线，内框线为“1/2 磅”，效果如图 3.3.49 所示。

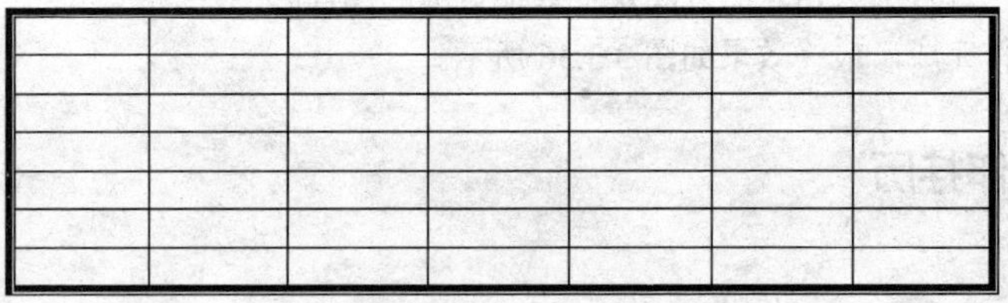

图 3.3.49　设置表格边框

（4）在表格第 2 行输入“星期日”至“星期六”，在表格的第 3～7 行中输入数字“01～31”，设置字号为“三号”，并设置字体为“居中”。

（5）选中表格第 1 行，单击鼠标右键，在弹出的快捷菜单中选择“合并单元格(M)”命令，将表格第一行合并。

（6）选中表格第 1 行，单击鼠标右键，在弹出的快捷菜单中选择“边框和底纹(B)...”命令，弹出“边框和底纹”对话框。在“底纹(S)”选项卡中设置填充色为“红色”，如图 3.3.50 所示。

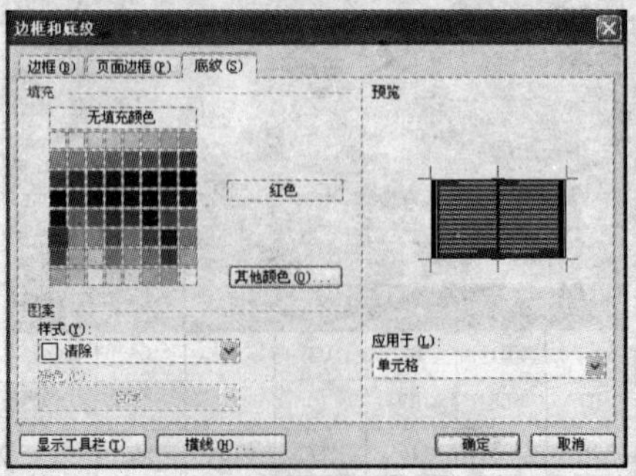

图 3.3.50　设置填充效果

（7）选中表格中“星期日”与“星期六”两列的数字，单击绘图工具栏上的“字体颜色”按钮，设置字体颜色为“红色”，效果如图 3.3.51 所示。

星期日	星期一	星期二	星期三	星期四	星期五	星期六
	01	02	03	04	05	06
07	08	09	10	11	12	13
14	15	16	17	18	19	20
21	22	23	24	25	26	27
28	29	30	31			

图 3.3.51　设置字符颜色

（8）将光标定位到第一行，执行 插入(I) → 图片(P) → 来自文件(F)... 命令，弹出 **插入图片** 对话框，如图 3.3.52 所示。选择所需图片，单击 插入(S) 按钮。

图 3.3.52　“插入图片”对话框

（9）插入图片后，调整图片的大小，直到合适的尺寸。

（10）单击绘图工具栏中的“插入艺术字”按钮，在弹出的 **艺术字库** 对话框中选择第 4 行第 1 列的艺术字样式。单击 确定 按钮，弹出 **编辑“艺术字”文字** 对话框，输入文字“2011”，设置字体为“隶书”，字号为“72”。

（11）单击 确定 按钮返回 Word 文档。选中新建的艺术字，改变其版式为浮于文字上方，再调整艺术字位置，如图 3.3.53 所示。

图 3.3.53　插入艺术字

（12）重复步骤（8）～（10）操作，在文档中插入艺术字“8”，设置其版式为浮于文字下方并调整其大小和位置，效果如图 3.3.47 所示。

实验 6　制作倒影文字

1. 实验目的

掌握艺术字的插入、翻转以及填充颜色等操作。

2. 实验内容

本例为制作倒影文字，效果如图 3.3.54 所示。

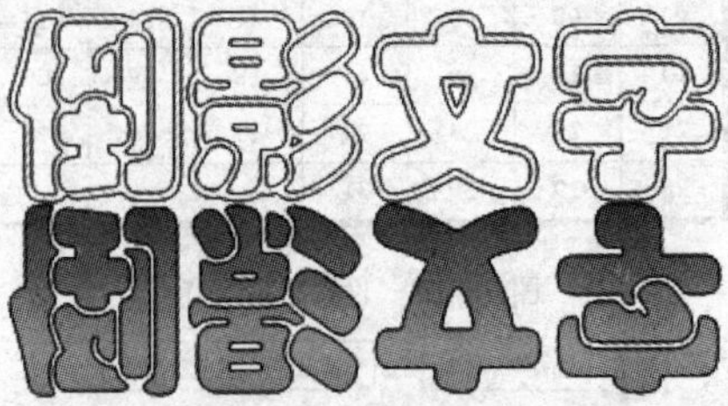

图 3.3.54 “制作的倒影文字”效果图

3. 实验步骤

（1）启动 Word 2003，单击常用工具栏上的“新建”按钮，创建一个新文档。

（2）单击绘图工具栏上的“插入艺术字”按钮，弹出艺术字库对话框，选择第一行第一种艺术字样式，如图 3.3.55 所示。

（3）单击确定按钮，弹出编辑“艺术字”文字对话框，并在其中输入“倒影文字”，设置字体为“华文彩云”，字号为“60 磅”，如图 3.3.56 所示。

图 3.3.55 选择艺术字样式

图 3.3.56 “编辑‘艺术字’文字”对话框

（4）单击确定按钮在文档中插入艺术字。按住“Ctrl”键拖动鼠标，在文档中复制一个相同的艺术字，如图 3.3.57 所示。

（5）选中复制的艺术字，选择绘图工具栏上的绘图(D)→旋转或翻转(P)→垂直翻转(V)命令，效果如图 3.3.58 所示。

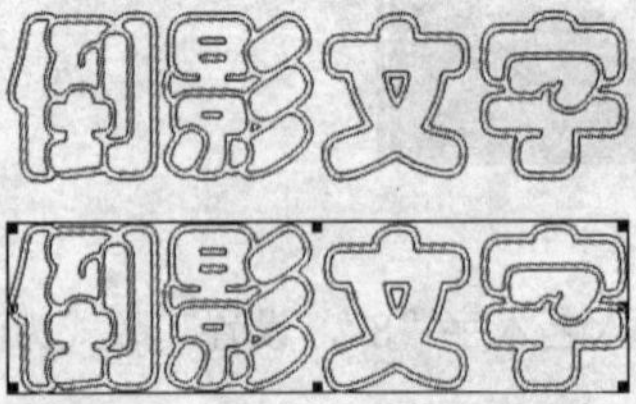

图 3.3.57 插入并复制艺术字

图 3.3.58 翻转效果

（6）选中翻转后的艺术字，单击鼠标右键，在弹出的快捷菜单中选择设置艺术字格式(O)...命令，弹出设置艺术字格式对话框。选择颜色与线条选项卡，在填充颜色下拉列表中选择填充效果(F)...命令，如图 3.3.59 所示。

（7）在弹出的填充效果对话框中选择渐变选项卡，选中预设(S)单选按钮，在“预设颜色”下拉列表中选择“碧海青天”，如图 3.3.60 所示。

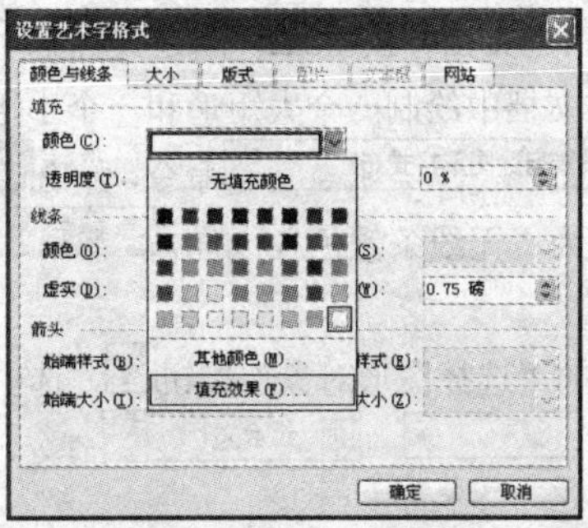

图 3.3.59　“设置艺术字格式”对话框

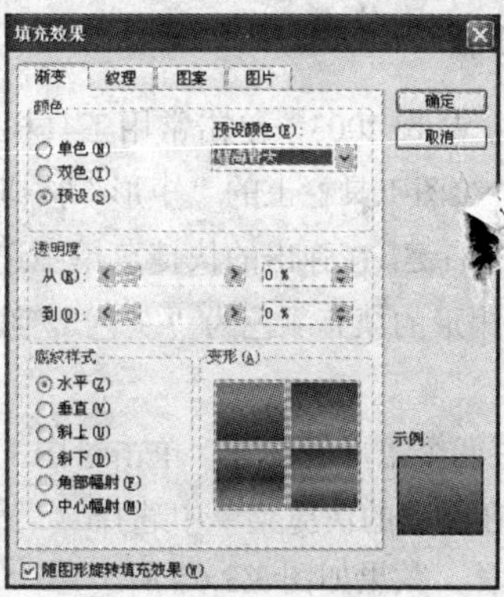

图 3.3.60　“填充效果”对话框

（8）单击 确定 按钮返回 设置艺术字格式 对话框，再单击 确定 按钮，效果如图 3.3.61 所示。

（9）双击复制的艺术字，弹出 编辑“艺术字”文字 对话框，设置艺术字字体为“华文琥珀”，字号为“60 磅”，单击 确定 按钮，效果如图 3.3.62 所示。

图 3.3.61　设置艺术字格式

图 3.3.62　重设艺术字字体效果

（10）选中艺术字，单击艺术字工具栏上的“文字环绕”按钮，在弹出的下拉菜单中选择 浮于文字上方(N) 命令，然后调整两个艺术字的位置，最终效果如图 3.3.54 所示。

实验 7　制作灯笼

1．实验目的

掌握图形的绘制与格式设置、艺术字的插入与格式设置、页面设置及图形的组合等操作。

2．实验内容

本例为制作灯笼的实例，效果如图 3.3.63 所示。

图 3.3.63　“制作的灯笼”效果图

3．实验步骤

（1）启动 Word 2003，单击常用工具栏上的“新建文档”按钮，新建文档。

（2）单击绘图工具栏上的“矩形”按钮，在文档中绘制一个大矩形和一个小矩形，选中两个矩形，单击鼠标右键，在弹出的快捷菜单中选择 设置自选图形格式(O)... 命令，弹出 设置自选图形格式 对话框，设置矩形的填充颜色为“灰色”，线条颜色为“无线条颜色”，单击 确定 按钮，效果如图 3.3.64 所示。

（3）调整两个矩形的位置，单击绘图工具栏上的“选择图形对象”按钮，选中两个矩形并单击鼠标右键，在弹出的快捷菜单中选择 组合(G) → 组合(G) 命令，将这两个矩形组合为一个整体，效果如图 3.3.65 所示。

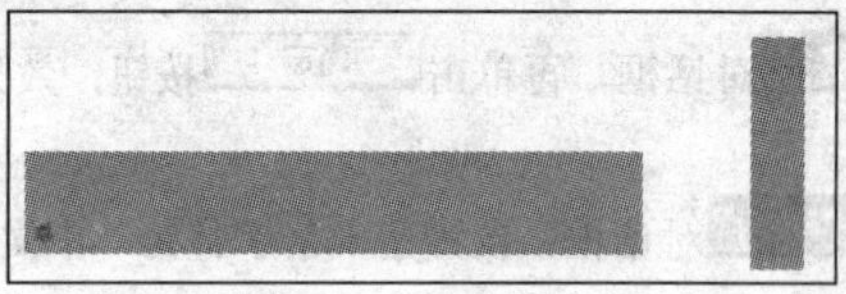
图 3.3.64　绘制两个矩形

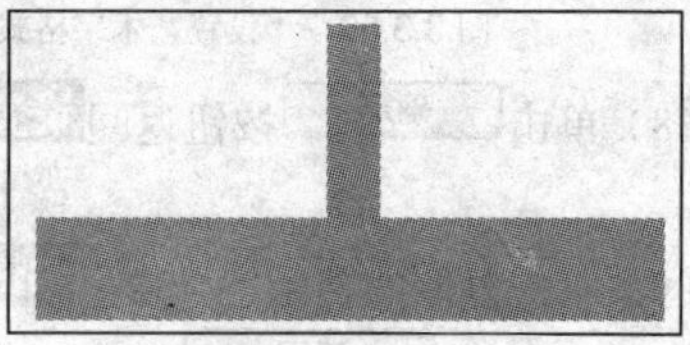
图 3.3.65　合并后的矩形

（4）单击绘图工具栏中的“椭圆”按钮，在文档中插入一个椭圆并将其选中，单击鼠标右键，在弹出的快捷菜单中选择 设置自选图形格式(O)... 命令，弹出 设置自选图形格式 对话框，如图 3.3.66 所示。设置好各项内容后，单击 确定 按钮。

（5）选中椭圆，按住 Ctrl 键不放，拖动鼠标，复制一个椭圆。选中复制的椭圆，然后单击绘图工具栏上的“填充颜色”按钮，选择 无填充颜色 命令，将椭圆的填充色设置为“无色”。

（6）用上面的方法复制多个椭圆，每复制一个椭圆调整其大小比上一个小一些，复制完后，按照从大到小的顺序把所有的椭圆重叠组合起来，如图 3.3.67 所示。

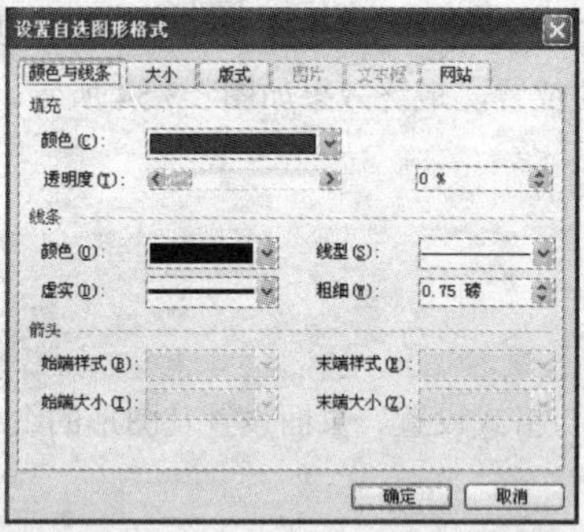

图 3.3.66　“设置自选图形格式”对话框

图 3.3.67　组合好的椭圆

（7）单击绘图工具栏上的“矩形”按钮，绘制两个矩形，设置较小矩形的填充颜色为“浅灰色”，线条颜色为“无线条颜色”，将较大的矩形作为本例的灯穗。

（8）选中较大的矩形，单击鼠标右键，在弹出的快捷菜单中选择 设置自选图形格式(O)... 命令，弹出 设置自选图形格式 对话框，在线条颜色下拉列表中选择 无线条颜色 命令；在填充颜色下拉列表中选择 填充效果(F)... 命令，弹出 填充效果 对话框，如图 3.3.68 所示。选择 图案 选项卡，单击“浅色竖线”图案，单击 确定 按钮。

（9）单击绘图工具栏上的“选择图形对象”按钮，按住 Shift 键选中灯笼的各个部分，执行 绘图(D) → 组合(G) 命令，将其组合为一个整体，如图 3.3.69 所示。

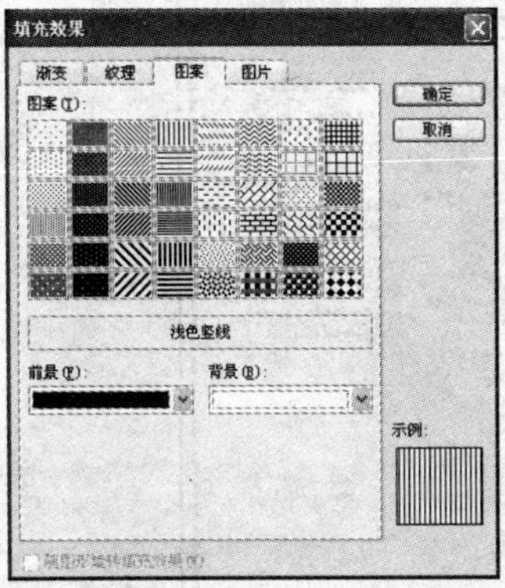

图 3.3.68　“填充效果”对话框

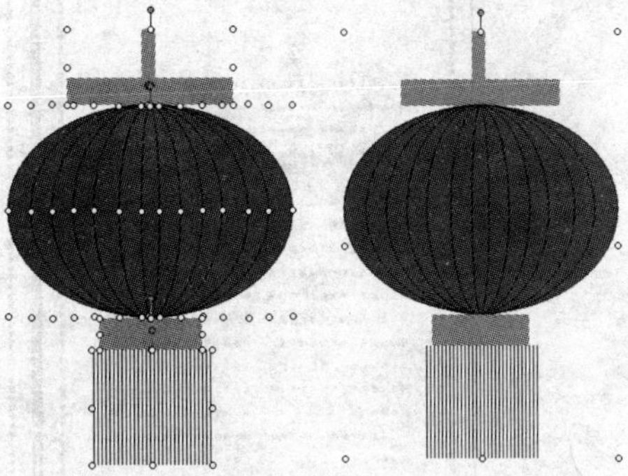

图 3.3.69　组合图形

（10）选中这个灯笼，按住 Ctrl 键不放，拖动鼠标复制出另外两个灯笼。

（11）单击绘图工具栏中的“插入艺术字”按钮，弹出艺术字库对话框，选择第 1 行第 6 种艺术字样式，单击确定按钮，弹出编辑“艺术字”文字对话框，输入“春”字，设置字体为“宋体”，字号为“96 磅”，效果如图 3.3.70 所示。

（12）单击确定按钮，可插入艺术字“春”字，在该艺术字上单击鼠标右键，在弹出的快捷菜单中选择设置艺术字格式(O)...命令，弹出设置艺术字格式对话框。

（13）选择版式选项卡，在环绕方式栏中单击“浮于文字上方”按钮，拖动艺术字到灯笼中间位置，如图 3.3.71 所示。

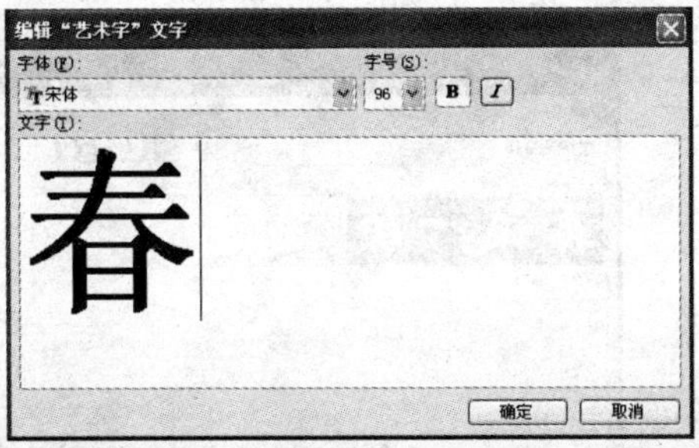

图 3.3.70　编辑艺术字

图 3.3.71　制作好的第一个灯笼

（14）按住“Ctrl”键，将艺术字“春”字复制两个，并将其改为“节”“好”，再将其拖放到另外两个灯笼上。

（15）选择文件(F)→页面设置(U)...命令，弹出页面设置对话框。在“方向”栏中单击“横向”按钮，将纸张设置为横向，效果如图 3.3.63 所示。

实验 8　编排文档

1．实验目的

熟练掌握五笔字型输入法以及 Word 的编辑排版功能。

2．实验内容

本例编排一篇文档，最终效果如图 3.3.72 所示。

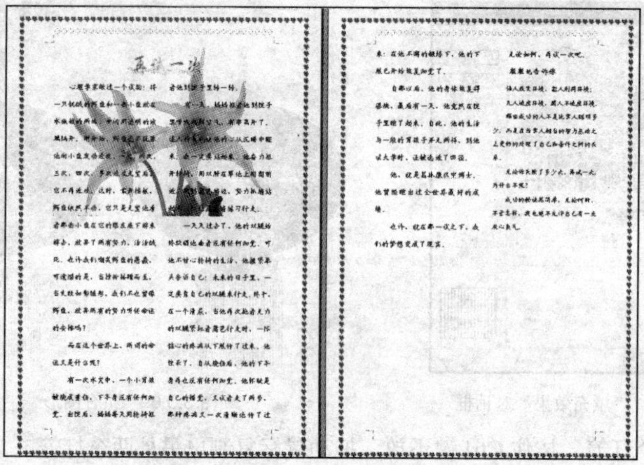

图 3.3.72 “编排文档”效果图

3．实验步骤

（1）启动 Word 2003 应用程序，单击“常用”工具栏中的“新建空白文档”按钮，新建一个空白文档。

（2）将输入法切换到五笔输入法。选择 插入(I) → 图片(P) → 艺术字(W)... 命令，弹出 艺术字库 对话框，在此选择第 3 行第 4 列的艺术字样式，如图 3.3.73 所示。

（3）单击 确定 按钮，在弹出的 编辑“艺术字”文字 对话框的“文字”文本框中输入文档标题“再试一次”，字体为“华文行楷”，字号为“32 磅”，如图 3.3.74 所示。

图 3.3.73 “艺术字库”对话框

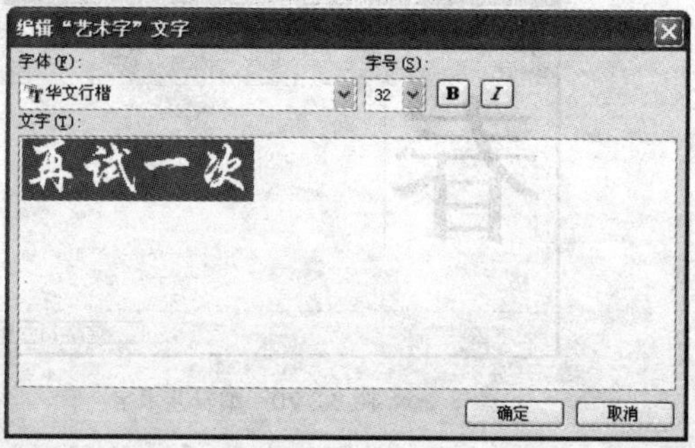

图 3.3.74 “编辑‘艺术字’文字”对话框

（4）单击 确定 按钮即可在文档中插入艺术字，如图 3.3.75 所示。

图 3.3.75 插入的艺术字

（5）单击“格式”工具栏上的“居中”按钮，使标题居中显示。

（6）按回车键，继续输入文档的其他内容，如图 3.3.76 所示。

（7）选中除标题外的所有文档，再选择 格式(O) → 段落(P)... 命令，弹出 段落 对话框，在“对齐方式”下拉列表中选择“两端对齐”，在“特殊格式”下拉列表中选择“首行缩进”，如图 3.3.77 所示。

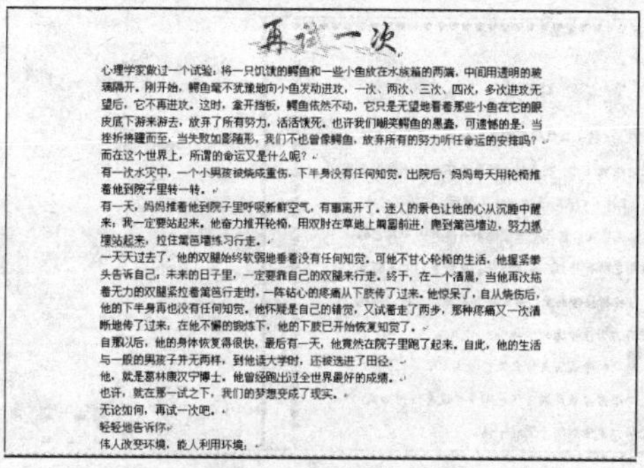

图 3.3.76　输入文档

图 3.3.77　“段落”对话框

（8）单击 确定 按钮可为文档设置首行缩进 2 个字符。选择“心理学家做过一个试验……无论如何，再试一次吧。”之间的文字，在“格式”工具栏的“字体”下拉列表中选择“楷体”，在“字号”下拉列表中选择“四号”，如图 3.3.78 所示。

（9）重复步骤（8），将“轻轻地告诉你”字体设置为“华文新魏”，字号为“小三”。

（10）选中剩余的文字并单击鼠标右键，在弹出的快捷菜单中选择 段落(P)... 命令，如图 3.3.79 所示。

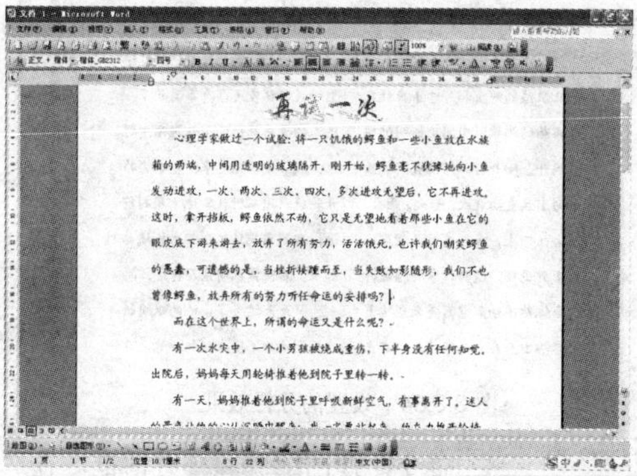

图 3.3.78　设置字体格式

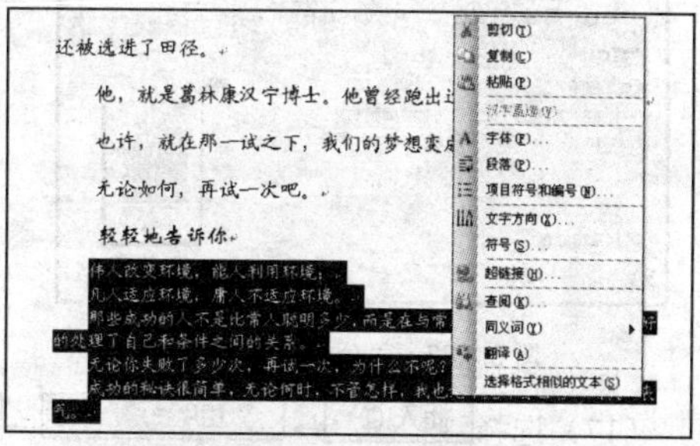

图 3.3.79　快捷菜单命令

（11）这时弹出 段落 对话框，在“行距”下拉列表中选择“固定值”，在“设置值”下拉列表中选择“25 磅”，单击 确定 按钮，效果如图 3.3.80 所示。

（12）选择 格式(O) → 边框和底纹(B)... 命令，弹出 边框和底纹 对话框。单击“页面边框”选项卡，在“线型”下拉列表中选择一种线型，在“宽度”下拉列表中选择“12 磅”，在“艺术型”下拉列表中选择一种艺术样式，如图 3.3.81 所示。

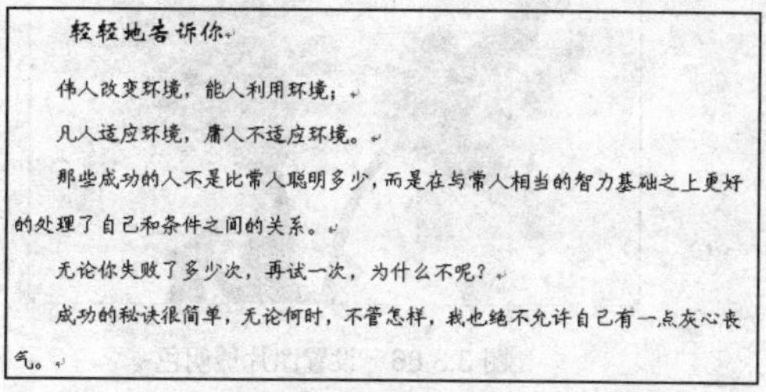

图 3.3.80　设置的段落格式

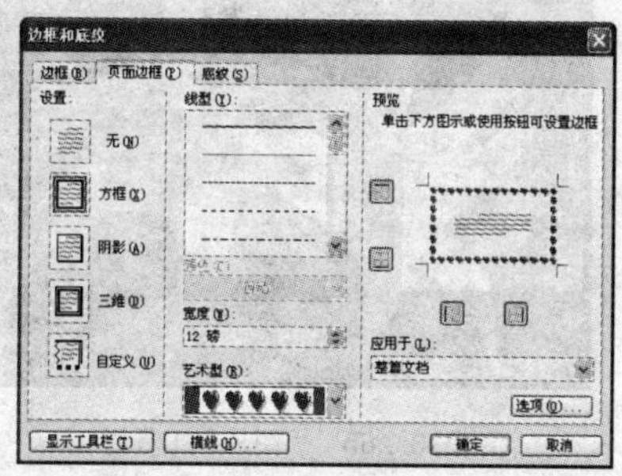

图 3.3.81　“边框和底纹”对话框

（13）单击 确定 按钮，即可为整篇文档添加页面边框效果，如图 3.3.82 所示。

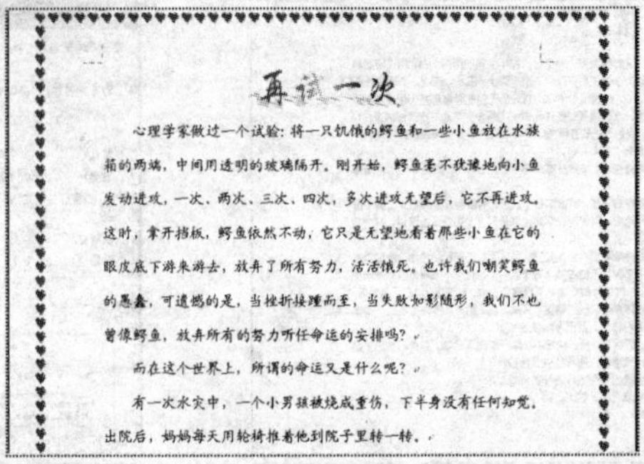

图 3.3.82 添加页面边框效果

（14）将光标置于第一段，按下“Ctrl+Shift+End”组合键，选中除标题外的所有文字。

（15）选择 格式(O) → 分栏(C)... 命令，弹出 分栏 对话框。在“预设”栏中单击“两栏”按钮，如图 3.3.83 所示。

（16）单击 确定 按钮即可为文档设置分栏，效果如图 3.3.84 所示。

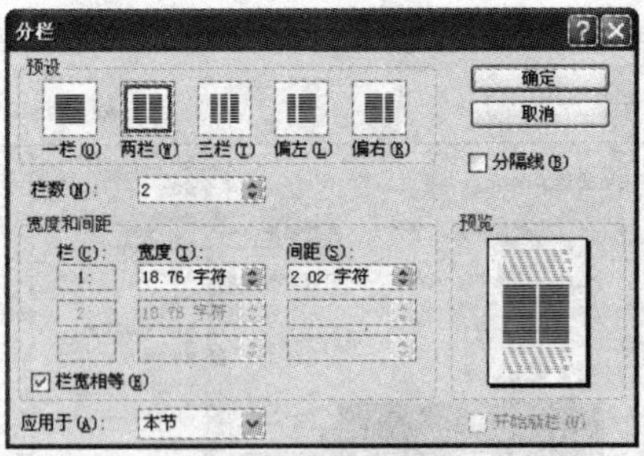

图 3.3.83 “分栏”对话框

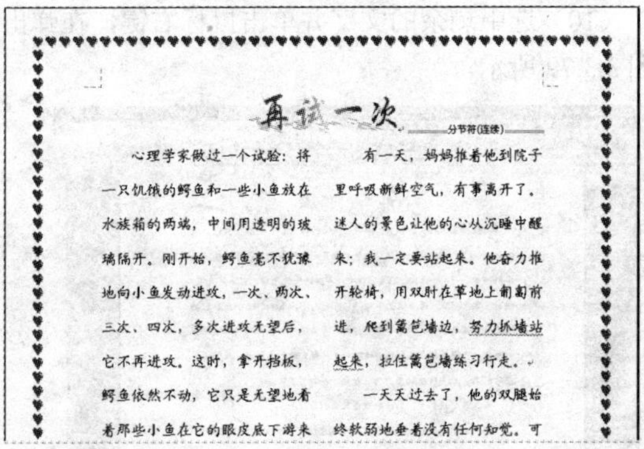

图 3.3.84 设置的分栏效果

（17）选择 插入(I) → 图片(P) → 来自文件(F)... 命令，弹出 插入图片 对话框。在“查找范围”下拉列表中选择要插入的图片，单击 插入(S) 按钮即可将图片插入到文档中。单击该图片，弹出“图片”工具栏，如图 3.3.85 所示。

（18）单击“图片”工具栏上的“设置透明色”按钮，当鼠标指针变成形状时，在图片上单击，效果如图 3.3.86 所示。

图 3.3.85 “图片”工具栏

图 3.3.86 设置图片透明色

（19）单击“图片”工具栏中的“文字环绕”按钮，在弹出的下拉列表中选择 衬于文字下方(D) 命令，即可将图片置于文字的下方，如图 3.3.87 所示。

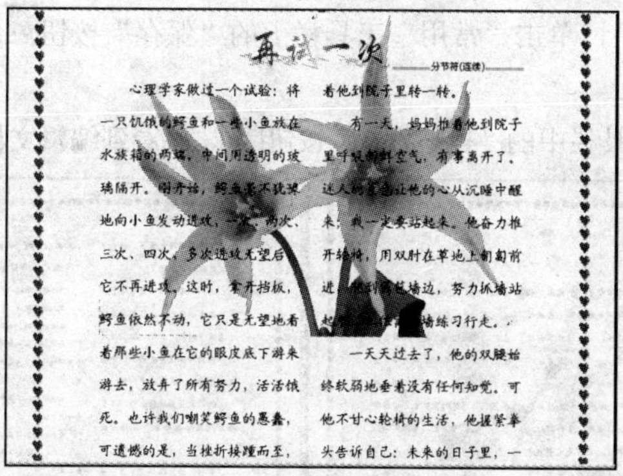

图 3.3.87 设置图片的环绕方式

（20）选择 视图(V) → 页眉和页脚(H) 命令，即可弹出“页眉和页脚”工具栏，且页眉和页脚区处于可编辑状态，如图 3.3.88 所示。

图 3.3.88 “页眉和页脚”工具栏

（21）选中页眉上的回车符，选择 格式(O) → 边框和底纹(B)... 命令，弹出 边框和底纹 对话框，选择 边框(B) 选项卡，如图 3.3.89 所示。

（22）单击 横线(H)... 按钮，弹出 横线 对话框，如图 3.3.90 所示。

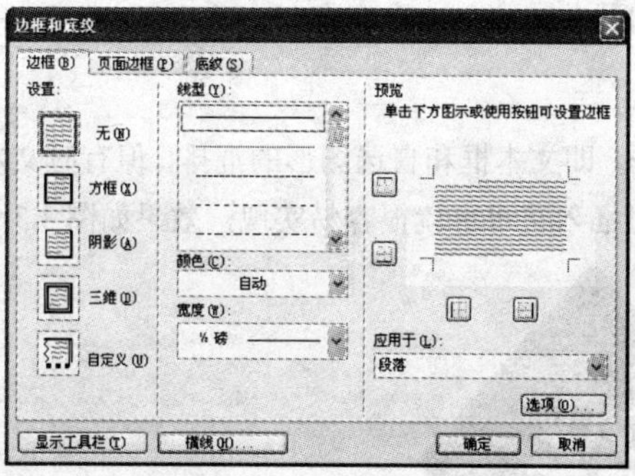

图 3.3.89 “边框”选项卡

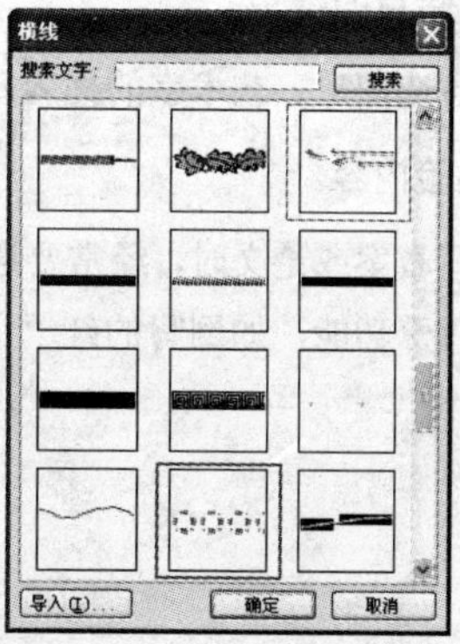

图 3.3.90 “横线”对话框

（23）拖动向下滑块，在横线下拉列表中选择一种线型，单击 确定 按钮即可将此线插入到页眉中，如图 3.3.91 所示。

（24）双击除页眉外的文档任意处，退出页眉编辑状态。

图 3.3.91 插入的页眉线

（25）文档编辑完成后，单击“常用”工具栏上的“保存”按钮，弹出另存为对话框，将文档命名为“智慧背囊”。

（26）单击“常用”工具栏中的“打印预览”按钮，可看到编辑文档的效果，如图 3.3.92 所示。

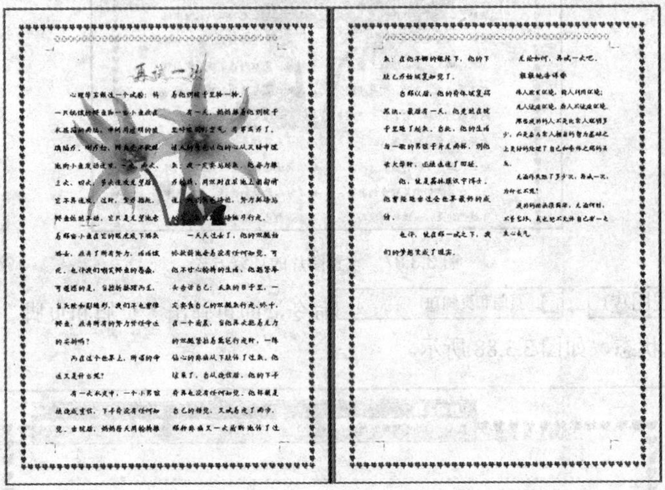

图 3.3.92　打印预览效果

（27）若是对编辑的文档感到满意，可打印输出此文档。单击“常用”工具栏中的“打印”按钮，即可打印出该文档，最终效果如图 3.3.72 所示。

实验 9　制作“倒福字”图片

1．实验目的

掌握自选图形、艺术字的插入及格式设置等操作。

2．实验内容

在撰写教案或论文时，经常要遇到图文混排，即文本框和自选图形的混排，但有时文本框却无法实现某些特殊功能，如倒写的红“福”字，通过插入艺术字就很容易实现，效果如图 3.3.93 所示。

图 3.3.93　“制作的倒福字”效果图

3．实验步骤

（1）启动 Word 2003，单击常用工具栏中的“新建空白文档”按钮，新建一个文档。

（2）选择 视图(V) → 工具栏(T) → 绘图 命令，启动绘图工具栏。

（3）单击绘图工具栏中的 自选图形(U) 按钮，在弹出的快捷菜单中选择 基本形状(B) 命令，单击“菱形”按钮绘制一个菱形，如图 3.3.94 所示。

（4）选中绘制的菱形，单击鼠标右键，在弹出的快捷菜单中选择 设置自选图形格式(O)... 命令，弹出 设置自选图形格式 对话框。选择 颜色与线条 选项卡，设置其填充色为“红色”，线条颜色为“无线条颜色”，如图 3.3.95 所示。

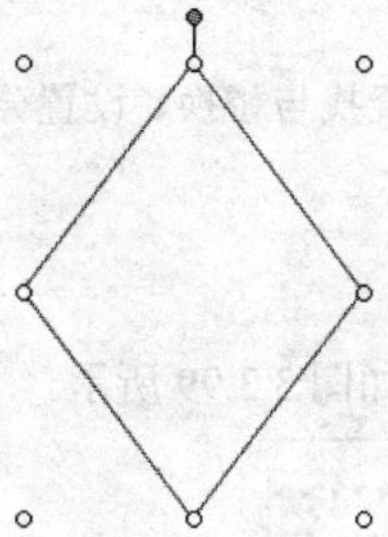

图 3.3.94　绘制菱形

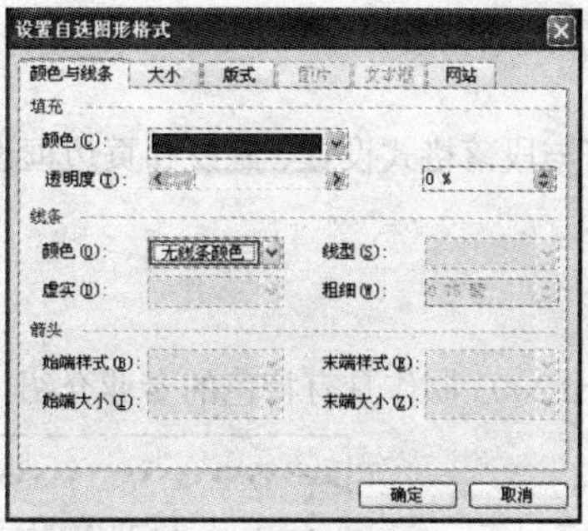

图 3.3.95　“颜色与线条”选项卡

（5）单击 确定 按钮返回到 Word 文档。

（6）单击绘图工具栏中的“插入艺术字”按钮，弹出 艺术字库 对话框，从中选择第一种艺术字样式。

（7）单击 确定 按钮弹出 编辑“艺术字”文字 对话框，在文本框中输入“福”字，设置其字体“华文行楷”，字号为“48”，字形为“加粗”，如图 3.3.96 所示。

图 3.3.96　编辑艺术字

（8）单击 确定 按钮，效果如图 3.3.97 所示。

（9）选中“福”字，单击绘图工具栏中的 绘图(D) → 旋转或翻转(P) → 向左旋转 90°(L) 命令，执行两次左转后效果如图 3.3.98 所示。

图 3.3.97　插入的艺术字

图 3.3.98　旋转艺术字

（10）单击“福”字，在弹出的艺术字工具栏中单击“文字环绕”按钮，在下拉菜单中选择 浮于文字上方(N) 命令，将艺术字拖放到绘制的菱形上。

（11）选中菱形，按住“Shift”键，再选择插入的艺术字，此时两张图片同时被选中。

（12）单击 绘图(D) → 对齐或分布(A) → 水平居中(C) 和 垂直居中(M) 命令，使它们居中对齐。

（13）重复步骤（11），单击 绘图(D)▾ → 组合(G) 命令，使它们组合成一个整体，效果如图 3.3.93 所示。这样“倒福字”图片就制作完成了。

实验 10　设计具有特色的专业介绍

1．实验目的

掌握文本字符与段落格式设置、底纹和页边框设置、使用查找与替换、设置分栏以及页面设置等操作。

2．实验内容

本例利用 Word 2003 制作具有特色的专业介绍，最终效果如图 3.3.99 所示。

图 3.3.99　“制作的专业介绍”效果图

3．实验步骤

（1）打开 Word 2003，在文档编辑区输入以下内容，如图 3.3.100 所示。

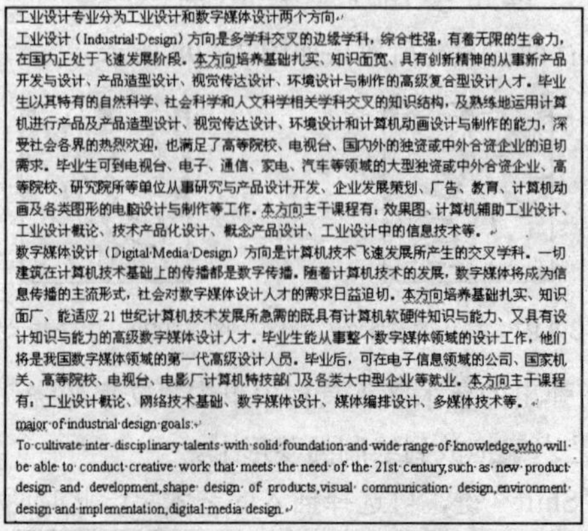

工业设计专业分为工业设计和数字媒体设计两个方向。

工业设计（Industrial Design）方向是多学科交叉的边缘学科，综合性强，有着无限的生命力，在国内正处于飞速发展阶段。本方向培养基础扎实、知识面宽、具有创新精神的从事新产品开发与设计、产品造型设计、视觉传达设计、环境设计与制作的高级复合型设计人才。毕业生以其特有的自然科学、社会科学和人文科学相关学科交叉的知识结构，及熟练地运用计算机进行产品及产品造型设计、视觉传达设计、环境设计和计算机动画设计与制作的能力，深受社会各界的热烈欢迎，也满足了高等院校、电视台、国内外的独资或中外合资企业的迫切需求。毕业生可到电视台、电子、通信、家电、汽车等领域的大型独资或中外合资企业、高等院校、研究院所等单位从事研究与产品设计开发、企业发展策划、广告、教育、计算机动画及各类图形的电脑设计与制作等工作。本方向主干课程有：效果图、计算机辅助工业设计、工业设计概论、技术产品化设计、概念产品设计、工业设计中的信息技术等。

数字媒体设计（Digital Media Design）方向是计算机技术飞速发展所产生的交叉学科。一切建筑在计算机技术基础上的传播都是数字传播。随着计算机技术的发展，数字媒体将成为信息传播的主流形式，社会对数字媒体设计人才的需求日益迫切。本方向培养基础扎实、知识面广、能适应 21 世纪计算机技术发展所急需的既具有计算机软硬件知识与能力、又具有设计知识与能力的高级数字媒体设计人才。毕业生能从事整个数字媒体领域的设计工作，他们将是我国数字媒体领域的第一代高级设计人员。毕业后，可在电子信息领域的公司、国家机关、高等院校、电视台、电影厂计算机特技部门及各类大中型企业等就业。本方向主干课程有：工业设计概论、网络技术基础、数字媒体设计、媒体编排设计、多媒体技术等。

major of industrial design goals:

To cultivate inter-disciplinary talents with solid foundation and wide range of knowledge,who will be able to conduct creative work that meets the need of the 21st century,such as new product design and development,shape design of products,visual communication design,environment design and implementation,digital media design.

图 3.3.100　输入文档内容

（2）单击“常用”工具栏的“保存”按钮，弹出另存为对话框。在“保存位置”下拉列表框中选择自己的文件夹，在“文件名”文本框输入“专业介绍”，在“保存类型”下拉列表中选择文件类型“Word 文档（*.doc）”，单击保存(S)按钮。

（3）按“Ctrl+A”快捷键，选中所有文本，在“常用”工具栏中设置字体为“宋体”、字号为“小四”。单击“行距”按钮右侧的小三角按钮，在弹出的快捷菜单中选择“1.5”。

（4）将光标定位到文字最前面，按“Enter”键出现一空行，然后输入“工业设计专业介绍”。

（5）选中标题，选择“格式”工具栏中的相应按钮设置标题为“居中、小初、华文彩云”，如图 3.3.101 所示。

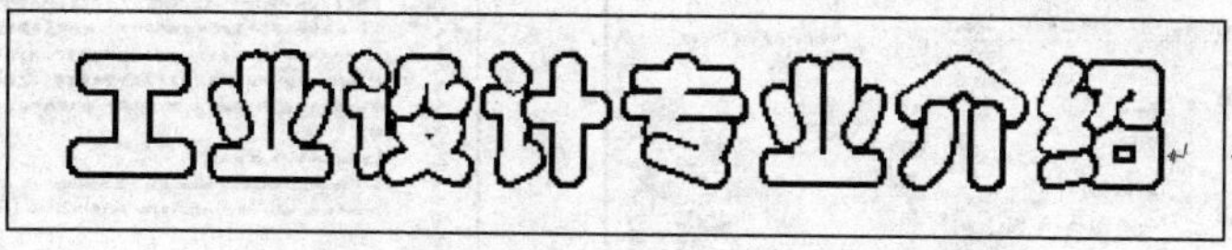

图 3.3.101 设置文档标题

（6）将光标置于“工业设计专业分为工业设计和数字媒体设计两个方向”段落之后，单击鼠标右键，在弹出的快捷菜单中选择段落(P)...命令，弹出段落对话框。在“间距”栏的“段前”微调框中输入“0.7”，如图 3.3.102 所示。

（7）单击确定按钮，返回到原文档中。

（8）选中“工业设计专业分为工业设计和数字媒体设计两个方向”文本，选择格式(O)→边框和底纹(B)...命令，弹出边框和底纹对话框。单击底纹(S)选项卡，在“填充”颜色栏中选择“浅黄色”，如图 3.3.103 所示。

图 3.3.102 设置段落间距

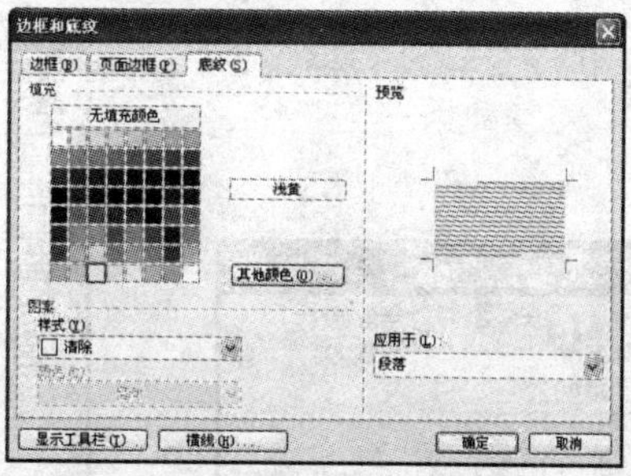

图 3.3.103 “底纹”选项卡

（9）单击确定按钮，字符即被填充为浅黄色，如图 3.3.104 所示。

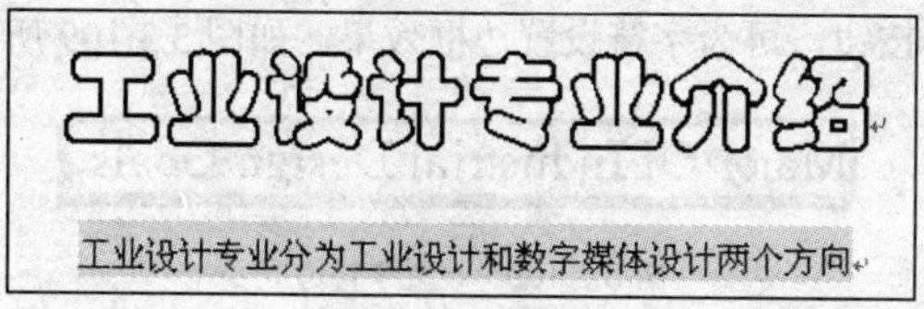

图 3.3.104 设置字符颜色

（10）将光标置于文档中任意位置，选择格式(O)→边框和底纹(B)...命令，弹出边框和底纹对话框。单击页面边框(P)选项卡，在“艺术型”下拉列表中选择一种边框样式，在“宽度”微调框中输入“22 磅”，如图 3.3.105 所示。

（11）单击确定按钮，可为整个页面添加边框效果，如图 3.3.106 所示。

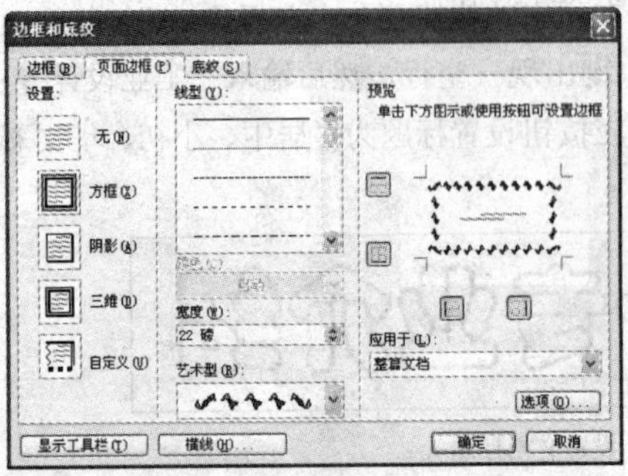

图 3.3.105 “页面边框”选项卡

图 3.3.106 添加页面边框效果

（12）选中要修改的英文单词“major of industrial design goals:”，选择 格式(O) → 更改大小写(E)... 命令，弹出 更改大小写 对话框。单击 ⊙词首字母大写(T) 单选按钮，如图 3.3.107 所示。

（13）单击 确定 按钮，即可将每个单词的首字母改为大写。

（14）选中要修改的英文单词，选择 格式(O) → 边框和底纹(B)... 命令，弹出 边框和底纹 对话框。选择 边框(B) 选项卡，在“设置”栏中单击“阴影”按钮，在“宽度”下拉列表中选择“1.5 磅”，在“颜色”下拉列表中选择“红色”，如图 3.3.108 所示。

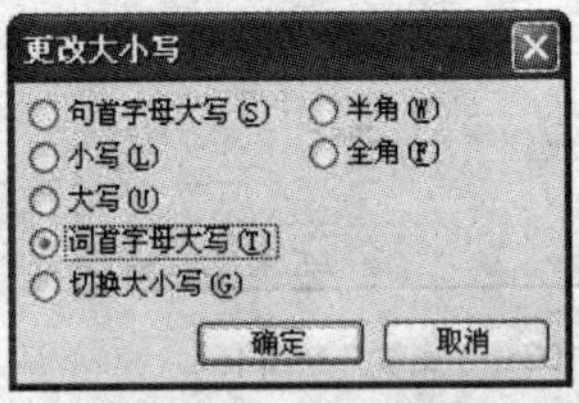

图 3.3.107 “更改大小写”对话框

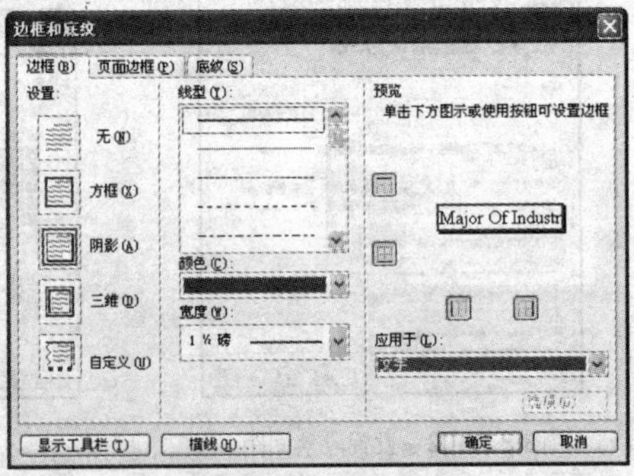

图 3.3.108 “边框”选项卡

（15）单击 确定 按钮，可为字符设置边框效果，如图 3.3.109 所示。

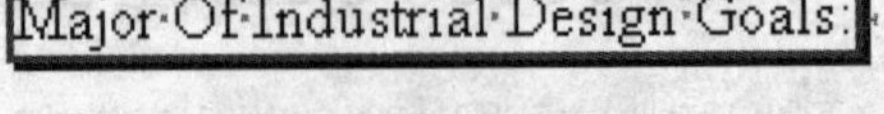

图 3.3.109 设置字符边框

（16）选中第一、二段中的文字，按“Ctrl+H”快捷键，弹出 查找和替换 对话框，打开 替换(P) 选项卡。单击 高级 ¥ (M) 按钮，再单击 特殊字符(E) ▾ 按钮，在弹出的快捷菜单中选择 任意字母(Y) 命令，在“查找内容”文本框中会出现“^$”符号，表示任意字母，如图 3.3.110 所示。

（17）将光标定位于“替换为”文本框中，单击 格式(O) ▾ 按钮，选择 字体(F)... 命令，弹出 查找字体 对话框。在“字体颜色”下拉列表中选择“蓝色”，在“着重号”下拉列表中选择“• ”，如图 3.3.111 所示。

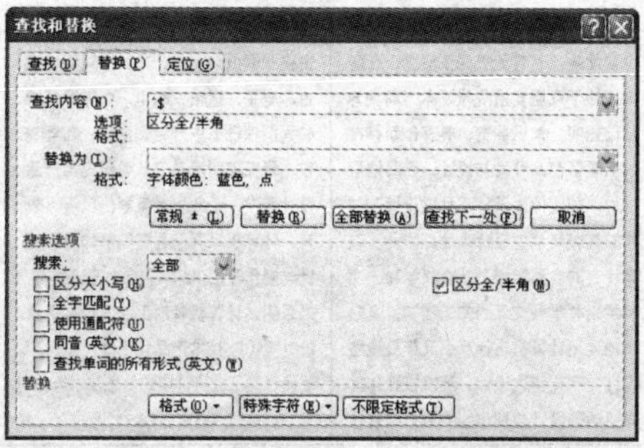

图 3.3.110　“查找和替换”对话框

图 3.3.111　“查找字体”对话框

（18）单击 确定 按钮，返回到 查找和替换 对话框中。单击 全部替换(A) 按钮，弹出如图 3.3.112 所示的提示信息，这里单击 否(N) 按钮。

图 3.3.112　替换提示信息

（19）单击 关闭 按钮，退出 查找和替换 对话框，可以看到在所选的段落中所有的英文字符都加上了着重号，如图 3.3.113 所示。

（Industrial Design）　（Digital Media Design）

图 3.3.113　查找和替换的结果

（20）将光标定位在第二段开始，按“Enter”键，插入一空行。

（21）单击“绘图”工具栏中的“直线”按钮，在空行绘制一条直线，单击“虚线线型”按钮，从中选择一种线型，单击“线型”按钮，选择“1.5 磅”。

（22）选中第一段文字，选择 格式(O) → 分栏(C)... 命令，弹出 分栏 对话框。单击“两栏”按钮，选中 分隔线(B) 复选框，如图 3.3.114 所示。

（23）单击 确定 按钮，效果如图 3.3.115 所示。

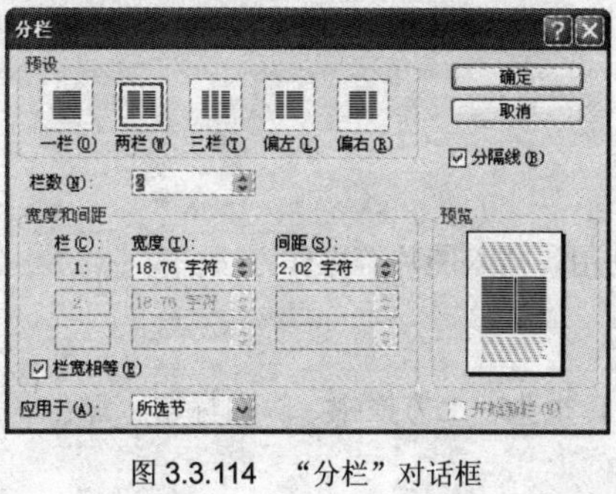

图 3.3.114　“分栏”对话框

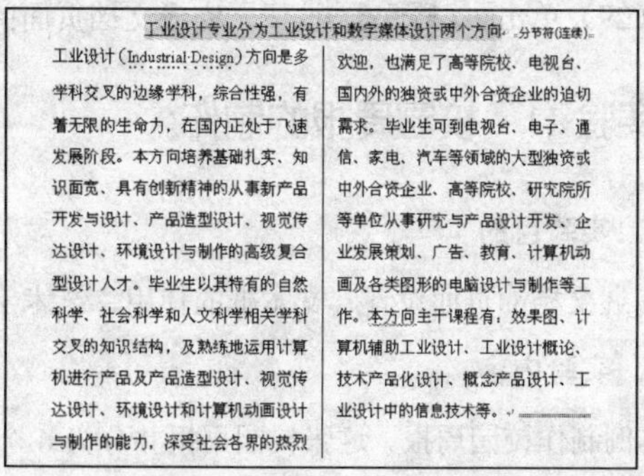
工业设计专业分为工业设计和数字媒体设计两个方向。分节符(连续)

工业设计（Industrial Design）方向是多学科交叉的边缘学科，综合性强，有着无限的生命力，在国内正处于飞速发展阶段。本方向培养基础扎实、知识面宽、具有创新精神的从事新产品开发与设计、产品造型设计、视觉传达设计、环境设计与制作的高级复合型设计人才。毕业生以其特有的自然科学、社会科学和人文科学相关学科交叉的知识结构，及熟练地运用计算机进行产品及产品造型设计、视觉传达设计、环境设计和计算机动画设计与制作的能力，深受社会各界的热烈欢迎，也满足了高等院校、电视台、国内外的独资或中外合资企业的迫切需求。毕业生可到电视台、电子、通信、家电、汽车等领域的大型独资或中外合资企业、高等院校、研究院所等单位从事研究与产品设计开发、企业发展策划、广告、教育、计算机动画及各类图形的电脑设计与制作等工作。本方向主干课程有：效果图、计算机辅助工业设计、工业设计概论、技术产品化设计、概念产品设计、工业设计中的信息技术等。

图 3.3.115　分栏效果

（24）将光标定位在第一段，选择 格式(O) → 首字下沉(D)... 命令，弹出 首字下沉 对话框。在“位置”选区中单击“下沉”按钮，在“下沉行数”数值框中输入“2”，如图 3.3.116 所示。

（25）单击 确定 按钮，设置的首字下沉效果如图 3.3.117 所示。

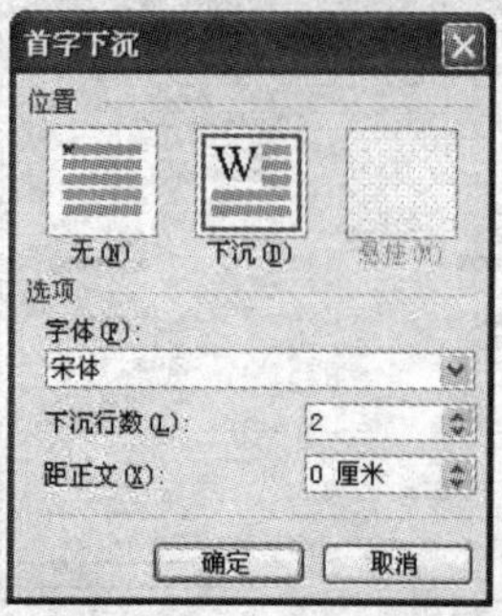

图 3.3.116　“首字下沉”对话框

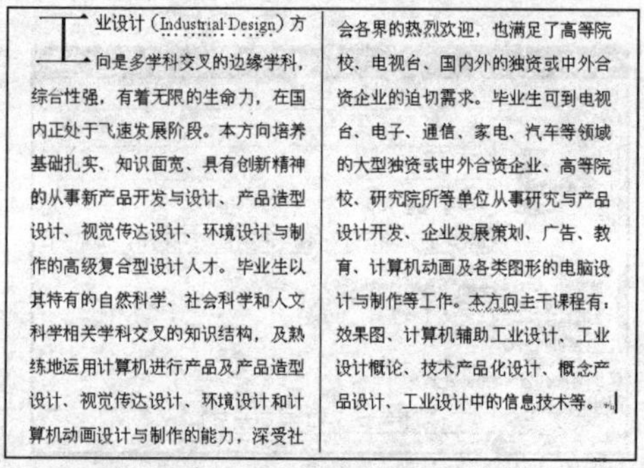

工业设计（Industrial Design）方向是多学科交叉的边缘学科，综合性强，有着无限的生命力，在国内正处于飞速发展阶段。本方向培养基础扎实、知识面宽、具有创新精神的从事新产品开发与设计、产品造型设计、视觉传达设计、环境设计与制作的高级复合型设计人才。毕业生以其特有的自然科学、社会科学和人文科学相关学科交叉的知识结构，及熟练地运用计算机进行产品及产品造型设计、视觉传达设计、环境设计和计算机动画设计与制作的能力，深受社会各界的热烈欢迎，也满足了高等院校、电视台、国内外的独资或中外合资企业的迫切需求。毕业生可到电视台、电子、通信、家电、汽车等领域的大型独资或中外合资企业、高等院校、研究院所等单位从事研究与产品设计开发、企业发展策划、广告、教育、计算机动画及各类图形的电脑设计与制作等工作。本方向主干课程有：效果图、计算机辅助工业设计、工业设计概论、技术产品化设计、概念产品设计、工业设计中的信息技术等。

图 3.3.117　首字下沉效果

（26）重复上述步骤，给第二段文字设置分栏和首字下沉效果。

（27）单击“常用”工具栏上的“打印预览”按钮，可以看到此文档分为两页，第二页只有 4 行文字，如图 3.3.118 所示。

（28）单击关闭(C)按钮，退出打印预览状态。选择文件(F)→页面设置(U)...命令，弹出页面设置对话框。单击页边距选项卡，将“上”“下”页边距设置为“2 厘米”，“左”“右”页边距设为“2.17 厘米”，如图 3.3.119 所示。

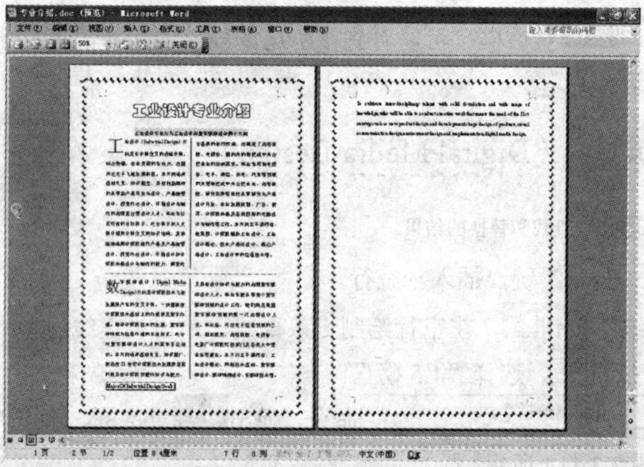

图 3.3.118　打印预览

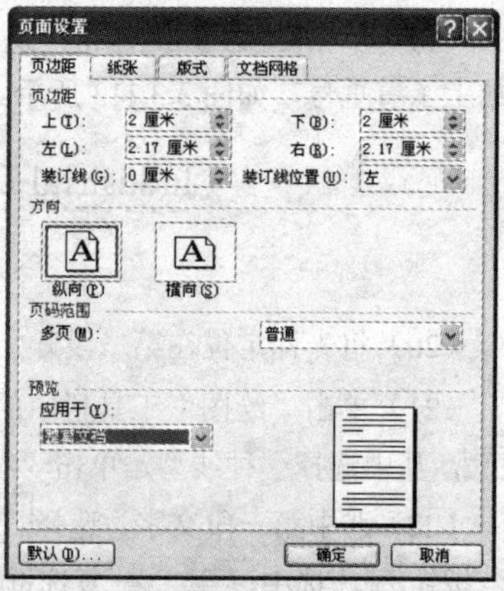

图 3.3.119　设置页边距

（29）单击确定按钮，完成文档页面的设置，最终效果如图 3.3.99 所示。

实验 11　校园周报的制作

1．实验目的

掌握文档的页面设置、文本框的使用、艺术字的使用、插入图片等操作方法。

2．实验内容

本例制作校园周报。这张校园周报共分为 6 个部分：报头、上方横幅、纵向标题、青春宣言、征文比赛、下方横幅，最终效果如图 3.3.120 所示。

3．实验步骤

（1）启动 Word 2003，新建一个空白文档。

（2）选择文件(F)→页面设置(U)...命令，弹出页面设置对话框，在页边距选项卡中设置纸张方向为“纵向”，在 纸张 选项卡中设置“纸张大小”为“A4”。

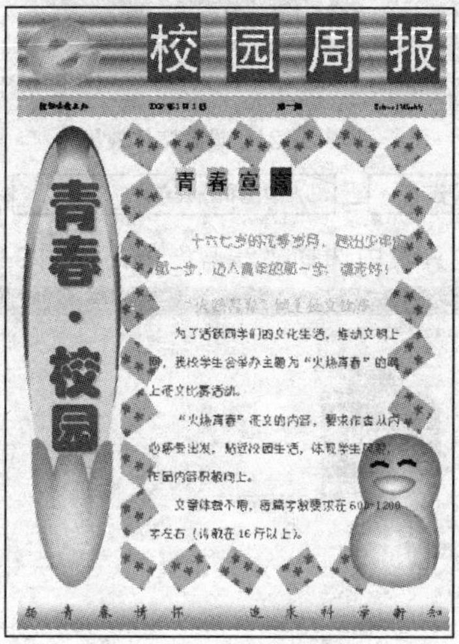

图 3.3.120　“制作的校园周报”效果图

（3）单击 确定 按钮，完成页面设置。

（4）选择 插入(I) → 文本框(X) → 横排(H) 命令，此时鼠标指针变为十字形状，在页面上方绘制一个文本框。

（5）双击文本框边界处，打开 设置文本框格式 对话框。单击 颜色与线条 选项卡，在“线条”颜色下拉列表中选择“无线条颜色”，在“填充”颜色下拉列表中选择 填充效果(F)... 命令，如图 3.3.121 所示。

（6）在弹出的 填充效果 对话框中，单击 图片 选项卡，如图 3.3.122 所示。

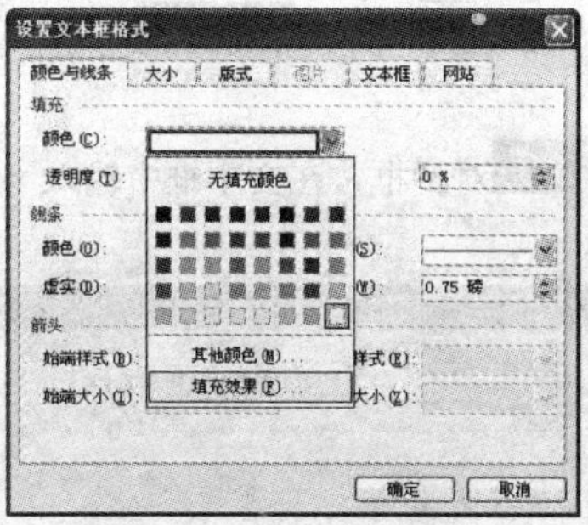

图 3.3.121　选择填充效果

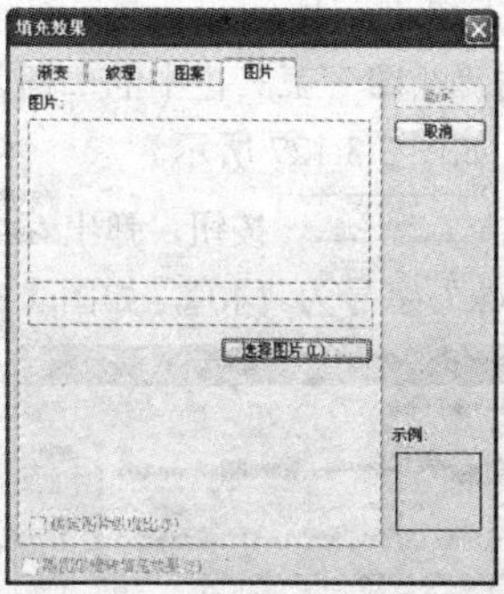

图 3.3.122　“填充效果”对话框

（7）单击 选择图片(L)... 按钮，弹出 选择图片 对话框，在“查找范围”下拉列表中选择需要的图片，并单击 插入(S) 按钮，效果如图 3.3.123 所示。

图 3.3.123　填充图片效果

（8）在文本框中输入“校园周报”四字，并在每两个汉字之间都输入一个空格。选中所有文字，设置字体为“黑体”，手工输入文字大小为“60”，对齐方式为“右对齐”，字体颜色为“白色”，如图 3.3.124 所示。

图 3.3.124　设置字体效果

（9）选中“校”字，选择格式(O)→边框和底纹(B)...命令，弹出边框和底纹对话框。单击底纹(S)选项卡，在“填充”下拉列表中选择“浅蓝”色，如图 3.3.125 所示。

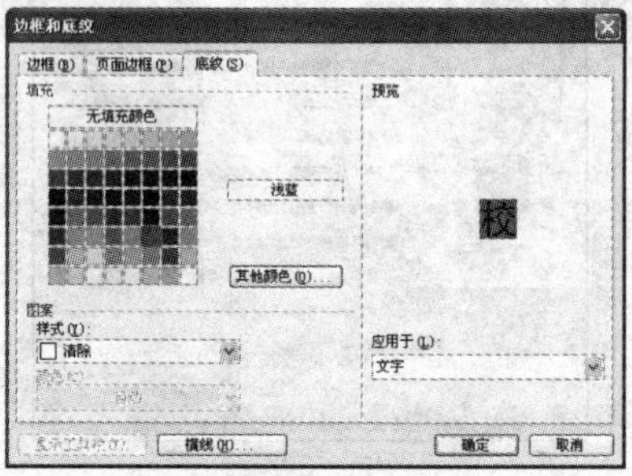

图 3.3.125　设置字符底纹

（10）单击确定按钮，完成设置。选中设置好的“校”字，双击“常用”工具栏中的“格式刷”按钮，将“园”“周”“报”三字一一选中，此时这四个字底纹均为“浅蓝”，单击格式刷按钮，取消格式刷工具状态，如图 3.3.126 所示。

图 3.3.126　使用格式刷

（11）单击“绘图”工具栏中的“插入艺术字”按钮，弹出艺术字库对话框，从中选择第三行第一种样式，如图 3.3.127 所示。

（12）单击确定按钮，弹出编辑“艺术字”文字对话框，在文本框中输入字母“e”，设置字体为“Arial Black”字号为“40”，如图 3.3.128 所示。

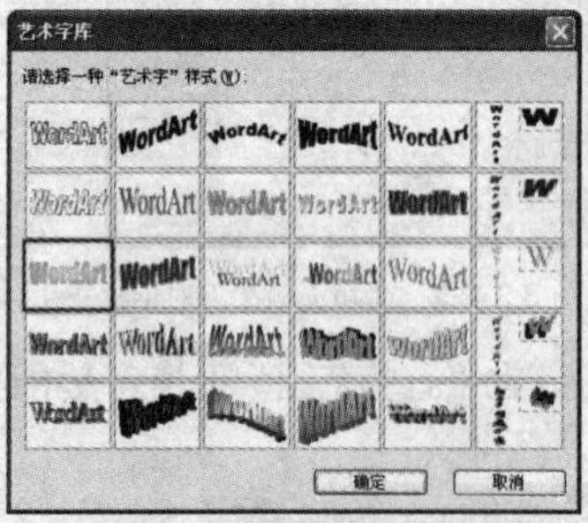

图 3.3.127　选择艺术字样式

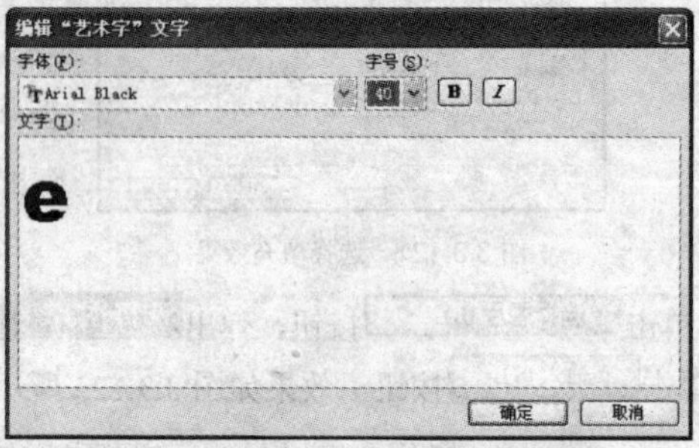

图 3.3.128　编辑艺术字

（13）单击确定按钮，效果如图 3.3.129 所示。

（14）单击插入的艺术字，在弹出的快捷菜单中选择设置艺术字格式(O)...命令，弹出设置艺术字格式对话框。单击版式选项卡，在“环绕方式”栏中单击“浮于文字上方”按钮，如图 3.3.130 所示。

（15）单击确定按钮返回 Word 文档中。移动艺术字至“校园周报”四字左侧合适的位置，调节艺术字周围句柄，使艺术字大小合适，如图 3.3.131 所示。

图 3.3.129　插入的艺术字

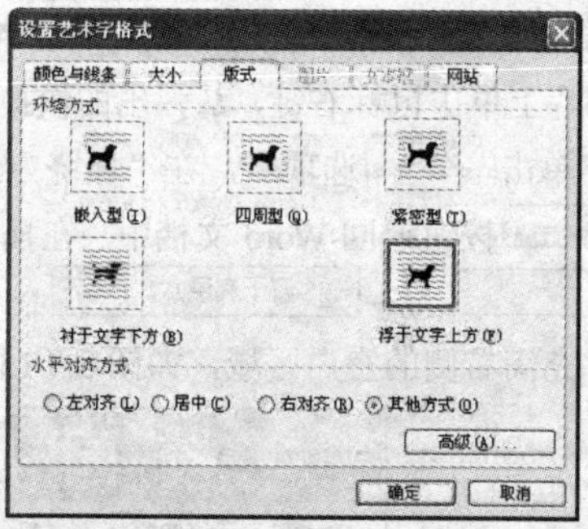

图 3.3.130　设置艺术字格式

图 3.3.131　调整艺术字大小和位置

（16）在制作好的报头下方绘制一个横排文本框，双击文本框边界处，弹出 设置文本框格式 对话框。切换至 大小 标签，设置高度为“0.85 厘米”，宽度为“17 厘米”；在 颜色与线条 标签中设置填充颜色为“灰色-25%”，线条颜色为“无线条颜色”，单击 确定 按钮。

（17）在文本框中输入文字“校学生会主办”“2009 年 1 月 1 日”“第一期”“School Weekly”，并在文字之间输入空格，使文字均匀分布，设置所有文字字体为“黑体”，大小为“五号”，字形为“加粗”，字体颜色为默认的“黑色”，并将文本移动至指定位置，如图 3.3.132 所示。

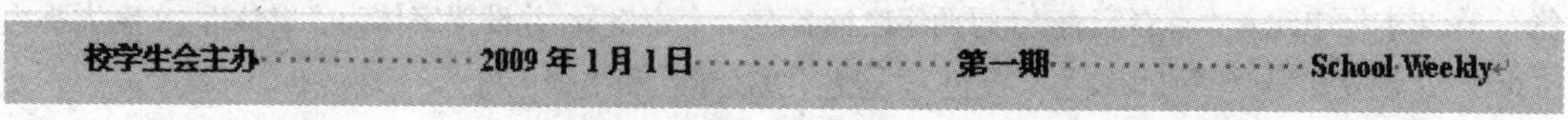

图 3.3.132　设置文本框文字效果

（18）重复上述步骤，绘制一个纵排文本框，设置文本框高度为“18 厘米”，宽度为“4 厘米”，线条颜色为“无线条颜色”，并填充效果图片 pci2。

（19）在文本框中输入文字“青春·校园”，设置字体为“华文琥珀”，大小为“60”，字形为“加粗”，字体颜色为“蓝-灰”。选中输入的文字，选择 格式(O) → A 字体(F)... 命令，弹出 字体 对话框，在“效果”区选中 ☑阴影(W) 复选框，如图 3.3.133 所示。

（20）单击 确定 按钮，效果如图 3.3.134 所示。

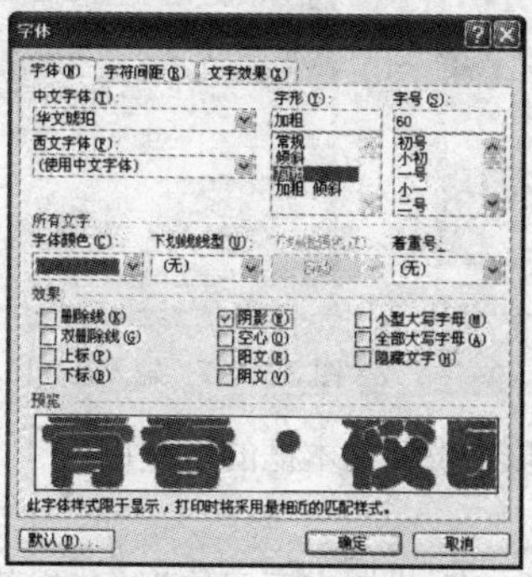

图 3.3.133　“字体”对话框

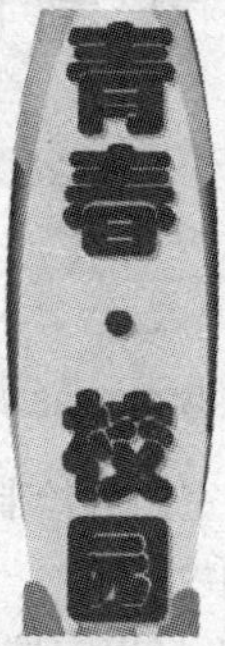

图 3.3.134　文本框字体效果

（21）将光标置于文档空白处，单击“插入图片”按钮，弹出插入图片对话框，在“查找范围”下拉列表中选择需要的图片 pci3，单击插入(S)按钮。

（22）在插入的图片上单击鼠标右键，从弹出的快捷菜单中选择设置图片格式(I)...命令，弹出设置图片格式对话框。单击版式选项卡，在“环绕方式”区中单击“浮于文字上方”按钮。

（23）单击确定按钮返回 Word 文档中。在插入的图片上单击鼠标右键，从弹出的快捷菜单中选择叠放次序(R)→置于底层(K)命令，将该图片置于文档底层，并调整图片的大小和位置，使得图片充满右侧的空白区域，如图 3.3.135 所示。

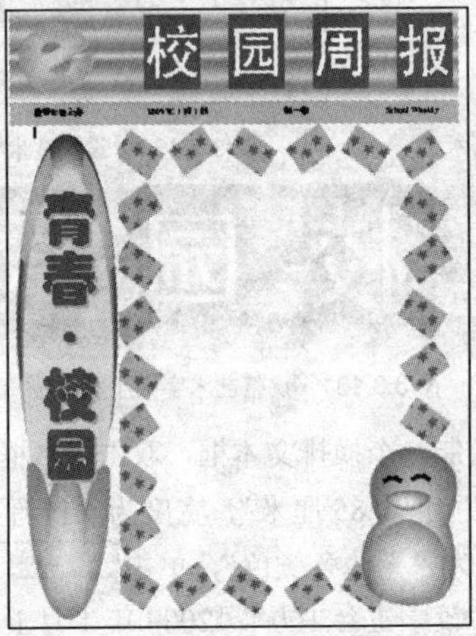

图 3.3.135　插入的图片效果

（24）插入一个横排文本框，设置文本框的填充颜色为“无填充颜色”，线条颜色为“无线条颜色”。在文本框中输入“青春宣言”（每两字之间各有一个空格），并设置字体为“黑体”，文字大小为“小一”，设置这四个字的底纹为“黄色”“金色”“淡紫”和“绿色”。

（25）换一行后输入“十六七岁的花季岁月，跨出少年的那一步，迈入青年的那一步，请走好！”，设置字体为“幼圆”，文字大小为“三号”，文字颜色为“淡紫”，并设置字体的阴影效果，将文本框移动至合适的位置，如图 3.3.136 所示。

（26）重复上述的步骤，在“青春宣言”下再绘制一个横排文本框，输入征文比赛的内容，设置字符和段落格式，如图 3.3.137 所示。

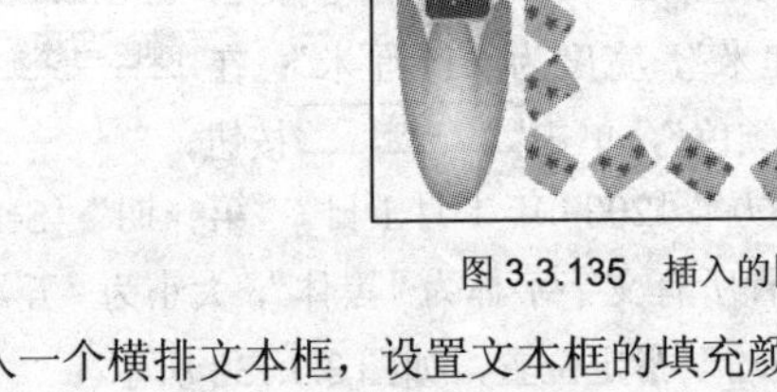

图 3.3.136　输入青春宣言

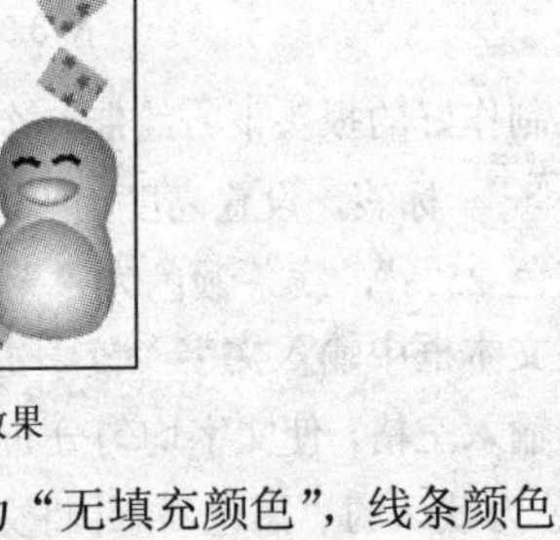

图 3.3.137　输入征文比赛的内容

（27）在文档下方空白处绘制一个横排文本框，设置文本框的填充色为◉双色(T)，“灰色-40%”，线条颜色为“无线条颜色”。

（28）输入文字“弘扬青春情怀　追求科学新知”，设置文字字体为“华文新魏”，字号为“小二”，字体为“红色”。单击“格式”工具栏的“分散对齐”按钮，使文字在文本框中分散对齐。

（29）选择 文件(F) → 保存(S)　Ctrl+S 命令，将制作好的文档以“校园周报”为名保存在“我的文档”中，最终效果如图 3.3.120 所示。

实验 12　制作“告家长书”

1. 实验目的

掌握字符格式设置、段落格式设置、艺术字的插入与设置、图形绘制与设置等操作方法。

2. 实验内容

本例制作“告家长书”文档，最终效果如图 3.3.138 所示。

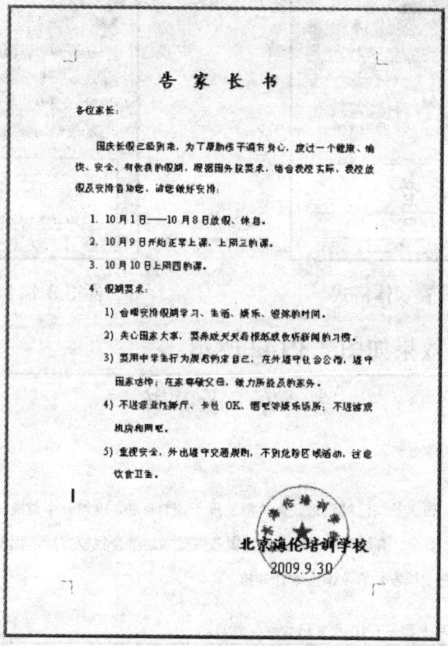

告 家 长 书

各位家长：

国庆长假已经到来，为了帮助孩子调节身心，度过一个健康、愉快、安全、有收获的假期，根据国务院要求，结合我校实际，我校放假及安排告知您，请您做好安排：

1. 10月1日——10月8日放假、休息。
2. 10月9日开始正常上课，上周三的课。
3. 10月10日上周四的课。
4. 假期要求：
   1) 合理安排假期学习、生活、娱乐、锻炼的时间。
   2) 关心国家大事，要养成天天看报纸或收听新闻的习惯。
   3) 要用中学生行为规范约束自己，在外遵守社会公德，遵守国家法律；在家尊敬父母，做力所能及的家务。
   4) 不进营业性舞厅、卡拉 OK、酒吧等娱乐场所；不进游戏机房和网吧。
   5) 重视安全，外出遵守交通规则，不到危险区域活动，注意饮食卫生。

北京海伦培训学校

2009.9.30

图 3.3.138　“制作的告家长书”效果图

3. 实验步骤

（1）单击“常用”工具栏中的“新建空白文档”按钮，新建一个空白文档，输入“告家长书”相关文字信息，如图 3.3.139 所示。

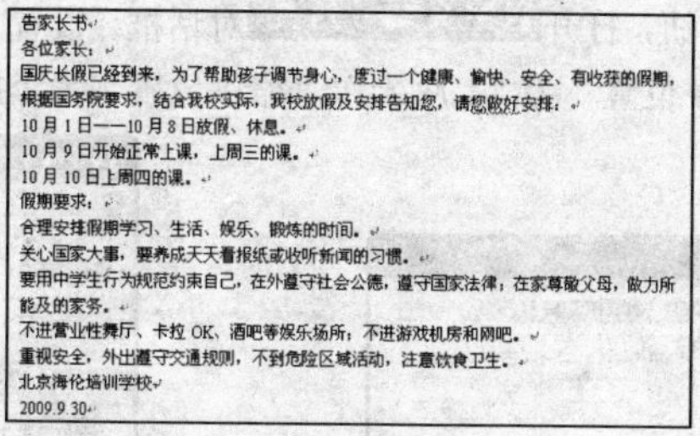

告家长书
各位家长：
国庆长假已经到来，为了帮助孩子调节身心，度过一个健康、愉快、安全、有收获的假期，根据国务院要求，结合我校实际，我校放假及安排告知您，请您做好安排：
10月1日——10月8日放假、休息。
10月9日开始正常上课，上周三的课。
10月10日上周四的课。
假期要求：
合理安排假期学习、生活、娱乐、锻炼的时间。
关心国家大事，要养成天天看报纸或收听新闻的习惯。
要用中学生行为规范约束自己，在外遵守社会公德，遵守国家法律；在家尊敬父母，做力所能及的家务。
不进营业性舞厅、卡拉 OK、酒吧等娱乐场所；不进游戏机房和网吧。
重视安全，外出遵守交通规则，不到危险区域活动，注意饮食卫生。
北京海伦培训学校
2009.9.30

图 3.3.139　输入相关文字信息

（2）按“Ctrl+A”组合键，选中整篇文档，单击“常用”工具栏中的“字号”下拉列表框，选择“四号”。

（3）选中标题“告家长书”，选择 格式(O) → A 字体(F)... 命令，弹出 字体 对话框。选择 字体(N) 选项卡，设置中文字体为“楷体”、字形为“加粗”、字号为“一号”，如图 3.3.140 所示。

（4）选择 字符间距(R) 选项卡，设置间距为“加宽”，磅值为“10”，单击 确定 按钮。再单击“格式”工具栏中的“居中”按钮。

（5）选中从“国庆长假”到“请您作好安排：”之间的文本内容，选择 格式(O) → 段落(P)... 命令，弹出 段落 对话框。

（6）选择 缩进和间距(I) 选项卡，在“缩进”选项区的“特殊格式”下拉列表中选择“首行缩进”，并设置“度量值”为“2 字符”；在“间距”选项区中设置“段前”“段后”间距为“1 行”，“行距”为“固定值”，设置值为“28 磅”，如图 3.3.141 所示。

图 3.3.140 设置字体格式

图 3.3.141 设置段落格式

（7）单击 确定 按钮，效果如图 3.3.142 所示。

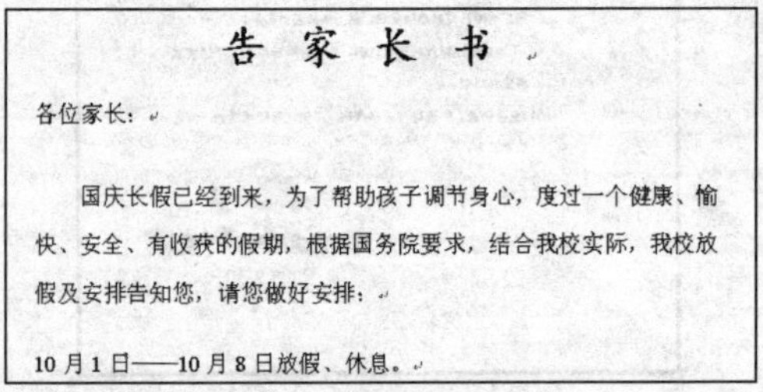

告 家 长 书

各位家长：

国庆长假已经到来，为了帮助孩子调节身心，度过一个健康、愉快、安全、有收获的假期，根据国务院要求，结合我校实际，我校放假及安排告知您，请您做好安排：

10 月 1 日——10 月 8 日放假、休息。

图 3.3.142 设置第一段段落格式

（8）选中“10 月 1 日”到“假期要求：”四段，单击鼠标右键，在弹出的快捷菜单中选择 项目符号和编号(N)... 命令，弹出 项目符号和编号 对话框。选择 编号(N) 选项卡，从中选择第 1 行第 2 个编号样式，如图 3.3.143 所示。

（9）单击 自定义(T)... 按钮，打开 自定义编号列表 对话框。设置“编号位置”为“左对齐”，“对齐位置”为“0.74 厘米”；“文字位置”为“1 厘米”，“缩进位置”为“1.48 厘米”，如图 3.3.144 所示。

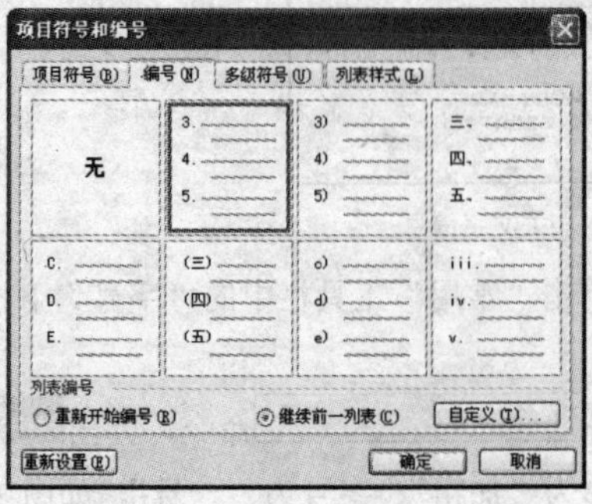

图 3.3.143 “项目符号和编号”对话框

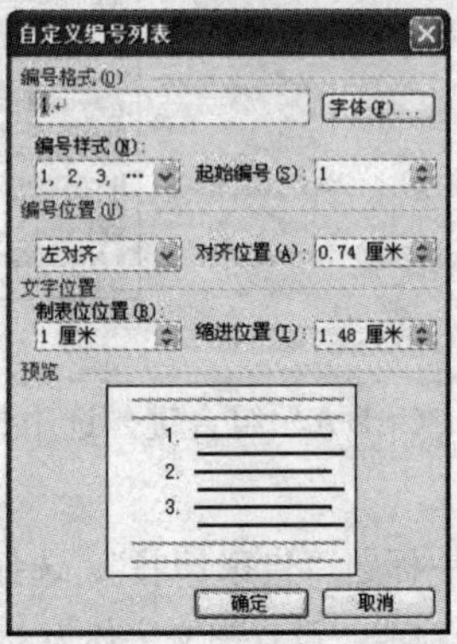

图 3.3.144 设置编号和文本位置

（10）单击 确定 按钮，效果如图 3.3.145 所示。

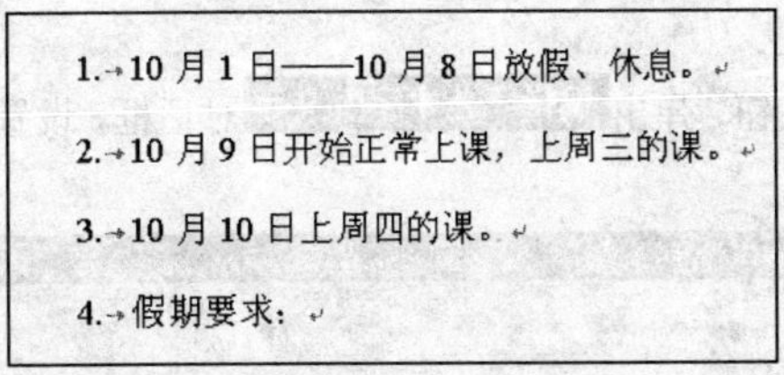
1.→10 月 1 日——10 月 8 日放假、休息。↵
2.→10 月 9 日开始正常上课，上周三的课。↵
3.→10 月 10 日上周四的课。↵
4.→假期要求：↵

图 3.3.145 设置项目符号和编号效果

（11）重复上述步骤，将“合理安排”到“重视安全”五段文字，也设置项目符号和编号。

（12）将光标移到“北京海伦培训学校”段首，单击两次“Enter”键。选中“北京海伦培训学校”段，设置字体为“楷体”，字号为“二号”，字形为“加粗”，设置段落格式为缩进“左”“22 字符”。

（13）将“2009.9.30”设置为同样的字体，设置段落格式为缩进“左”“26 字符”，效果如图 3.3.146 所示。

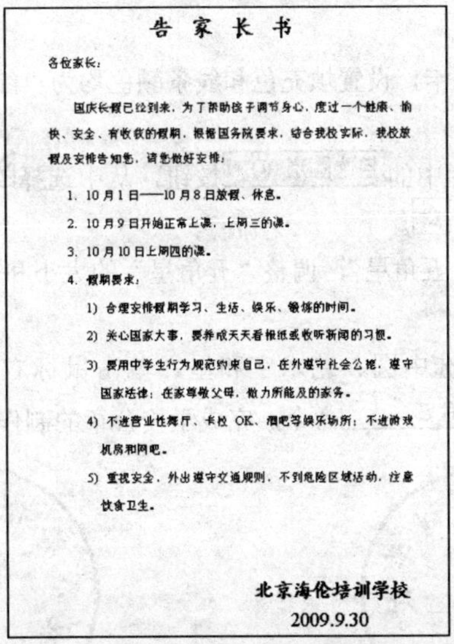
告 家 长 书

各位家长：

国庆长假已经到来，为了帮助孩子调节身心，度过一个健康、愉快、安全、有收获的假期，根据国务院要求，结合我校实际，我校放假及安排告知您，请您做好安排：

1. 10 月 1 日——10 月 8 日放假、休息。
2. 10 月 9 日开始正常上课，上周三的课。
3. 10 月 10 日上周四的课。
4. 假期要求：
   1) 合理安排假期学习、生活、娱乐、锻炼的时间。
   2) 关心国家大事，要养成天天看报纸或收听新闻的习惯。
   3) 要用中学生行为规范约束自己，在外遵守社会公德，遵守国家法律；在家尊敬父母，做力所能及的家务。
   4) 不进营业性舞厅、卡拉 OK、酒吧等娱乐场所；不进游戏机房和网吧。
   5) 重视安全，外出遵守交通规则，不到危险区域活动，注意饮食卫生。

北京海伦培训学校
2009.9.30

图 3.3.146 设置字体和段落格式

（14）单击“绘图”工具栏中的“椭圆”按钮，按住“Shift”键在文档的下部绘一个圆，调整圆的大小。

（15）单击“绘图”工具栏的“线型”按钮，选择 2.25 磅；单击“线条颜色”按钮，在弹出的下拉列表中选择红色，如图 3.3.147 所示。

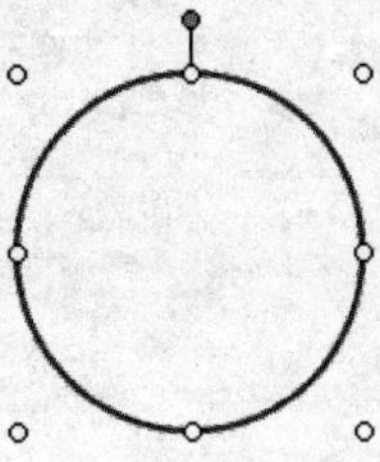

图 3.3.147 绘制的圆

（16）单击“绘图”工具栏中的“艺术字”按钮，弹出艺术字库对话框，从中选择第 1 行第 3 列的艺术字样式。

（17）单击确定按钮，弹出编辑“艺术字”文字对话框，设置字体为“楷体”，字号为“16”，如图 3.3.148 所示。

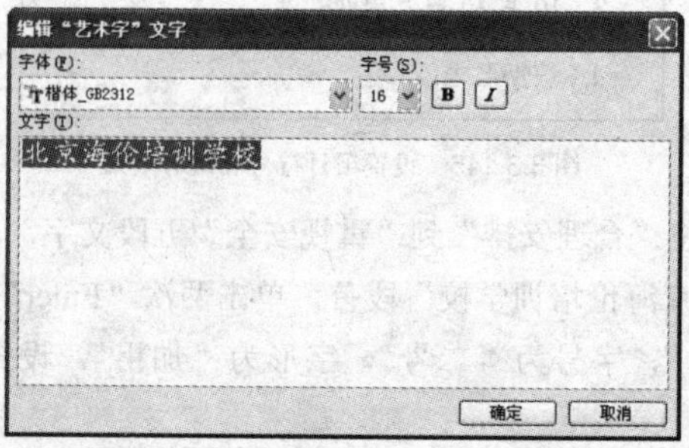

图 3.3.148　编辑艺术字

（18）单击确定按钮，同时打开艺术字工具栏。单击“设置艺术字格式”按钮，弹出设置艺术字格式对话框。

（19）选择颜色与线条选项卡，设置填充色和线条颜色均为“红色”，单击确定按钮，效果如图 3.3.149 所示。

（20）单击“绘图”工具栏中的自选图形(U)按钮，从中选择星与旗帜(S)命令，在弹出的星形列表中选择“五角星”。

（21）在圆的中心画一个“五角星”，调整“五角星”的大小和位置，设置“线条颜色”和“填充颜色”均为“红色”。

（22）按住“Shift”键，选中圆、艺术字和星，单击鼠标右键，在弹出的快捷菜单中选择组合(G)→组合(G)命令，完成学校公章的制作，如图 3.3.150 所示。

图 3.3.149　添加的艺术字效果

图 3.3.150　绘制的公章

（23）移动公章到“北京海伦培训学校”和“2009.9.30”两段文字的上方，单击鼠标右键，在弹出的快捷菜单中选择叠放次序(R)→衬于文字下方(H)命令，最终效果如图 3.3.138 所示。

第4章　电子表格软件Excel 2003

4.1　基本概念

（1）工作簿：工作簿是指在Excel环境中用来存储并处理数据的文件。默认状态下，一个工作簿包含3个工作表。一个工作簿最多可包含255个工作表。

（2）工作表：工作表是由行和列构成的一个电子表格，每个工作表包括256列和65 536行。

（3）单元格：工作表区域中每一个小方格子叫做一个单元格，它是Excel处理信息的最小单位。

（4）保护工作簿：Excel的保护工作簿功能可以保护工作簿的结构和窗口。可以防止对工作簿进行插入、删除、移动、隐藏、取消隐藏以及重命名工作表等操作，还可以保护工作簿窗口不被移动和改变大小等。

（5）保护工作表：Excel的保护工作表功能可以防止工作表中的单元格、Excel宏表、图表项、对话框编辑表项、图形对象等被修改或删除。

4.2　基础习题

一、填空题

（1）一个工作簿默认包含________个工作表，最多可增加到________个。在表示同一个工作簿内不同的工作表中的单元格时，工作表名与单元格名之间应使用________号分开。

（2）正在处理的工作表称为________。

（3）在Excel中，处理的所有数据都保存在________中。

（4）在Excel中，公式都是以________开始的，后面由________和________构成。

（5）在工作表中包含了许多“列”和“行”的小格子，将其称之为________。

（6）当单元格中的内容发生变化时，其显示格式也发生相应的变化，这种会“变化”的格式称为________。

（7）如果需要对大量的数据进行多种形式的快速汇总，最方便的方法是使用Excel的______。

（8）在输入文本数据时，如果键入的前几个字符与本列上某个单元格中已有的文本数据的前几个字符相同，则Excel可以自动填充剩余的文本。这种键入方式称为________。

（9）在进行分类汇总之前，必须对数据清单进行________。

（10）当Excel工作表数据区域中的数据发生变化时，相应的图表________。

（11）在F9单元格中引用E3单元格地址，有3种形式：相对地址引用为________，绝对地址引用为________，混合地址引用为________。

二、选择题

（1）对于Excel的工作簿模板，默认的文件扩展名是（　）。

A．.xlc　　　　B．.xlw

C．.xlt　　D．.xls

（2）如果想要更改工作表的名称，可以通过下述（　）操作实现。

A．单击工作表的标签，然后输入新的标签内容

B．双击工作表的标签，然后输入新的标签内容

C．在编辑栏右端的编辑框中输入工作表的新名称

D．在编辑栏左端的编辑框中输入工作表的新名称

（3）在用 Excel 处理表格时，如果选中某个单元格并输入了字符或数字后，需要取消刚输入的内容而保持原来的值，则在编辑栏输入（　）。

A．√　　B．×

C．=　　D．%

（4）自动填充功能可以协助用户产生（　）数据。

A．日期序列　　B．时间序列

C．等差序列　　D．以上皆对

（5）假如单元格 D2 的值是 6，则函数=IF(D2>8,D2/2,D2*2)的结果为（　）。

A．6　　B．3

C．12　　D．8

（6）在输入（　）时，可以采用“记忆式键入”方式。

A．数字型数据　　B．文本型数据

C．时间型数据　　D．日期型数据

（7）在 Excel 中，对单元格进行编辑时，下列方法不能进入编辑状态的是（　）。

A．双击单元格　　B．单击单元格

C．按 F2 键　　D．单击编辑栏

（8）如果在工作簿中既有一般工作表又有图表，当执行“文件”→“保存”命令时，Excel 将（　）。

A．只保存其中的工作表

B．只保存其中的图表

C．把一般工作表和图表分别保存到两个文件中

D．把一般工作表和图表保存到一个文件中

（9）在工作表单元格输入日期，下列日期格式中不正确的是（　）。

A．5/26/76　　B．1976-5-26

C．5-26-1976　　D．1976/5/26

（10）在 Excel 工作表中，A1 单元格中的内容是“1 月”，若要用自动填充序列的方法在 A 列生成序列 1 月、3 月、5 月……，则可以（　）。

A．在 A2 中输入“3 月”，选中区域 A1:A2 后拖曳填充柄

B．在 A2 中输入“3 月”，选中 A1 单元格后拖曳填充柄

C．在 A2 中输入“3 月”，选中 A2 单元格后拖曳填充柄

D．在 A2 中输入“3 月”，选中区域 A1:A2 后双击填充柄

（11）在 Excel 中插入新的一列时，新插入的列总是在当前列的（　）。

A．右侧　　B．可以由用户选择插入位置

C．左侧　　D．不同的版本插入位置不同

（12）在 Excel 中，有关分页符的说法正确的是（　）。

A．只能在工作表中加入水平分页符

B．Excel 会按纸张大小、页边距的设置和打印比例的设定自动插入分页符

C．可通过插入垂直分页符来改变页面数据列的数量

D．可通过插入水平分页符来改变页面数据行的数量

（13）格式刷的作用是（　）。

A．输入格式　　　　　　B．复制公式

C．复制格式　　　　　　D．复制格式和公式

（14）Excel 允许用户为工作簿设置的保护权限口令是（　）。

A．打开和修改权限口令　　　　B．重命名权限口令

C．打印权限口令　　　　D．重新计算权限口令

（15）在一个工作簿中，不能进行隐藏的是（　）。

A．工作表　　　　B．行

C．列　　　　D．一个单元格

（16）设 B3 单元中的数值为 20，在 C3，D4 单元格中分别输入="B3"+8 和=B3+"8"，则（　）。

A．C3 单元格与 D4 单元格中均显示“28”

B．C3 单元格中显示“#VALUE!”，D4 单元格中显示“28”

C．C3 单元格中显示“28”，D4 单元格中显示“#VALUE!”

D．C3 单元格和 D4 单元格中均显示“#VALUE!”

（17）图表的类型有许多种，折线图最适合反映（　）。

A．数据之间的对应关系

B．单个数据在所有数据构成的总和中所占比例

C．数据间量的变化快慢

D．数据之间量与量的大小差异

（18）在 Excel 的单元格内输入公式“=销售表！A6”，其中“销售表”是指（　）。

A．工作簿　　　　B．工作表

C．单元格区域　　　　D．单元格

（19）在新创建的 Excel 文档的某个单元格中输入公式“=ABCD>abcd”，其结果为（　）。

A．#NAME?　　　　B．#VALUE!

C．TRUE　　　　D．FALSE

（20）要想在一个数据清单的 A1:G20 内只显示中文系考生的分数记录，应该使用“数据”菜单中的（　）命令。

A．排序　　　　B．筛选

C．分类汇总　　　　D．分列

（21）工作表的单元格表示为：sheet1!A2，其意义为（　）。

A．sheet1 为工作簿名，A2 为单元格地址

B．sheet1 为单元格地址，A2 为工作表名

C．sheet1 为工作表名，A2 为单元格地址

D．单元格的行、列标

（22）删除单元格是指（　）。

A．将选定的单元格从工作表中移去

B．将单元格的内容从工作表中移去

C．将单元格的格式清除

D．将单元格所在列从工作表中移去

（23）只清除单元格数据，但仍保留单元格格式的操作是（　）。

A．按 Delete 键　　B．剪切

C．无法实现　　D．执行“编辑”菜单的“删除”选项

（24）将单元格 C1 中的公式“=A1+B2”复制到 E5 单元格中，则 E5 单元格中的公式是（　）。

A．=C1+D2　　B．=C5+K6

C．=A5+B6　　D．=A3+B4

（25）如果在单元格 A3 中输入公式“=$A1+A$2”，然后将该公式复制到单元格 F5，则 F5 中的公式为（　）。

A．=$A1+A$2　　B．=$A3+$A4

C．=$F1+F$2　　D．=$A3+F$2

（26）在 Excel 的图表中，随着工作表中数值的改变而发生相应变化的部分是（　）。

A．图例　　B．系列数据的值

C．图表类型　　D．图表位置

（27）如果 B2:B10 区域是单位职工的工龄，C2:C10 区域是职工的工资，求工龄大于 5 年的职工工资之和，应该使用公式（　）。

A．=SUMIF（C2:C10,">5",B2:B10）　　B．=SUMIF（B2:Bb10,">5",C2:C10）

C．=SUMIF（C2:C10,B2:B10,">5"）　　D．=SUMIF（B2:B10,C2:C10,">5"）

（28）在 Excel 的公式中，若要改变单元格地址的引用方式，则可按（　）键。

A．F1　　B．F2

C．F4　　D．Ctrl+F4

（29）在 Excel 中，选择“数据”→“自动筛选”命令后，在清单上的（　）出现了筛选器。

A．字段名处　　B．所有单元格内

C．空白单元格内　　D．底部

（30）数据透视表中的汇总方式有（　）。

A．求和　　B．计数

C．平均值　　D．最大值

（31）关于筛选，正确的是（　）。

A．做高级筛选时，必须先在工作表中选择筛选范围

B．做高级筛选时，不但要有数据区，还要建立条件区

C．高级筛选可以将筛选结果复制到其他区域中

D．高级筛选只能将筛选结果放在原有区域内

（32）Excel 中数据透视表的数据来源于（　）。

A．Excel 数据清单或数据库　　B．外部数据库

C．多重合并计算数据区域　　D．查询条件

E．高级筛选

（33）在下列各项中，不能输入单元格的是（　）。

A．= Sheet2!A1+123.456　　B．=123,456.789+A1

C．=$123.456+A1　　D．“123,456.789”

（34）在 Excel 中，若将 12345 作为文本数据输入某单元格中，正确的输入方法是（　）。

A．'12345　　B．="12345"

C．先输入 12345，再设置为文本格式　　D．“12345”

（35）下列选项中，可以用来输入函数的方法是（　）。

A．单击工具栏中的“自动求和”按钮

B．单击工具栏中的“粘贴函数”按钮

C．在单元格中直接输入函数

D．选择“插入/函数”命令

（36）在 Excel 2003 中，单元格 D5 的绝对地址表示为（　）。

A．D5　　B．D$5

C．D5　　D．$D5

（37）在 Excel 2003 的工作表中，假定 C3:C6 区域内保存的数值依次为 10、15、20 和 45，则函数=AVERAGE(C3:C6)的值为（　）。

A．22　　B．22.5

C．45　　D．90

（38）在 Excel 2003 中，若要计算出 B3:E6 区域内的数据的最大值并保存在 B7 单元格中，应在该单元格输入（　）。

A．=MIN(B3:E6)　　B．=MAX(B3:E6)

C．=COUNT(B3:E6)　　D．=SUM(B3:E6)

（39）在 Excel 2003 中，假定单元格 B2 的内容为 2008-4-25，则函数=year(B2)的值为（　）。

A．2008　　B．4

C．25　　D．1979

（40）在 Excel 2003 中，若一个单元格的地址为 F5，则其右边紧邻的一个单元格的地址为（　）。

A．F6　　B．G5

C．E5　　D．F4

三、简答题

（1）什么是工作簿？什么是工作表？两者之间有什么区别？

（2）保护工作表的含义是什么？如何设置对工作表的保护？如何撤销对工作表的保护？

（3）如何在 Excel 的公式中输入函数？如何在公式中引用其他工作表或工作簿中的单元格或区域？

（4）什么是单元格或区域的相对引用、绝对引用和混合引用？它们在公式移动和复制时有什么不同？

（5）对数据清单中的数据进行排序时，什么是“主关键字”和“次关键字”？如何实现 3 个字段以上关键字的排序？

（6）在数据透视表中，取消页字段、行字段、列字段的最简便的方法是如何操作的？

（7）可以用哪些方法改变数据透视表中汇总数据的数字格式？

四、判断题

（1）Excel 工作簿只能有 1 至 255 个工作表。（ ）

（2）启动 Excel，会自动产生名为 BOOK1.XLS 的工作簿文件。（ ）

（3）退出中文 Excel 可利用“系统控制菜单”，只要先存储现有工作文件，然后单击“系统控制菜单”中的“关闭”命令。（ ）

（4）工作表是 Excel 的主体部分，共有 65 536 行，256 列，因此，一张工作表共有 65 536×256 个单元格。（ ）

（5）如果输入单元格中的数据宽度大于单元格的宽度时，单元格将显示为“######”。（ ）

（6）工作表中的列宽和行高是固定不变的。（ ）

（7）在 Excel 中，可输入的文本为数字、空格和非数字字符的组合。（ ）

（8）Excel 提供了 3 种建立图表的方法。（ ）

（9）在 Excel 工作表中可以完成超过 3 个关键字的排序。（ ）

（10）Excel 除了可用工具栏来改变数据的格式外，还可以选择“格式”→“单元格格式”命令改变数据的格式。（ ）

（11）在数值型数据中不能包含任何大小写英文字母。（ ）

（12）向 Excel 工作表中输入文本数据，若文本数据全由数字组成，应在数字前加一个西文单引号。（ ）

（13）在工作表窗口中的工具栏中有一个自动求和按钮“Σ”，实际上它代表了工作函数中的“SUM()”函数。（ ）

（14）同 Windows 其他应用程序一样，Excel 中必须先选择操作对象，然后才能进行操作。（ ）

（15）中文 Excel 要改变工作表的名字，只须单击选中的工作表的标签，此时屏幕显示一个对话框，在其中的“名称框”中输入新的名字，按下“确定”按钮后即可。（ ）

（16）当选择“文件”→“打印预览”命令，或用鼠标单击“常用”工具栏中的“打印预览”按钮，Excel 将显示“打印预览”窗口。（ ）

（17）在 Excel 中不仅可以进行算术运算，还提供了可以操作文字的运算。（ ）

（18）“编辑”菜单中的“粘贴”命令可将剪贴板上的内容放入到工作表内。（ ）

4.3 上机指导

实验 1 在表格中输入数据

1. 实验目的

掌握重命名工作表、序列填充、货币和日期格式数据的输入，以及多单元格同时输入相同的数据等操作。

2. 实验内容

本例练习在表格中输入相同的数据，效果如图 4.3.1 所示。

	A	B	C	D	E	F
1	序号	姓名	年龄	月薪	地址	雇佣日期
2	1	张楠	26	￥ 1,000	西安	二〇〇八年一月三日
3	2	吴启明	30	￥ 1,200	西安	二〇〇八年二月十日
4	3	姚明	27	￥ 1,250	西安	二〇〇八年二月二十日
5	4	王圆圆	25	￥ 1,100	西安	二〇〇八年三月五日
6	5	杨阳	23	￥ 1,000	西安	二〇〇八年四月二十日
7	6	刘刚强	28	￥ 1,150	西安	二〇〇八年五月八日

图 4.3.1　目标数据输入效果

3．实验步骤

（1）启动 Excel 2003，然后单击“常用”工具栏上的“保存”按钮，把系统自动新建的 Book1 工作簿命名为“员工数据”。

（2）输入如图 4.3.2 所示的基本数据，如输入第 1 行数据的方法如下：单击鼠标以选中 A1 单元格，切换到中文输入法并输入“序号”，然后按下“Tab”键，则 B2 单元格被选中，此时即可以直接输入“姓名”，再用同样的方法输入其他数据。

	A	B	C	D	E	F
1	序号	姓名	年龄	月薪	地址	雇佣日期
2	1	张楠	26	1000		2008-1-3
3	2	吴启明	30	1200		2008-2-10
4		姚明	27	1250		2008-2-20
5		王圆圆	25	1100		2008-3-5
6		杨阳	23	1000		2008-4-20
7		刘刚强	28	1150		2008-5-8

图 4.3.2　输入基本数据

（3）在 A2 单元格上方按住鼠标左键，然后向下拖动并在 A3 单元格上方放开鼠标，则 A2:A3 单元格周围方框变黑表示两个单元格同时被选中。

（4）将光标放在 A2 单元格周围右下角的黑色小方框处，当光标变成“+”时，按住鼠标左键并向下拖动，在 A7 单元格的上方放开鼠标，则完成序号序列的输入，结果如图 4.3.3 所示。

	A	B	C	D	E	F
1	序号	姓名	年龄	月薪	地址	雇佣日期
2	1	张楠	26	1000		2008-1-3
3	2	吴启明	30	1200		2008-2-10
4	3	姚明	27	1250		2008-2-20
5	4	王圆圆	25	1100		2008-3-5
6	5	杨阳	23	1000		2008-4-20
7	6	刘刚强	28	1150		2008-5-8
8						

图 4.3.3　填充序列数据

（5）拖动鼠标选中 D2:D7 单元格，然后单击“格式”工具栏上的“货币样式”按钮，则 D2:D7 单元格中的数据前边加上一个货币符号“￥”，并且自动给每个数据添加了两个小数位，如图 4.3.4 所示。

	A	B	C	D	E	F
1	序号	姓名	年龄	月薪	地址	雇佣日期
2	1	张楠	26	￥ 1,000.00		2008-1-3
3	2	吴启明	30	￥ 1,200.00		2008-2-10
4	3	姚明	27	￥ 1,250.00		2008-2-20
5	4	王圆圆	25	￥ 1,100.00		2008-3-5
6	5	杨阳	23	￥ 1,000.00		2008-4-20
7	6	刘刚强	28	￥ 1,150.00		2008-5-8

图 4.3.4　设置货币格式结果

（6）在 D2:D7 单元格被选中的情况下，单击两次“格式”工具栏上的“减少小数位数”按钮，结果如图 4.3.5 所示。

（7）拖动鼠标选中 E2:E7 单元格，然后在当前情况下输入“西安”，输入之后按“Ctrl+Enter”组合键，则在 E2:E7 单元格中同时输入了“西安”，结果如图 4.3.6 所示。

	A	B	C	D	E	F
1	序号	姓名	年龄	月薪	地址	雇佣日期
2	1	张楠	26	￥ 1,000		2008-1-3
3	2	吴启明	30	￥ 1,200		2008-2-10
4	3	姚明	27	￥ 1,250		2008-2-20
5	4	王圆圆	25	￥ 1,100		2008-3-5
6	5	杨阳	23	￥ 1,000		2008-4-20
7	6	刘刚强	28	￥ 1,150		2008-5-8

图 4.3.5　设置小数位数

	A	B	C	D	E	F
1	序号	姓名	年龄	月薪	地址	雇佣日期
2	1	张楠	26	￥ 1,000	西安	2008-1-3
3	2	吴启明	30	￥ 1,200	西安	2008-2-10
4	3	姚明	27	￥ 1,250	西安	2008-2-20
5	4	王圆圆	25	￥ 1,100	西安	2008-3-5
6	5	杨阳	23	￥ 1,000	西安	2008-4-20
7	6	刘刚强	28	￥ 1,150	西安	2008-5-8

图 4.3.6　填充相同的数据

（8）拖动鼠标选中 F2:F7 单元格，然后单击鼠标右键，从弹出的快捷菜单中选择 设置单元格格式(F)... 命令，弹出 单元格格式 对话框。打开 数字 选项卡，在其“分类”列表框中选择“日期”，在“类型”列表框中选择“二 OO 一年三月十四日”，如图 4.3.7 所示。

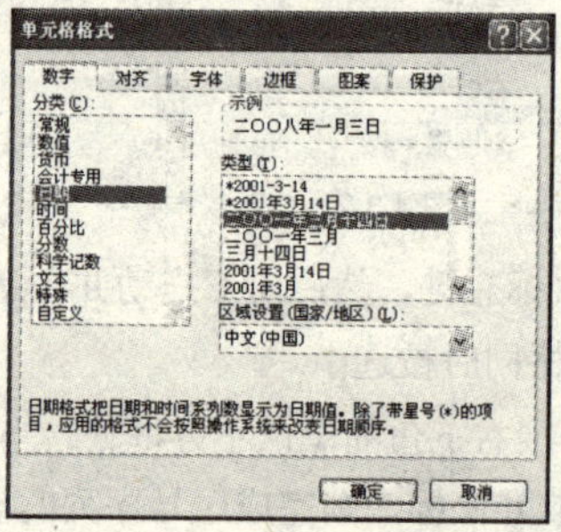

图 4.3.7　单元格日期格式设置

（9）设置完成后，单击 确定 按钮，效果如图 4.3.1 所示。

实验 2　创建员工通信录

1. 实验目的

掌握公式的使用和复制、自动求和、应用图表、设置图表格式等。

2. 实验内容

本例利用 Excel 2003 制作员工通信录，最终效果如图 4.3.8 所示。

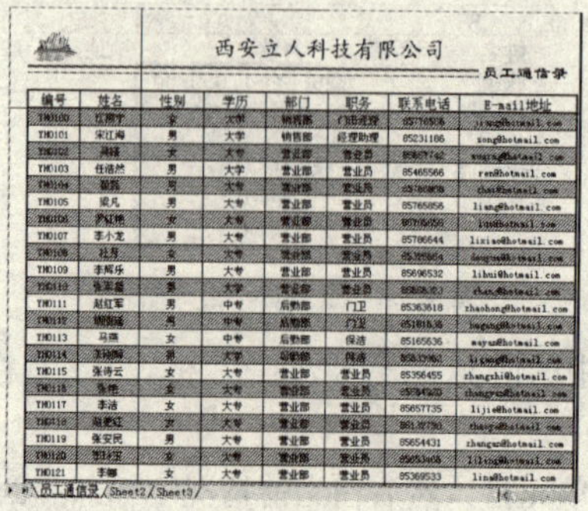

图 4.3.8　“制作的员工通信录”效果图

3．实验步骤

（1）新建一个 Excel 工作簿，将其保存为“员工通信录”。

（2）双击工作表标签“Sheet1”，将其更名为“员工通信录”。

（3）用鼠标右键单击“员工通信录”，在弹出的快捷菜单中选择 工作表标签颜色(T)... 命令，弹出 设置工作表标签颜色 对话框，如图 4.3.9 所示。从中选择一种颜色就可以更改工作表标签的颜色，如图 4.3.10 所示。

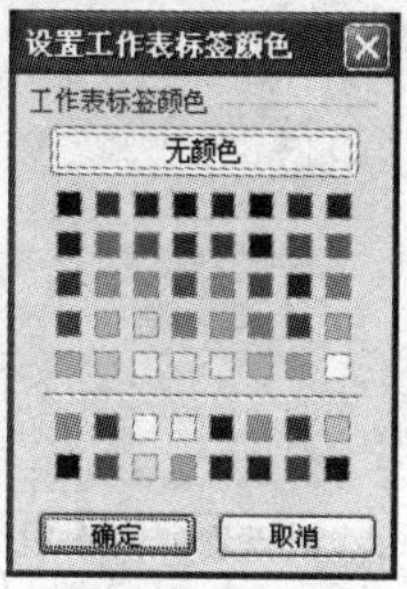

图 4.3.9 “设置工作表标签颜色”对话框

图 4.3.10 更改工作表标签的颜色

（4）在 B5:I5 单元格中依次输入“编号”“姓名”“性别”“学历”“部门”“职务”“联系电话”“E-mail 地址”字段。

（5）把光标放到 A 和 B 的列标之间，按住鼠标左键不放进行拖动，就可以改变列的宽度，如图 4.3.11 所示。

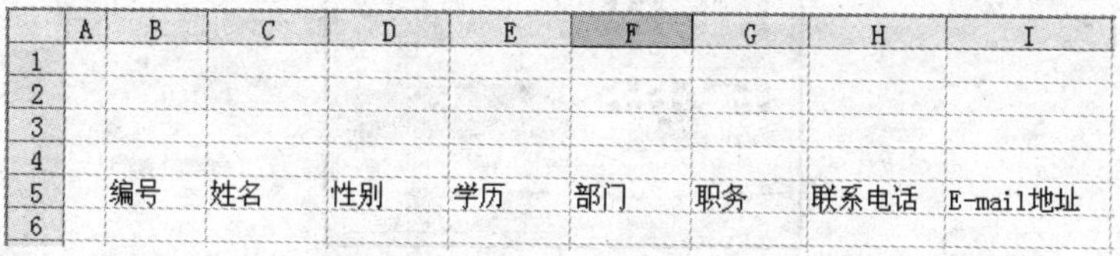

图 4.3.11 改变列宽

（6）使用此方法把所有的列都调整为适当的宽度。

（7）选中 B5:I5 单元格，单击鼠标右键，从弹出的快捷菜单中选择 设置单元格格式(F)... 命令，弹出 单元格格式 对话框，如图 4.3.12 所示。

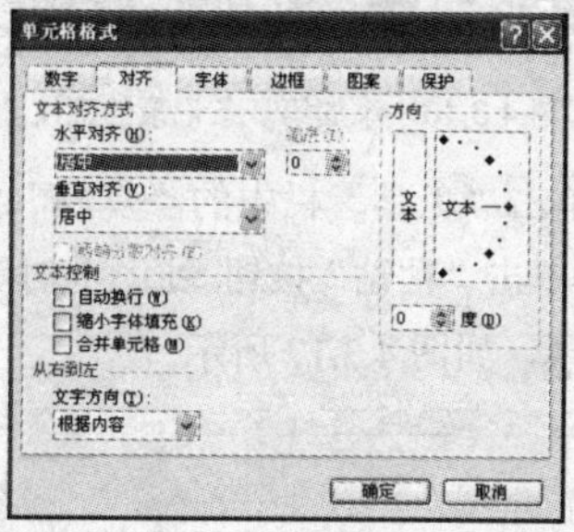

图 4.3.12 “单元格格式”对话框

（8）在该对话框中，打开 对齐 选项卡，在“文本对齐方式”中设置“水平对齐”和“垂直对齐”均为“居中”；打开 字体 选项卡，设置字体为“宋体”，字号为“11 磅”，效果如图 4.3.13 所示。

（9）在各个列标题下输入相应的员工信息。重复步骤（7）和（8）的操作，使输入的员工信息水平和垂直都居中显示，字体为“宋体”，字号为“9 磅”，如图 4.3.14 所示。

图 4.3.13　设置对齐方式和字体格式

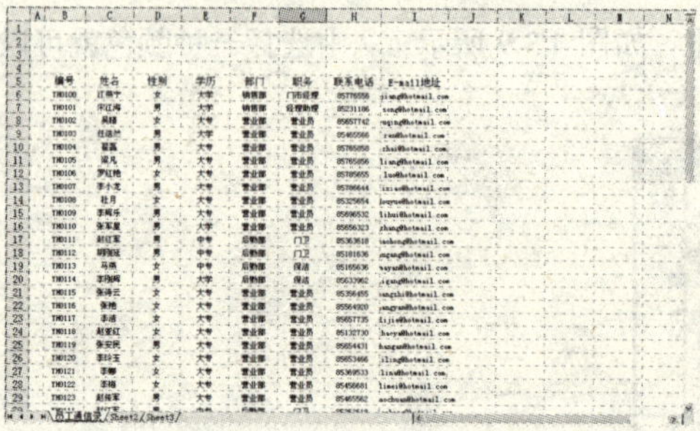

图 4.3.14　输入记录

（10）选中第一行记录，单击鼠标右键，在弹出的快捷菜单中选择 设置单元格格式(F)... 命令，弹出单元格格式对话框，选择图案选项卡，在“单元格底纹”颜色列表中选择“淡绿色”，在“图案样式”下拉列表中选择第三行第四种图案，如图 4.3.15 所示。

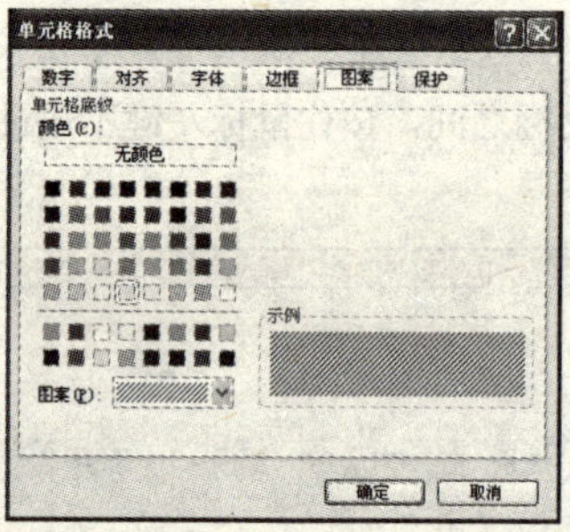

图 4.3.15　“图案”选项卡

（11）设置完成后单击 确定 按钮，此时第一条记录已经添加上底纹，如图 4.3.16 所示。

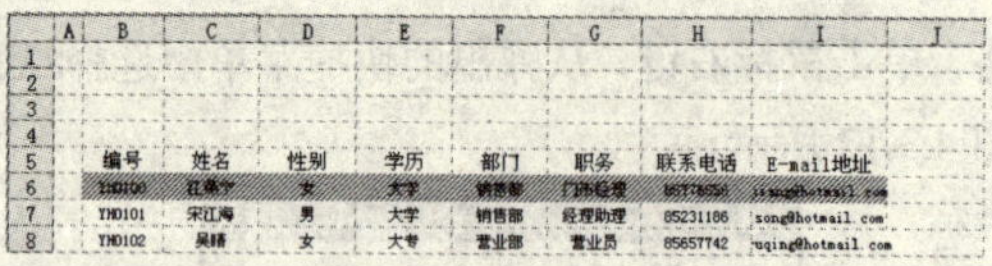

图 4.3.16　添加第一条记录的底纹

（12）依然选中第一条记录，单击“工具”栏中的“复制”按钮，然后选中第三条记录，也就是“姓名”为“吴晴”的记录，再单击“粘贴”按钮。此时第三条记录已被第一条记录所替换，并且有“粘贴选项”智能标记出现，如图 4.3.17 所示。

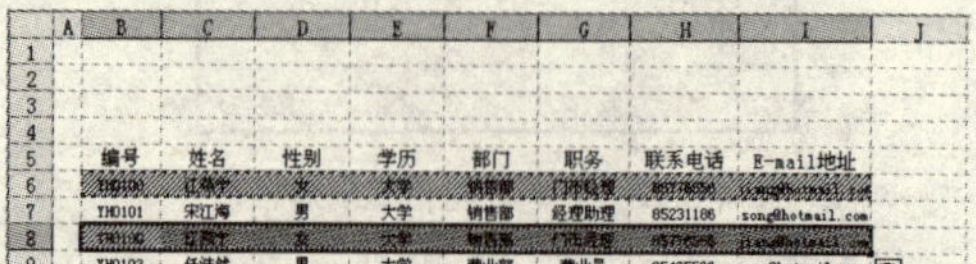

图 4.3.17　执行“粘贴”命令

（13）单击“粘贴选项”智能标记，从下拉菜单中选中 仅格式(F) 单选按钮，如图 4.3.18 所示，即将源单元格中的格式设置复制到目标单元格中。

（14）此时第三条记录又还原为“吴晴”的个人信息，只是添加了和第一条记录相同的底纹格式，如图 4.3.19 所示。

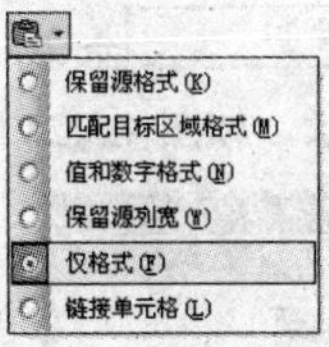

图 4.3.18　选择“仅格式”单选项

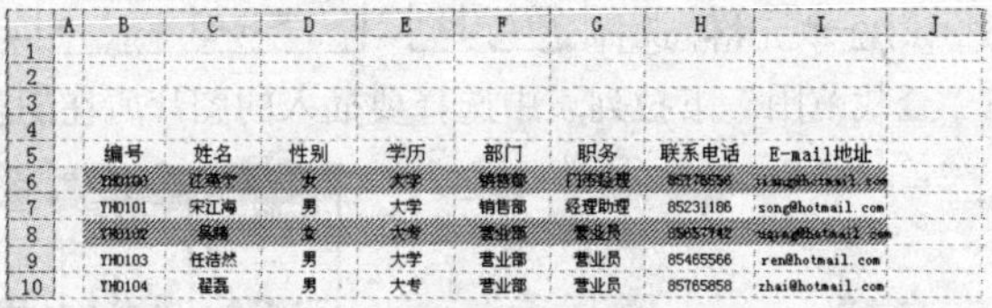

图 4.3.19　为第三条记录复制底纹

（15）使用此方法，每隔一条记录添加一条底纹，使数据信息可以明显地区分开。

（16）选中列标题，单击鼠标右键，在弹出的快捷菜单中选择 设置单元格格式(F)... 命令，弹出 单元格格式 对话框，选择 边框 选项卡。

（17）在线条“样式”列表框中选择较粗的“直线”，从“颜色”下拉列表中选择“深蓝色”，然后单击“外边框”按钮；再从线条“样式”列表中选择较细的“直线”，单击“内部”按钮，为单元格添加“内部”线条，如图 4.3.20 所示。

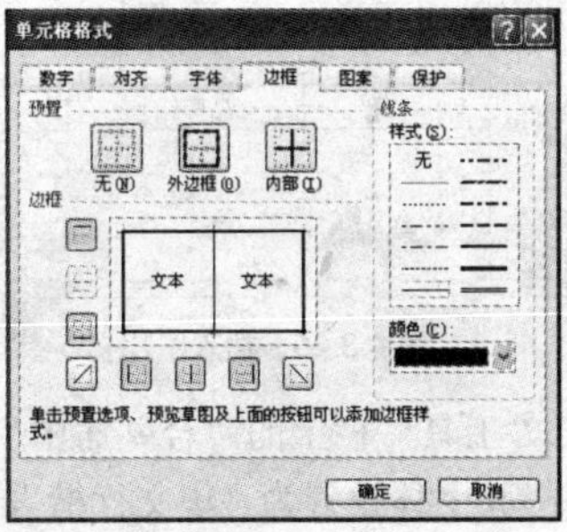

图 4.3.20　“边框”选项卡

（18）设置完成后单击 确定 按钮，此时“列标题”已添加了边框，如图 4.3.21 所示。

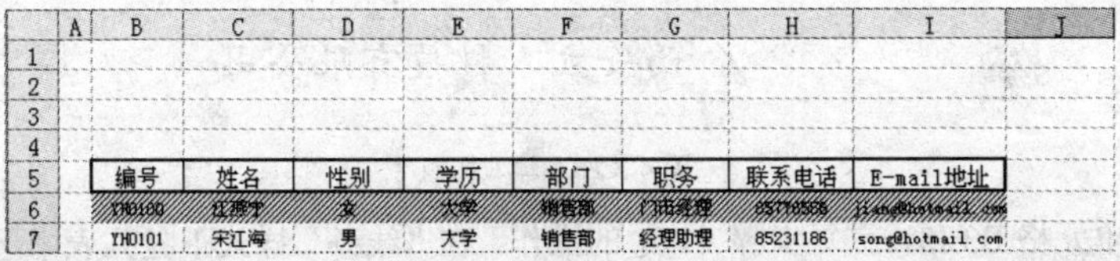

图 4.3.21　为列标题添加边框

（19）选中所有员工记录，使用上述方法为所有的员工记录都添加上边框，如图 4.3.22 所示。

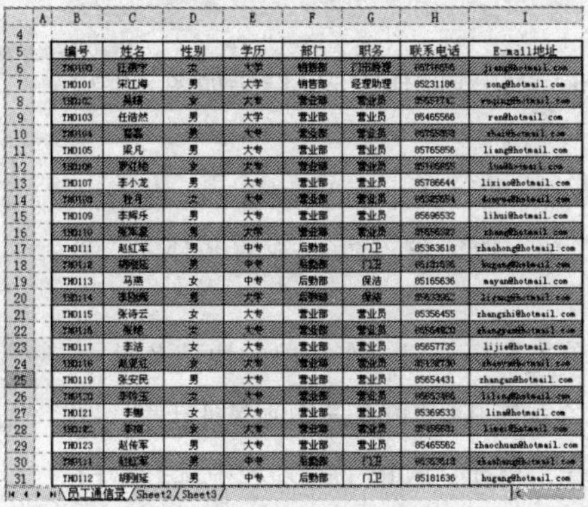

图 4.3.22　为表格添加边框

（20）在工作表中插入图片。把光标放到行标数字“2”和“3”之间，然后按住鼠标左键进行拖动，改变第 2 行的行高，如图 4.3.23 所示。

（21）选中 B2 单元格，选择 插入(I) → 图片(P) → 来自文件(F)... 命令，弹出 插入图片 对话框，在“查找范围”下拉列表中选择要插入的图片所在的盘符和目录，如图 4.3.24 所示。

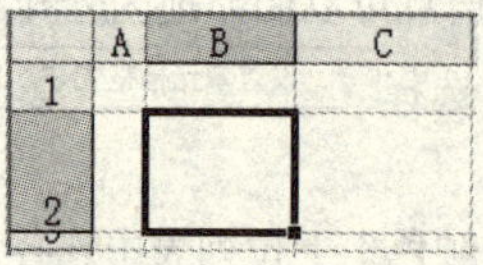
图 4.3.23　改变行高

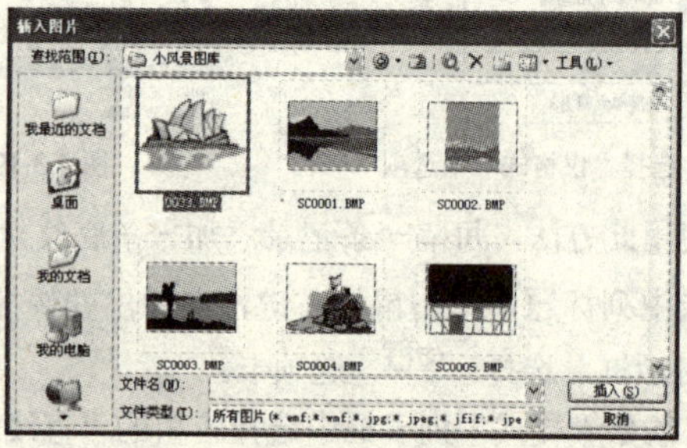
图 4.3.24　“插入图片”对话框

（22）找到并选中需要插入的图片，单击 插入(S) 按钮，即可将该图片文件插入到工作表中，并调整图片的大小和位置，如图 4.3.25 所示。

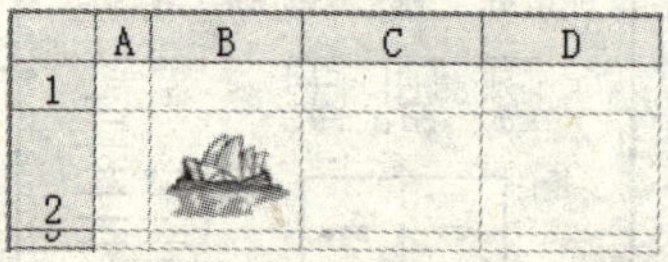
图 4.3.25　插入图片

（23）选中单元格 C2:I2，单击“工具”栏上的“合并居中”按钮，将其合并为一个单元格，输入“西安立人科技有限公司”，并将其字体设置为“华文行楷”，字号设置为“20”，字体颜色为“蓝色”，如图 4.3.26 所示。

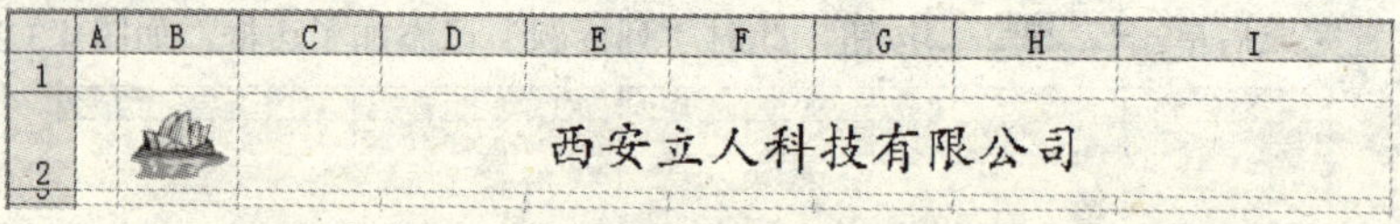

图 4.3.26　输入标题

（24）选中单元格 B3:I3，重复步骤（17）的操作，在“线条”样式下拉列表中选择粗的“直线”，从“颜色”下拉列表中选择“红色”，然后单击“上边框”按钮，为单元格添加上边框。再从“线条”样式列表中选择较细的“直线”，单击“下边框”按钮，为列标题单元格添加下边框，如图 4.3.27 所示。

（25）单击 确定 按钮，分隔线制作完成，结果如图 4.3.28 所示。

（26）单击“绘图”工具栏中的“文本框”按钮，在表格中添加一个横排文本框，输入“员工通信录”字段，设置字体为“隶书”，字号为“14 磅”。

（27）选中该文本框，并单击鼠标右键，在弹出的快捷菜单中选择 设置文本框格式(O)... 命令，打开 设置文本框格式 对话框。打开 颜色与线条 选项卡，在“填充”颜色下拉列表中选择“白色”，在“线条”颜色下拉列表中选择“无线条颜色”，如图 4.3.29 所示。

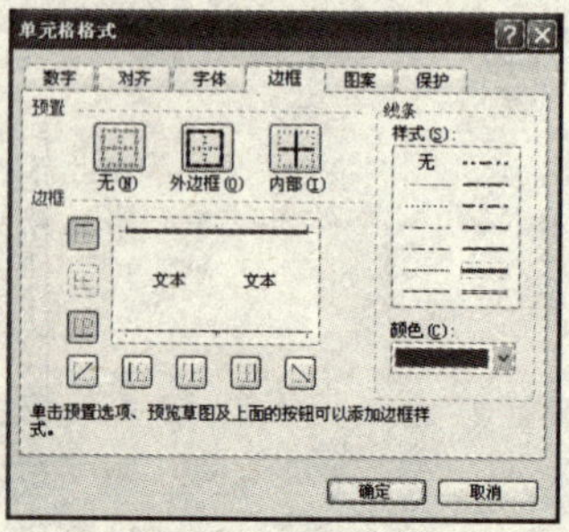
图 4.3.27　设置特殊的边框

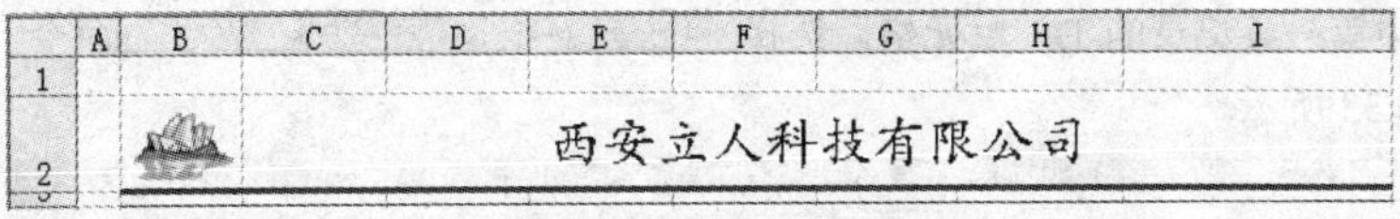

图 4.3.28　添加上、下边框线

图 4.3.29　设置线条颜色

（28）设置完成后，单击 确定 按钮。选中文本框，按住鼠标左键不放进行拖动，将该文本框移动到适当的位置，效果如图 4.3.30 所示。

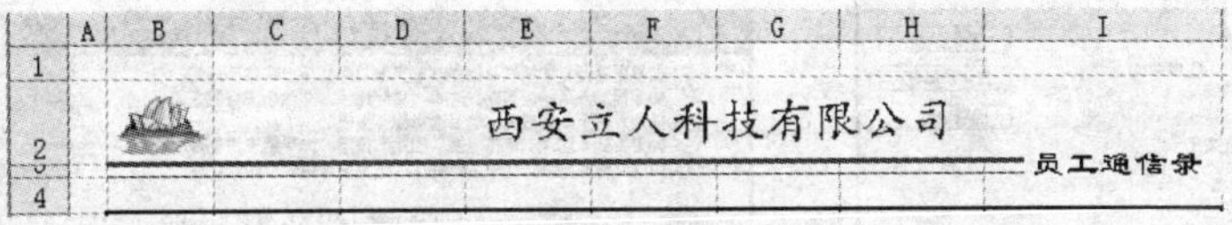

图 4.3.30　绘制好的文本框效果

（29）选择 工具(T) → 选项(O)... 命令，弹出 选项 对话框。单击 视图 选项卡，在“窗口选项”栏中单击取消 网格线(G) 复选框的选中，如图 4.3.31 所示。

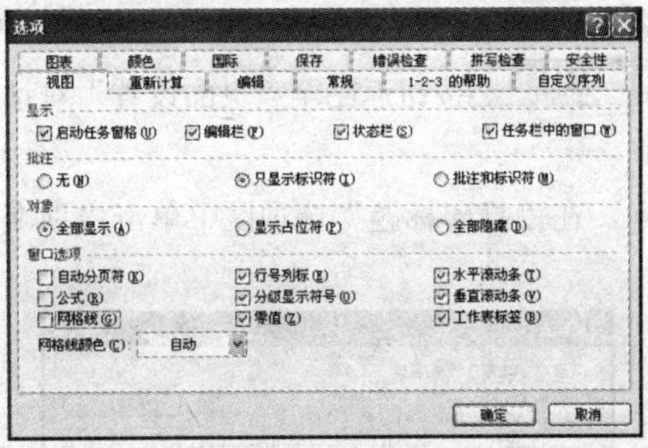

图 4.3.31　“视图”选项卡

（30）单击 确定 按钮，此时 Excel 工作表中的网格线就被隐藏了，效果如图 4.3.32 所示。

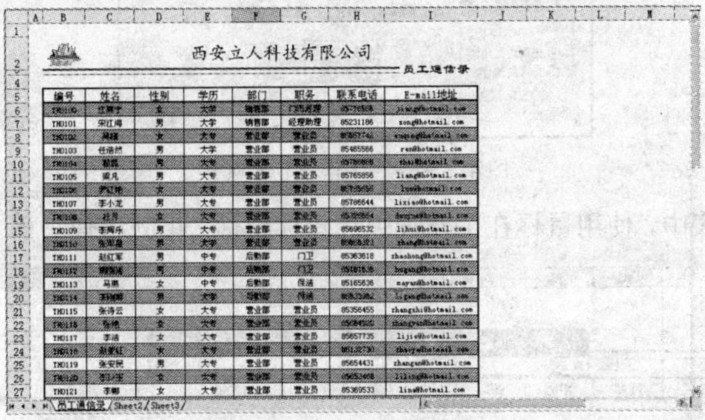

图 4.3.32　隐藏网格线

（31）选中第一条记录的 D6 单元格。选择 窗口(W) → 冻结窗格(F) 命令，冻结窗格后的工作表如图 4.3.33 所示。

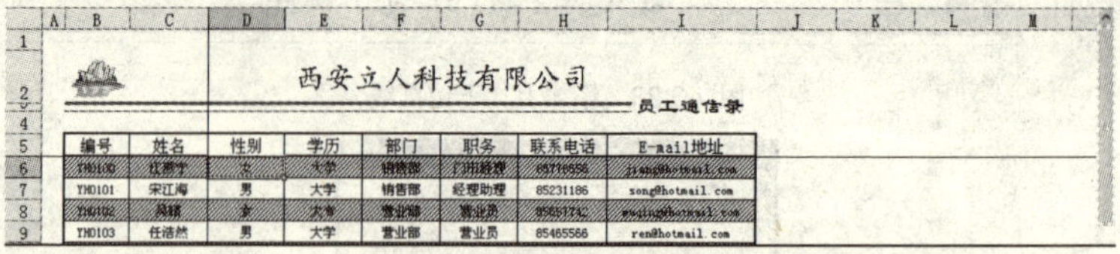

图 4.3.33　冻结窗格

（32）选择 文件(F) → 页面设置(U)... 命令，弹出 页面设置 对话框。打开 页面 选项卡，在“方向”选项区中单击 纵向(T) 单选按钮，设置纸张方向为“纵向”，“纸张大小”为“A4”；打开 页边距 选项卡，在“居中方式”选项区中选择 水平(Z) 复选框，如图 4.3.34 所示。

（33）打开 页眉/页脚 选项卡，单击 自定义页眉(C)... 按钮，弹出“页眉”对话框。在“左”“中”“右”列表中单击快捷按钮，插入要添加的页眉项，这样就可以打印出相应的页码和公司的名称等信息，如图 4.3.35 所示。

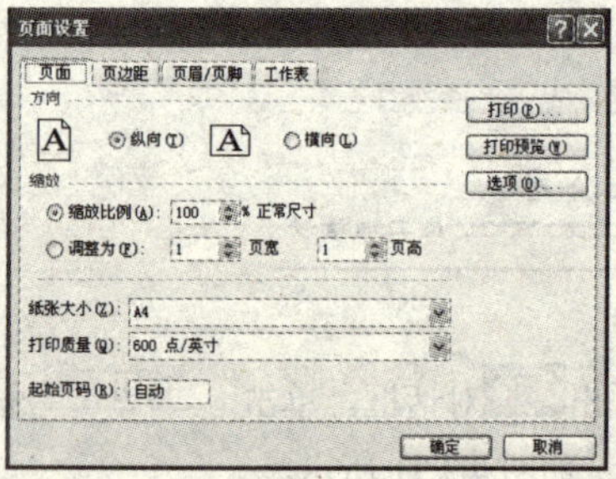

图 4.3.34　“页面设置”对话框

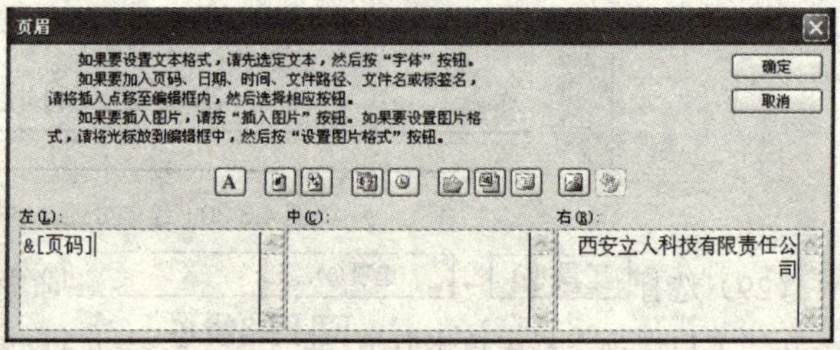

图 4.3.35　“页眉”对话框

（34）设置完成后，单击 确定 按钮返回至“页面设置”对话框，在“页眉”预览框中即可看到设置的页眉效果。

（35）打开 工作表 选项卡，在“打印标题”选项区中单击“顶端标题行”选项框右面的按钮，如图 4.3.36 所示。

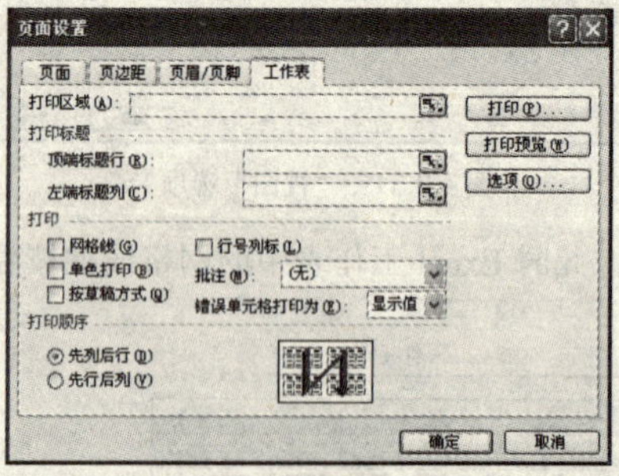

图 4.3.36　“工作表”选项卡

（36）切换到工作表中，使用鼠标在工作表中选择标题行，此例选择了前五行，如图 4.3.37 所示。

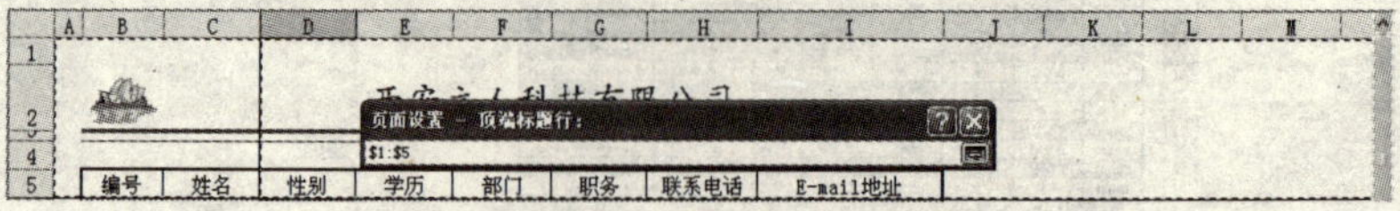

图 4.3.37　选择标题行

（37）再次单击按钮，返回至页面设置对话框。单击确定按钮，回到工作表编辑状态，则会为打印的每张工作表添加标题。

（38）单击“常用”工具栏中的“打印预览”按钮，在“打印预览”窗口中显示的是打印内容的缩略图，它和打印出来的效果相同，如图 4.3.38 所示。此表有两页，当浏览第 2 页的时候，“员工通信录”的标题行会自动添加，如图 4.3.39 所示。

（39）如果感觉满意，则在“打印预览”选项卡中的“打印”选项区中单击打印(T)...按钮，即可打印出工作表，最终效果如图 4.3.8 所示。

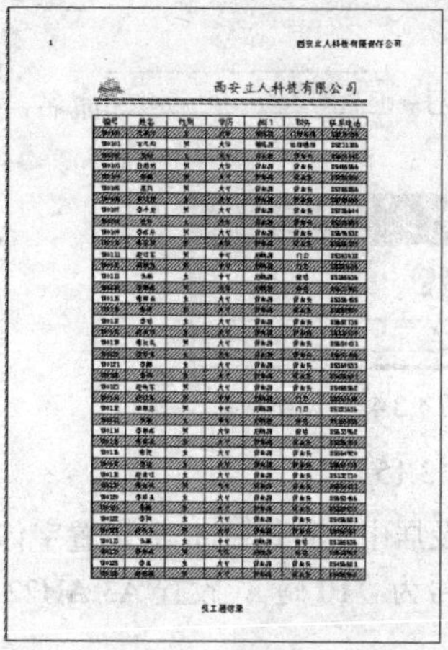

图 4.3.38　打印预览效果

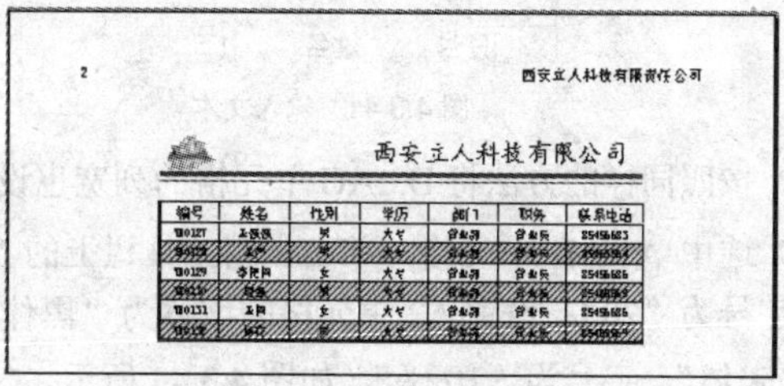

图 4.3.39　打印重复标题

实验 3　制作奖金计算表

1. 实验目的

掌握序列数据的填充、列宽的调整、字符格式设置、公式的使用、模板的应用等操作。

2. 实验内容

本例利用 Excel 2003 制作奖金计算表，最终效果如图 4.3.40 所示。

	A	B	C	D	E	F	G	H	I	J	K	L	M	N	O	P	Q	R	S	T	U	V	W	X	Y	Z	AA	AB	AC	AD	AE	AF	AG	AH
1	海欣网络有限公司																																	
2	月份：		12月																															
3	序号	姓名	1日	2日	3日	4日	5日	6日	7日	8日	9日	10日	11日	12日	13日	14日	15日	16日	17日	18日	19日	20日	21日	22日	23日	24日	25日	26日	27日	28日	29日	30日	31日	奖金额
4	1	杨高	Q	Q	Q	J	J	B	Q	Q	Q	Q	J	J	Q	Q	Q	Q	Q	J	J	Q	Q	Q	Q	Q	J	J	Q	Q	Q	Q	Q	485
5	2	吴启明	Q	Q	Q	J	J	Q	Q	Q	Q	Q	J	J	Q	Q	Q	Q	Q	J	J	Q	Q	S	Q	Q	J	J	Q	Q	Q	Q	Q	470
6	3	张浩天	Q	Q	Q	J	J	Q	Q	Q	Q	Q	J	J	Q	Q	Q	Q	Q	J	J	Q	Q	Q	Q	Q	J	J	Q	Q	Q	Q	Q	500
7	4	李玉	Q	Q	Q	J	J	Q	B	Q	Q	Q	J	J	Q	Q	Q	Q	Q	J	J	Q	Q	Q	Q	Q	J	J	Q	Q	Q	Q	Q	485
8	5	刘红梅	Q	Q	Q	J	J	Q	Q	Q	Q	Q	J	J	Q	Q	S	Q	Q	J	J	Q	Q	Q	Q	Q	J	J	Q	Q	Q	Q	Q	470
9	6	张婷婷	Q	Q	Q	J	J	Q	Q	Q	Q	Q	J	J	Q	Q	G	Q	Q	J	J	Q	Q	Q	Q	Q	J	J	Q	Q	Q	Q	Q	450
10	7	王悦	Q	Q	Q	J	J	B	Q	Q	Q	Q	J	J	Q	Q	Q	Q	Q	J	J	Q	Q	Q	Q	Q	J	J	Q	Q	Q	Q	Q	485
11	8	蒋琳琳	Q	Q	Q	J	J	Q	Q	S	S	S	J	J	Q	Q	Q	Q	Q	J	J	Q	Q	Q	Q	Q	J	J	Q	Q	Q	Q	Q	410
12	9	马莉	Q	Q	Q	J	J	Q	B	Q	Q	Q	J	J	Q	Q	Q	Q	Q	J	J	Q	Q	Q	Q	Q	J	J	Q	Q	Q	Q	Q	485
13	10	郝东博	Q	Q	Q	J	J	Q	Q	Q	Q	Q	J	J	Q	Q	Q	Q	Q	J	J	G	Q	Q	Q	Q	J	J	Q	Q	Q	Q	Q	450
14	11	吴莲	Q	Q	Q	J	J	Q	Q	Q	Q	Q	J	J	Q	S	Q	Q	Q	J	J	Q	G	G	Q	Q	J	J	Q	Q	Q	Q	Q	370
15	12	张博文	Q	Q	Q	J	J	Q	Q	Q	Q	Q	J	J	Q	Q	Q	Q	Q	J	J	Q	Q	Q	Q	Q	J	J	Q	Q	Q	Q	Q	500
16	13	李延军	Q	Q	Q	J	J	Q	Q	Q	Q	Q	J	J	Q	Q	Q	Q	Q	J	J	Q	Q	Q	Q	Q	J	J	Q	Q	Q	Q	Q	500
17	14	杨尚东	Q	Q	Q	J	J	Q	Q	Q	Q	Q	J	J	Q	Q	S	S	Q	J	J	Q	Q	Q	Q	Q	J	J	Q	Q	Q	Q	Q	440
18	15	李聪	Q	Q	Q	J	J	Q	Q	Q	Q	Q	J	J	Q	Q	Q	Q	Q	J	J	Q	Q	B	Q	Q	J	J	Q	Q	Q	Q	Q	485
19	16	张丽	Q	Q	Q	J	J	Q	Q	Q	G	Q	J	J	Q	Q	Q	Q	Q	J	J	Q	Q	Q	Q	Q	J	J	Q	Q	Q	Q	Q	450
20	17	王增福	Q	Q	Q	J	J	Q	Q	Q	Q	Q	J	J	Q	Q	Q	Q	B	J	J	Q	Q	Q	Q	Q	J	J	Q	Q	Q	Q	Q	485
21	18	卢平	Q	Q	Q	J	J	S	S	S	S	S	J	J	Q	Q	Q	Q	Q	J	J	Q	Q	Q	Q	Q	J	J	Q	Q	Q	Q	Q	350
22	19	李强	Q	Q	Q	J	J	Q	Q	Q	Q	Q	J	J	Q	Q	Q	Q	Q	J	J	Q	Q	Q	Q	Q	J	J	Q	Q	Q	Q	Q	500

图 4.3.40　“制作的奖金计算表”效果图

某公司规定：一个月奖金基数为 300 元，病假 1 天扣 15 元，事假一天扣 30 元，旷工一天扣 60 元，扣完为止。使用这个奖金计算表时，只要将员工的出勤情况记录在表中，该员工的奖金将自动计算出来，兼有考勤和计算奖金两种功能。自动统计表做好以后还可以保存成模板，以便以后使用。图中符号的含义是：B 表示病假，S 表示事假，G 表示旷工，Q 表示出勤，J 表示法定休息日。

3．实验步骤

（1）启动 Excel 2003，制作一张二维表格。

（2）在 A1 单元格中输入文本“海欣网络有限公司”；在 A2 单元格中输入“月份”；在 A3，B3，C3 单元格中依次输入“序号、姓名、1 日”，如图 4.3.41 所示。

（3）将鼠标放在 C3 单元格的右下角，当鼠标指针变为+形状时，拖动鼠标至 AG 单元格，将依次在这些单元格中填充 2 日至 31 日的数据。

（4）将鼠标放在 A、B 列中间位置，当鼠标指针变为✛形状时，向左拖动鼠标，调整 A 列单元格的列宽。

（5）选中 C3 单元格，选择 格式(O) → 列(C) → 列宽(W)... 命名，弹出 列宽 对话框，在“列宽”文本框中输入“3.15”，如图 4.3.42 所示。

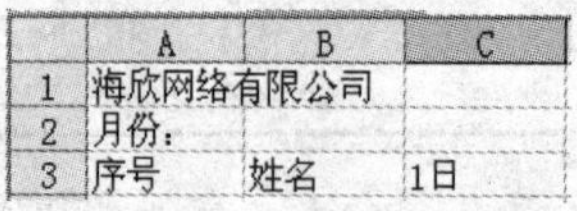

图 4.3.41　输入文本

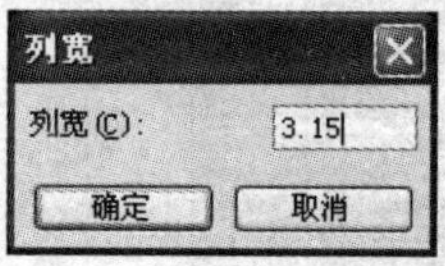

图 4.3.42　设置列宽

（6）按照同样的方法将 D3:AG 单元格的列宽也设置为“3.15”。

（7）选中 A1:AH 单元格，单击常用工具栏上的“合并及居中”按钮，并设置字体为“华文行楷”，字号为“20”；设置 A2 单元格的字体为“黑体”，字号为“10 磅”；设置 A3:AH22 单元格的字体为“宋体”，字号为“10 磅”，如图 4.3.43 所示。

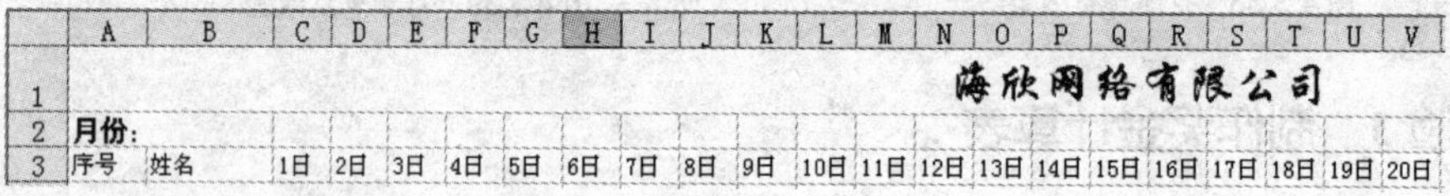

图 4.3.43　设置完成的单元格格式

（8）重复步骤（3），在 A4 单元格中输入“1”，拖动鼠标至 A22 单元格。单击“自动填充选项”按钮，在弹出的下拉列表中选择 以序列方式填充(S) 选项，如图 4.3.44 所示。

（9）在表格的单元格中输入其他文本，如图 4.3.45 所示。

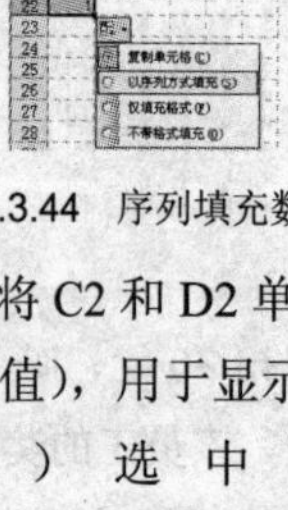

图 4.3.44　序列填充数据

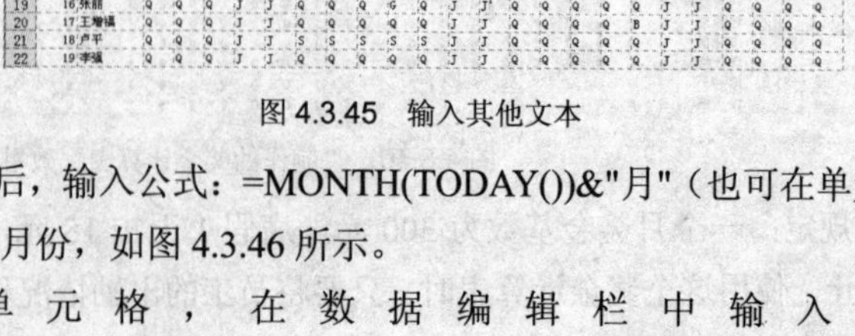

图 4.3.45　输入其他文本

（10）将 C2 和 D2 单元格合并后，输入公式：=MONTH(TODAY())&"月"（也可在单元格中直接输入月份数值），用于显示出当前的月份，如图 4.3.46 所示。

（11）选中 AH4 单元格，在数据编辑栏中输入公式：=IF(500-COUNTIF(C4:AG4,"B")*15-COUNTIF(C4:AG4,"S")*30-COUNTIF(C4:AG4,"G")*50>0,500-C

OUNTIF(C4:AG4,"B")*15-COUNTIF(C4:AG4,"S")*30-COUNTIF(C4:AG4,"G")*50,0)，按回车键，计算出第一位员工的当月奖金额，如图 4.3.47 所示。

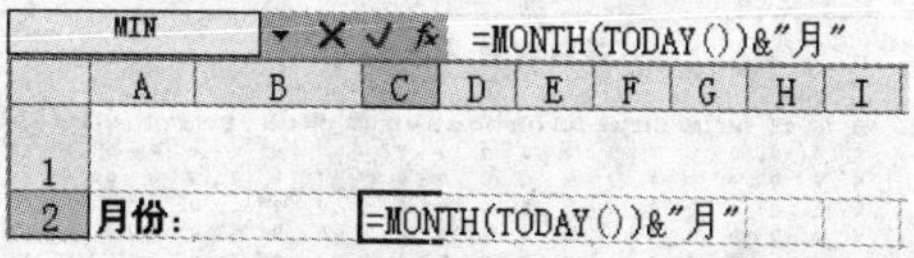

图 4.3.46　输入公式

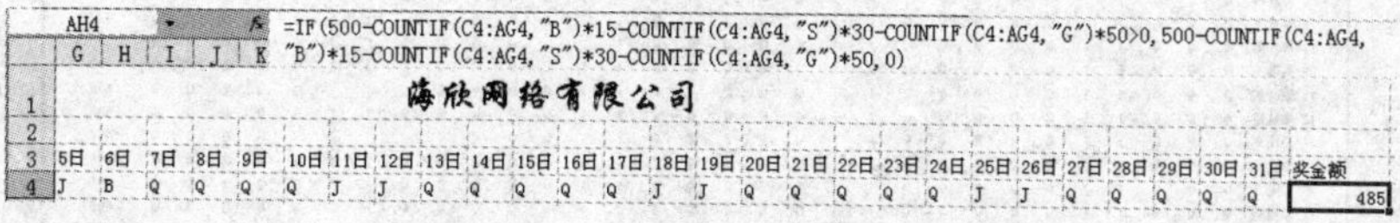

图 4.3.47　计算第一位员工奖金额

注意：上述公式的含义是：用“COUNTIF(C4:AG4,"B")、COUNTIF(C4:AG4,"S")、COUNTIF(C4:AG4,"G")”分别用于统计每位员工的病假、事假、旷工的次数，再分别乘以“15、30、50”（每“半天”为一次）计算出所要扣去的奖励额，再用基数 500 减去上述扣去的金额。如果（IF）差大于“0”，则显示差（即员工的奖金额），否则显示“0”（扣完为止）。

（12）选中 AH4 单元格，用“填充柄”将上述公式复制到下面的单元格中，用于计算其他员工的当月奖励额，如图 4.3.48 所示。

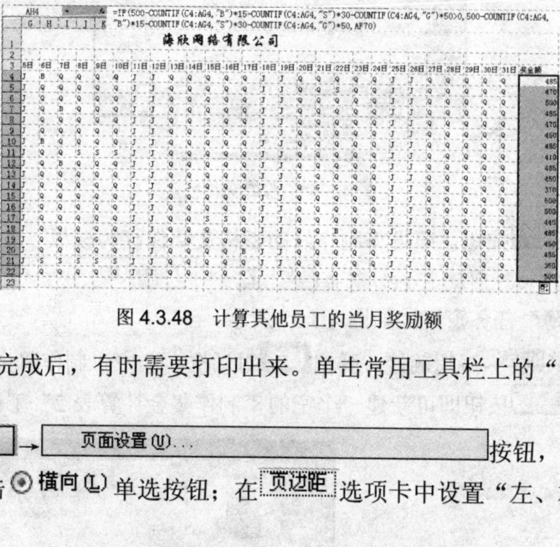

图 4.3.48　计算其他员工的当月奖励额

（13）奖金表制作完成后，有时需要打印出来。单击常用工具栏上的“打印预览”按钮，可以看到表格分为两页。

（14）选择 文件(F) → 页面设置(U)... 按钮，弹出 页面设置 对话框。在 页面 选项卡中单击 ⊙横向(L) 单选按钮；在 页边距 选项卡中设置“左、右”页边距均为“0.2”，如图 4.3.49 所示。

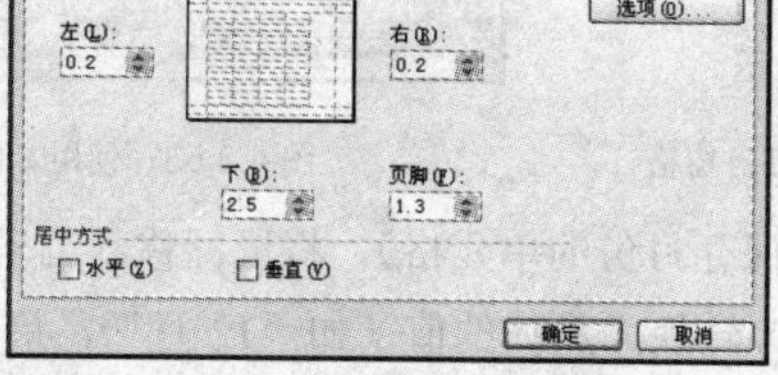

图 4.3.49　“页面设置”对话框

（15）单击确定按钮返回到工作表中。再次单击常用工具栏上的“打印预览”按钮，可以看到表格横向显示在一页纸上，如图 4.3.50 所示。

海欣网络有限公司

月份：12月

序号	姓名	1日	2日	3日	4日	5日	6日	7日	8日	9日	10日	11日	12日	13日	14日	15日	16日	17日	18日	19日	20日	21日	22日	23日	24日	25日	26日	27日	28日	29日	30日	31日	奖金额
1	杨高	Q	Q	Q	J	J	B	Q	Q	Q	Q	J	J	Q	Q	Q	Q	Q	J	J	Q	Q	Q	Q	Q	J	J	Q	Q	Q	Q	Q	485
2	吴启明	Q	Q	Q	J	J	Q	Q	Q	Q	Q	J	J	Q	Q	Q	Q	Q	J	J	Q	Q	S	Q	Q	J	J	Q	Q	Q	Q	Q	470
3	张浩天	Q	Q	Q	J	J	Q	Q	Q	Q	Q	J	J	Q	Q	Q	Q	Q	J	J	Q	Q	Q	Q	Q	J	J	Q	Q	Q	Q	Q	500
4	李玉	Q	Q	Q	J	J	Q	B	Q	Q	Q	J	J	Q	Q	Q	Q	Q	J	J	Q	Q	Q	Q	Q	J	J	Q	Q	Q	Q	Q	485
5	刘红梅	Q	Q	Q	J	J	Q	Q	Q	Q	Q	J	J	Q	Q	S	Q	Q	J	J	Q	Q	Q	Q	Q	J	J	Q	Q	Q	Q	Q	470
6	张婷婷	Q	Q	Q	J	J	Q	Q	Q	Q	Q	J	J	Q	Q	G	Q	Q	J	J	Q	Q	Q	Q	Q	J	J	Q	Q	Q	Q	Q	450
7	王悦	Q	Q	Q	J	J	B	Q	Q	Q	Q	J	J	Q	Q	Q	Q	Q	J	J	Q	Q	Q	Q	Q	J	J	Q	Q	Q	Q	Q	485
8	蒋琳琳	Q	Q	Q	J	J	Q	Q	S	S	S	J	J	Q	Q	Q	Q	Q	J	J	Q	Q	Q	Q	Q	J	J	Q	Q	Q	Q	Q	410
9	马莉	Q	Q	Q	J	J	Q	B	Q	Q	Q	J	J	Q	Q	Q	Q	Q	J	J	Q	Q	Q	Q	Q	J	J	Q	Q	Q	Q	Q	485
10	郝东鸿	Q	Q	Q	J	J	Q	Q	Q	Q	Q	J	J	Q	Q	Q	Q	Q	J	J	G	Q	Q	Q	Q	J	J	Q	Q	Q	Q	Q	450
11	吴莲	Q	Q	Q	J	J	Q	Q	Q	Q	Q	J	J	Q	S	Q	Q	Q	J	J	Q	G	G	Q	Q	J	J	Q	Q	Q	Q	Q	370
12	张鸿文	Q	Q	Q	J	J	Q	Q	Q	Q	Q	J	J	Q	Q	Q	Q	Q	J	J	Q	Q	Q	Q	Q	J	J	Q	Q	Q	Q	Q	500
13	李延革	Q	Q	Q	J	J	Q	Q	Q	Q	Q	J	J	Q	Q	Q	Q	Q	J	J	Q	Q	Q	Q	Q	J	J	Q	Q	Q	Q	Q	500
14	杨尚东	Q	Q	Q	J	J	Q	Q	Q	Q	Q	J	J	Q	Q	S	S	Q	J	J	Q	Q	Q	Q	Q	J	J	Q	Q	Q	Q	Q	440
15	李敏	Q	Q	Q	J	J	Q	Q	Q	Q	Q	J	J	Q	Q	Q	Q	Q	J	J	Q	Q	B	Q	Q	J	J	Q	Q	Q	Q	Q	485
16	张丽	Q	Q	Q	J	J	Q	Q	Q	G	Q	J	J	Q	Q	Q	Q	Q	J	J	Q	Q	Q	Q	Q	J	J	Q	Q	Q	Q	Q	450
17	王增福	Q	Q	Q	J	J	Q	Q	Q	Q	Q	J	J	Q	Q	Q	Q	B	J	J	Q	Q	Q	Q	Q	J	J	Q	Q	Q	Q	Q	485
18	卢平	Q	Q	Q	J	J	S	S	S	S	S	J	J	Q	Q	Q	Q	Q	J	J	Q	Q	Q	Q	Q	J	J	Q	Q	Q	Q	Q	350
19	李锋	Q	Q	Q	J	J	Q	Q	Q	Q	Q	J	J	Q	Q	Q	Q	Q	J	J	Q	Q	Q	Q	Q	J	J	Q	Q	Q	Q	Q	500

图 4.3.50　打印预览效果

（16）清空表格中所填写的数据，选择文件(F)→保存(S) Ctrl+S 命令，弹出另存为对话框。在“保存类型”下拉列表从中选择“模板（*.xlt）”选项，在文件名文本框中输入文件名称，如图 4.3.51 所示。

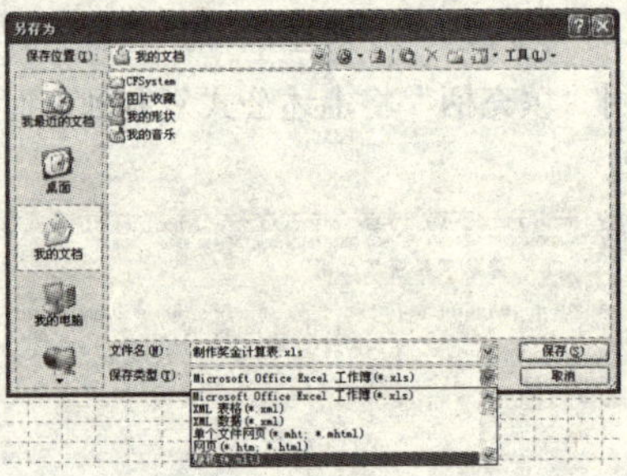

图 4.3.51　保存为模板

（17）单击保存(S)按钮，即可将制作好的表格文档保存为模板。

（18）以后每个月第一天，启动 Excel，选择文件(F)→新建(N)... Ctrl+N 命令，打开“新建工作簿”任务窗格，如图 4.3.52 所示。

（19）单击本机上的模板...超链接，弹出模板对话框，选中“制作奖金计算表”模板文件（见图 4.3.53），单击确定按钮即可新建一个空的“制作奖金计算表 2”工作簿文档。

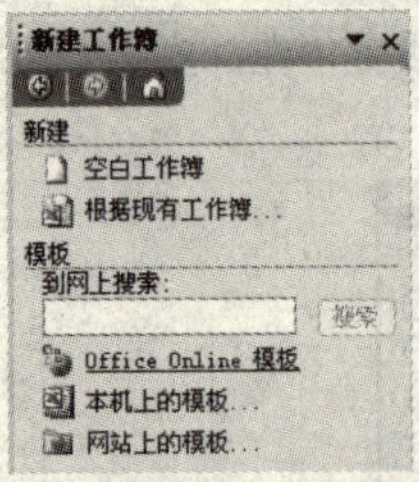

图 4.3.52　“新建工作簿”任务窗格

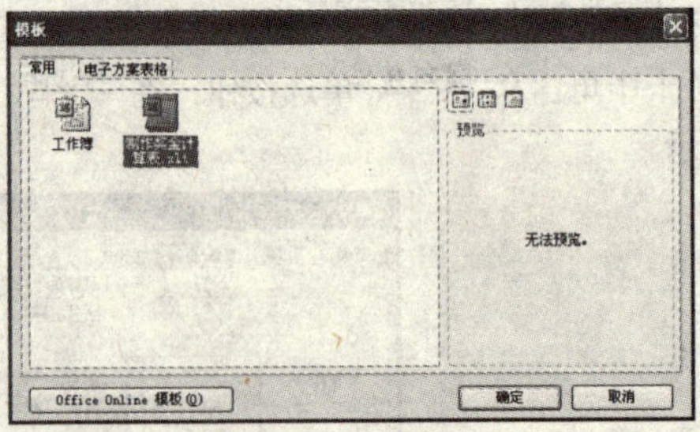

图 4.3.53　使用本机上的模板

（20）选中 C2 单元格（即保存月份的单元格），将鼠标移到编辑栏中，然后按 F9 功能键，将公式（=MONTH(TODAY())&"月"）转换为具体的值（如“12 月”），最后保存文档。

此实例制作完毕，最终效果如图 4.3.40 所示。

实验 4 房屋贷款计算器

1．实验目的

掌握工作表中公式的使用、单元格格式的设置、文本框和剪贴画的使用、工作表的保护等操作。

2．实验内容

在这个房屋贷款计算器中，只须输入购买房屋的面积、房屋售价、首付金额以及贷款年限，就可以自动计算获得每月的还款额、利息、总支付金额等数据。本例中的“房屋贷款计算器”制作效果如图 4.3.54 所示。

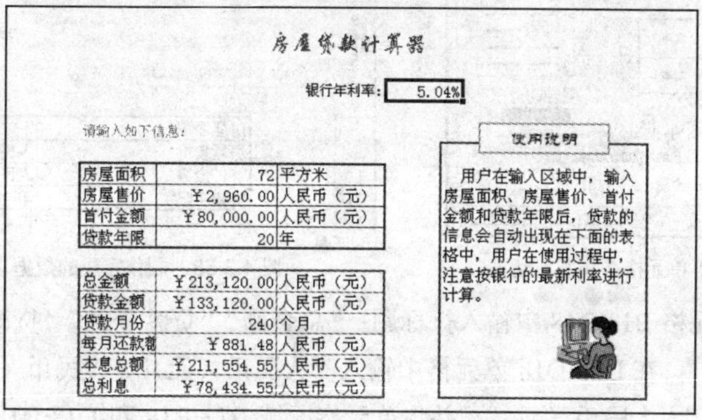

图 4.3.54 “制作的房屋贷款计算器”效果图

3．实验步骤

（1）新建一个 Excel 工作簿，将其保存为“房屋贷款计算器”。

（2）双击工作表标签“Sheet1”，将其更名为“房屋贷款计算器”。

（3）按住“Ctrl”键，然后使用鼠标选择工作表标签“Sheet2”和“Sheet3”，单击鼠标右键，在弹出的快捷菜单中选择命令，如图 4.3.55 所示，将不必要的工作表删除。

（4）在“房屋贷款计算器”工作表中选中单元格 B2，然后输入标题“房屋贷款计算器”，并设置字体为“华文行楷”，字号为“16”，字体颜色为“蓝色”，如图 4.3.56 所示。

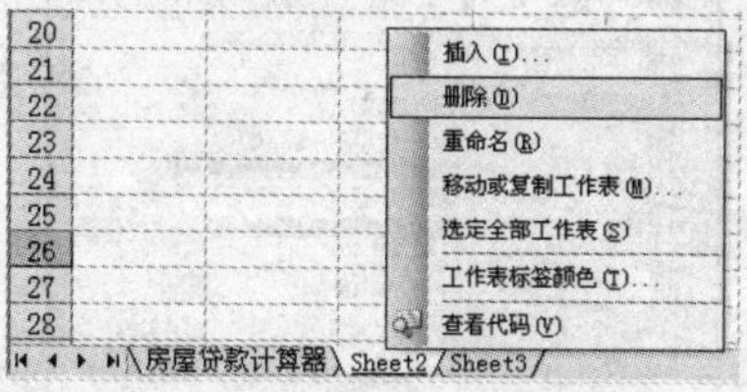

图 4.3.55 删除多余的工作表

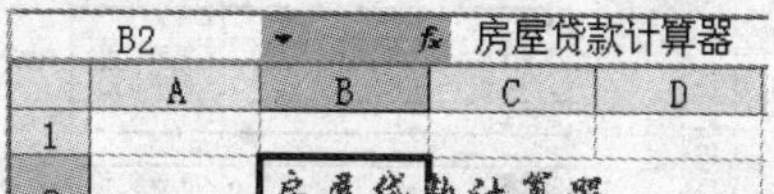

图 4.3.56 输入标题

（5）选中单元格 D4，输入文字“银行年利率”，设置字体为“宋体”，字号为“10”，对齐方式为“右对齐”。

（6）在 B6 单元格中输入文字“请输入如下信息：”，设置其字体为“宋体”，字号为“10”，字体颜色为“橙色”。

（7）依次在单元格 B8:B11 中输入行标题：“房屋面积”“房屋售价”“首付金额”“贷款年限”，并将单元格区域 B8:B11 的字体设置为“宋体”，字号设置为“11 磅”。

（8）依次在单元格 D8:D11 中输入“平方米”“人民币（元）”“人民币（元）”“年”，并将单元格区域 D8:D11 的字体设置为“宋体”，字号设置为“11 磅”。

（9）选中单元格区域 B8:D11，单击鼠标右键，在弹出的快捷菜单中选择“设置单元格格式(F)...”命令，弹出如图 4.3.57 所示的“单元格格式”对话框。打开“边框”选项卡，设置单元格区域的外边框为较粗的“蓝色”线条，设置内部网格线为稍细的“蓝色”线条。

（10）单击“确定”按钮，完成单元格区域边框的设置。根据需要，适当地调整行高和列宽，直到满意为止，调整后的结果如图 4.3.58 所示。

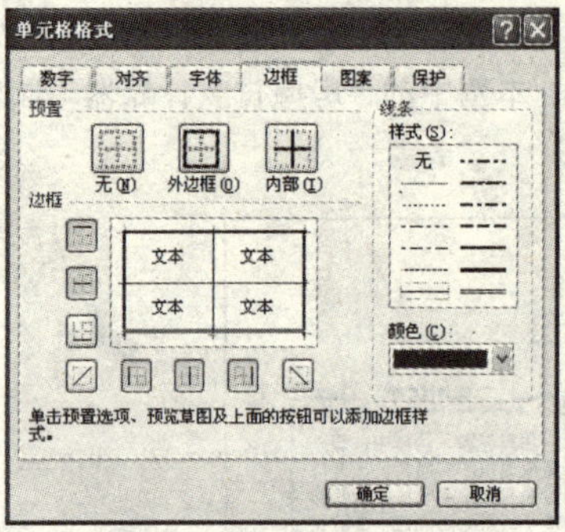

图 4.3.57 “单元格格式”对话框

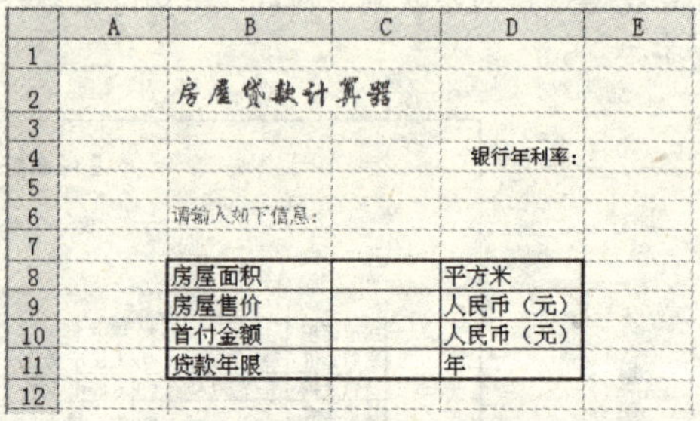

图 4.3.58 制作完成的数据填写部分

（11）依次在单元格 B13:B18 中输入行标题：“总金额”“贷款金额”“贷款月份”“每月还款额”“本息总额”“总利息”，在 D13:D18 单元格中输入“人民币（元）”“人民币（元）”“个月”“人民币（元）”“人民币（元）”“人民币（元）”。并将单元格区域 B13:B18 和 D13:D18 中的字体设置为“宋体”，字号设置为“11 磅”。

（12）选中 B13:D18 单元格，单击鼠标右键，在弹出的快捷菜单中选择“设置单元格格式(F)...”命令，打开“单元格格式”对话框。打开“边框”选项卡，设置单元格外边框为较粗的“红色”线条，设置内部网格为较细的“橄榄色”线条。设置结果如图 4.3.59 所示。

（13）按住“Ctrl”键的同时依次选择单元格 C9，C10，C13，C14，C16，C17，C18，单击鼠标右键，在弹出的快捷菜单中选择“设置单元格格式(F)...”命令，打开“单元格格式”对话框。打开“数字”选项卡，在“分类”列表中选择“货币”，在“货币符号”列表中选择“￥”，如图 4.3.60 所示。

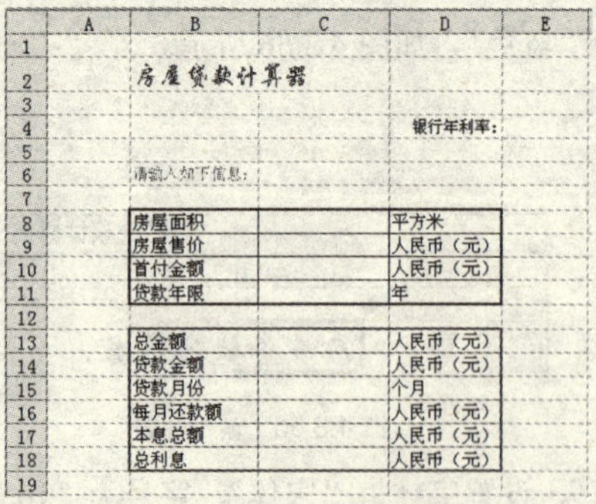

图 4.3.59 完成数据计算部分单元格的制作

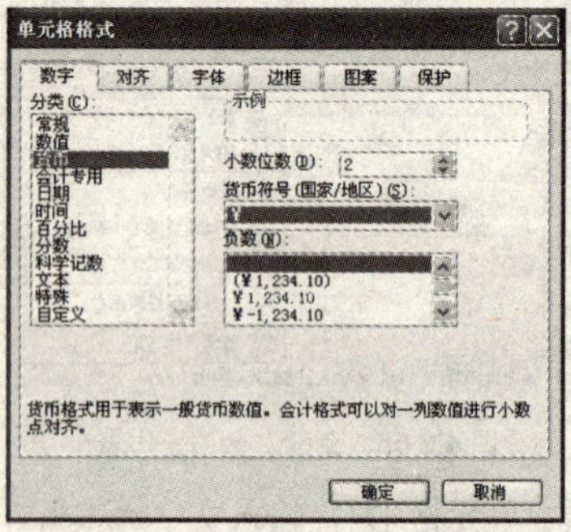

图 4.3.60 设置货币格式

（14）设置完成后，单击“确定”按钮。选中 C13 单元格，输入公式“=C8*C9”，表示总金额=房屋面积×房屋售价，如图 4.3.61 所示。

（15）选中 C14 单元格，输入公式“=C13－C10”，表示贷款总额=总金额－首付金额，如图 4.3.62 所示。

图 4.3.61　计算总金额

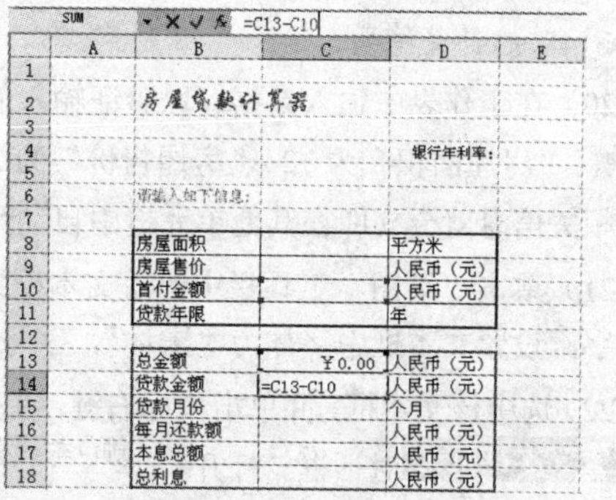

图 4.3.62　计算贷款金额

（16）选中 C15 单元格，输入公式“=C11*12”，表示贷款月份=贷款年限×12，如图 4.3.63 所示。

（17）选中单元格 C16，输入公式“=IF(C11="","",-PMT(E4/12,C15,C14))”，如图 4.3.64 所示。

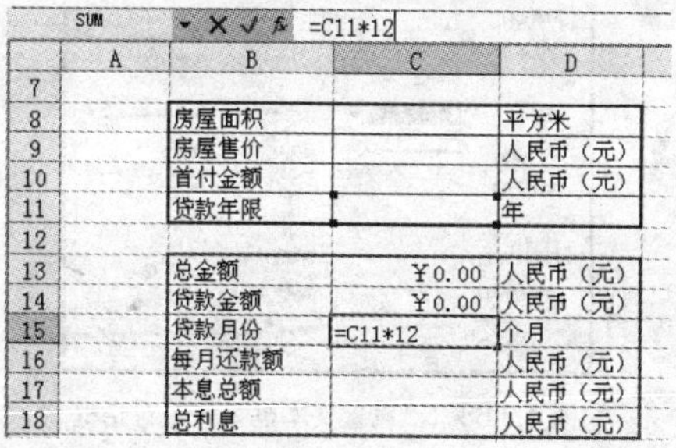

图 4.3.63　计算贷款月份

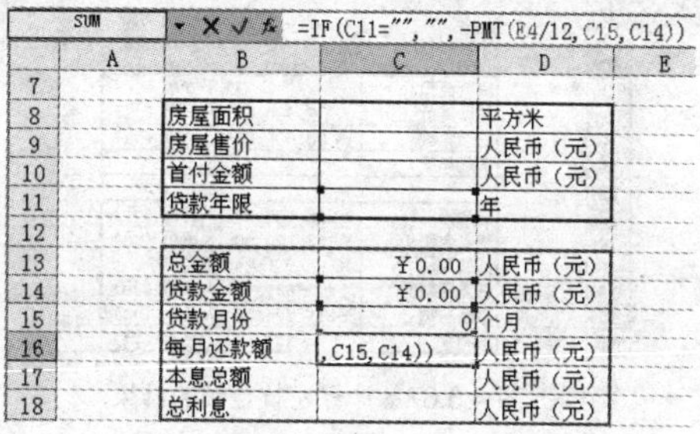

图 4.3.64　计算每月还款额

提示：公式“=IF(C11="","",-PMT(E4/12,C15,C14))”的整体含义是：如果单元格“C11=""”条件成立（即贷款年限单元格中没有数据），那么单元格 C16 中也显示为空，否则此单元格 C16 中显示公式“-PMT(E4/12,C15,C14)”的计算结果。

（18）选中 C17 单元格，输入公式“=IF(C16="","",C16*C15)”，如图 4.3.65 所示。

提示：公式“=IF(C16="","",C16*C15)”的整体含义是：如果单元格“C16=""”条件成立（即每月还款额单元格中没有数据），那么单元格 C17 中也显示为空，否则此单元格 C17 中显示公式“C16*C15”的计算结果。

（19）选中单元格 C18，输入公式“=IF(C17="","",C17-C14)”，如图 4.3.66 所示。

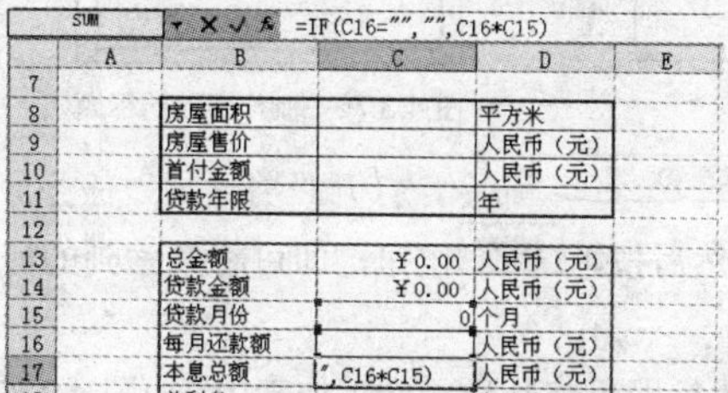

图 4.3.65　计算本息总额

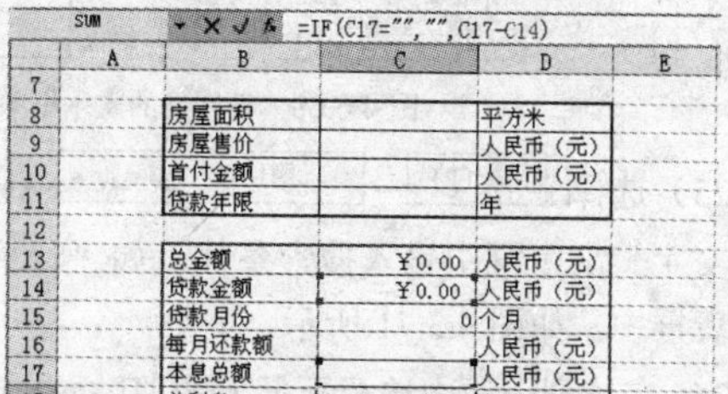

图 4.3.66　计算总利息

提示：公式“=IF(C17="","",C17-C14)”的整体含义是，如果单元格“C17=""”条件成立（即本息总额单元格中没有数据），那么单元格 C18 中也显示为空，否则此单元格 C18 中显示公式

"C17-C14"的计算结果。

（20）在工作表中输入数据，以验证输入的函数和公式是否可以正常运行。假设"银行年利率"为5.04%、"房屋面积"为72、"房屋售价"为2 960、"首付金额"为80 000、"贷款年限"为20年，贷款的相关信息就会立即在其他单元格中自动计算，如图4.3.67所示。

（21）单击"绘图"工具栏中的"文本框"按钮，在表格中添加一个横排文本框，并输入帮助性文字，设置文本框中字体为"宋体"，字号为"11磅"。

（22）选中该文本框，并单击鼠标右键，在弹出的快捷菜单中选择 设置文本框格式(O)... 命令，打开 设置文本框格式 对话框。打开 颜色与线条 选项卡，在"填充"颜色下拉列表中选择"无填充颜色"，在"线条"颜色下拉列表中选择"蓝色"，如图4.3.68所示。

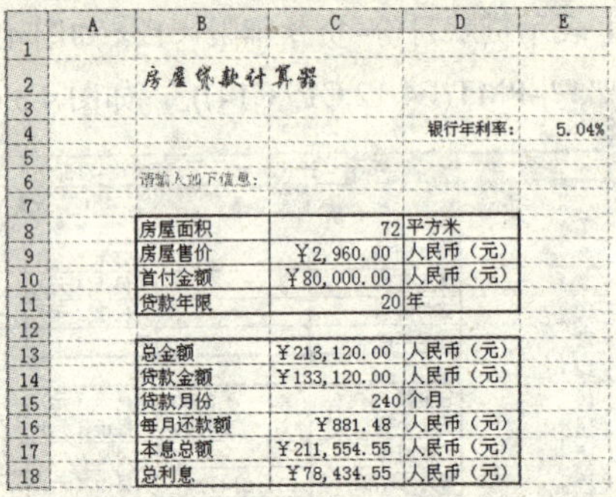

图4.3.67 计算还款金额的结果

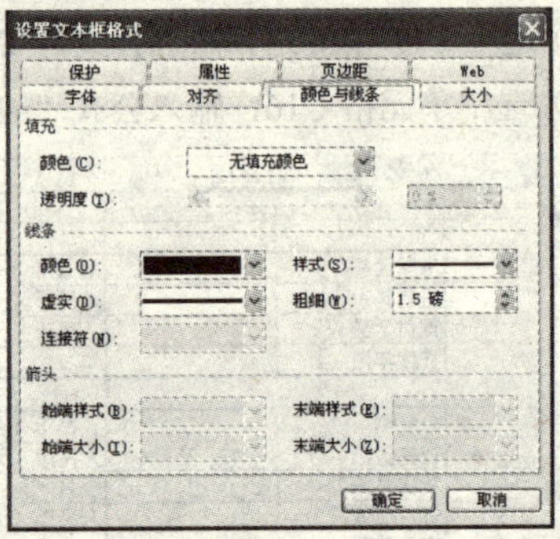

图4.3.68 "设置文本框格式"对话框

（23）设置完成后，单击 确定 按钮。选中文本框，按住鼠标左键不放进行拖动，将该文本框移动到适当的位置，效果如图4.3.69所示。

（24）使用同样的方法，再向工作表中添加一个文本框，然后在文本框中输入"使用说明"。设置文本框中文字的字体为"华文隶书"，字号为"12磅"；重复步骤（23）的操作，设置线条颜色为"紫色"，设置完成后将该文本框移动到合适的位置，如图4.3.70所示。

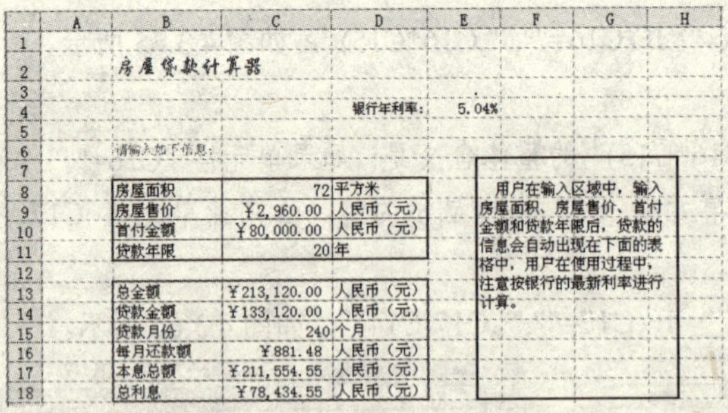

图4.3.69 设置好的文本框效果

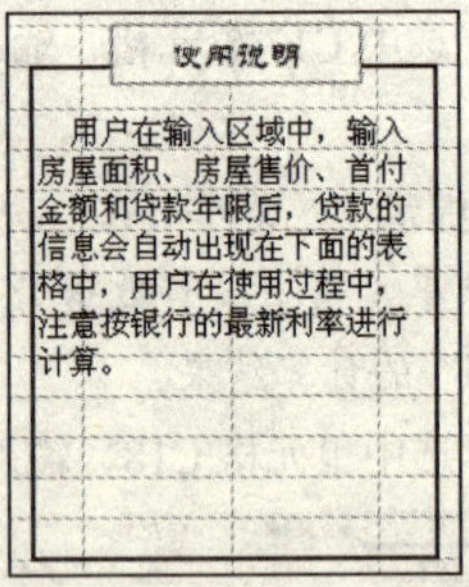

图4.3.70 制作帮助的标题

（25）选择 插入(I) → 图片(P) → 剪贴画(C)... 命令，打开"剪贴画"任务窗格。在"搜索文字"文本框中输入搜索条件，如"计算"，然后按下 搜索 按钮，即可将搜索到的剪贴画显示在列表框中，如图4.3.71所示。

（26）在该列表框中选择要插入的剪贴画，单击鼠标即可将其插入到工作表中，如图4.3.72所示。

（27）单击该图片，拖动图片四周的句柄，调整图片的大小，再将它移动到文本框的合适位置，结果如图4.3.73所示。

（28）按住"Ctrl"键，选择插入的两个文本框和图片，然后单击鼠标右键，在弹出的快捷菜单中选择 组合(G) → 组合(G) 命令，将其组合为一个整体，如图4.3.74所示。

图 4.3.71　搜索到的剪贴画

图 4.3.72　插入的剪贴画

图 4.3.73　调整好位置的剪贴画

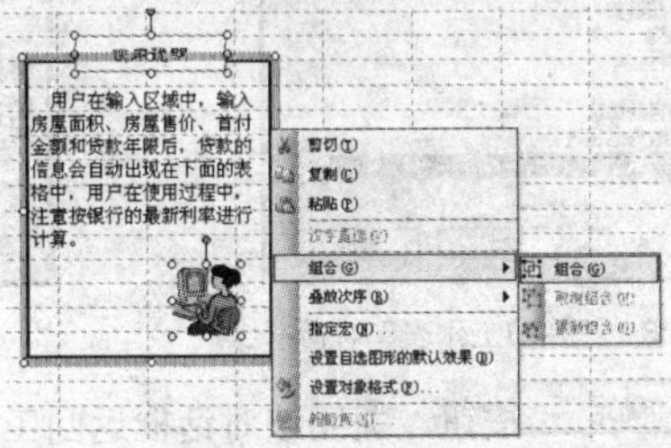

图 4.3.74　组合对象

（29）选中 B2:H2 单元格区域，单击工具栏上的“合并及居中”按钮，使表格标题居中显示。

（30）选择 工具(T) → 选项(O)... 命令，弹出 选项 对话框。单击 视图 选项卡，在“窗口选项”选区中单击取消 网格线(G) 复选框的选中，如图 4.3.75 所示。

（31）单击 确定 按钮，此时 Excel 工作表中的网格线就被隐藏了，效果如图 4.3.76 所示。

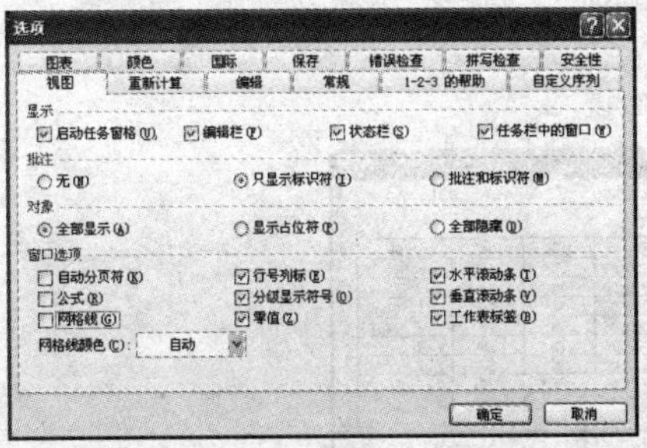

图 4.3.75　“视图”选项卡

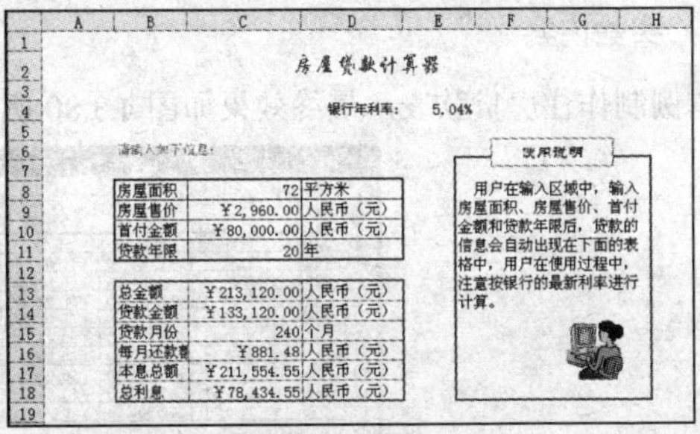

图 4.3.76　隐藏网格线

（32）工作表设置完成后，还需要对工作表中的相关数据进行保护。选中“银行年利率”“房屋面积”“房屋售价”“首付金额”“贷款年限”右侧的单元格（即需要用户填写数据的单元格），如图 4.3.77 所示。

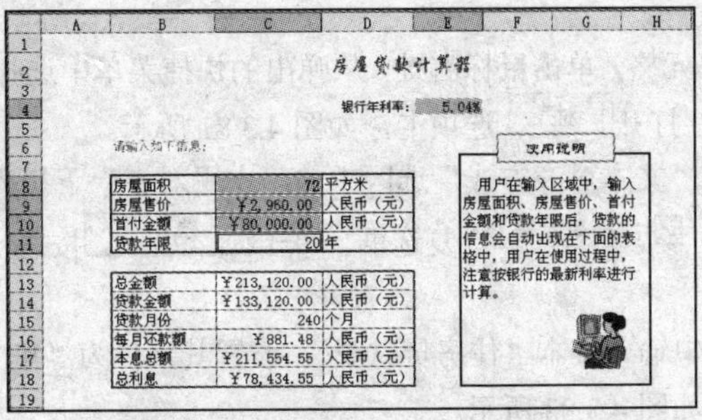

图 4.3.77　选中允许修改的单元格

（33）选择 工具(T) → 保护(P) → 保护工作表(P)... 命令，弹出 保护工作表 对话框。选中 ☑保护工作表及锁定的单元格内容(C) 复选框，在“取消工作表保护时使用的密码”文本框中输入保护密码，如图 4.3.78 所示。

（34）设置完成后，单击 确定 按钮，弹出 确认密码 对话框，在“重新输入密码”文本框中再次输入保护密码进行确认，如图 4.3.79 所示。

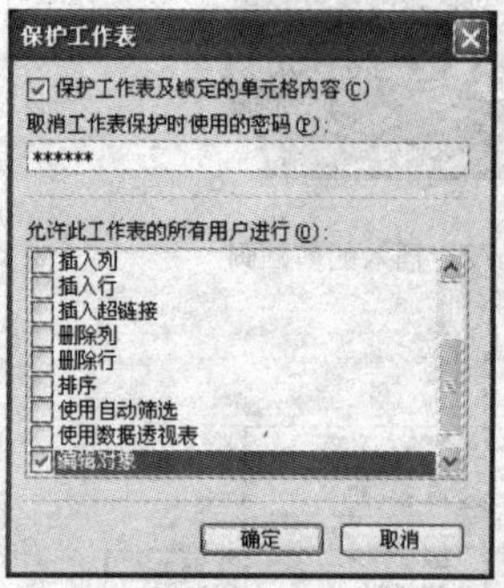

图 4.3.78 “保护工作表”对话框

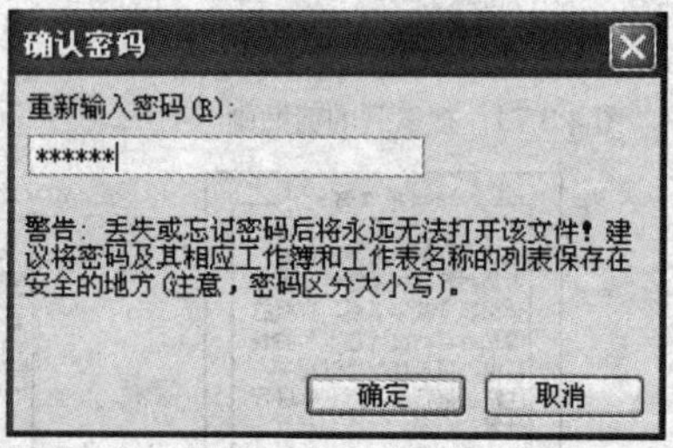

图 4.3.79 “确认密码”对话框

（35）单击 确定 按钮，关闭该对话框返回工作表，最终效果如图 4.3.54 所示。

实验 5 住房贷款表

1. 实验目的

掌握格式化表格、使用公式和函数、设置工作表背景等命令操作。

2. 实验内容

本例制作住房贷款表，最终效果如图 4.3.80 所示。

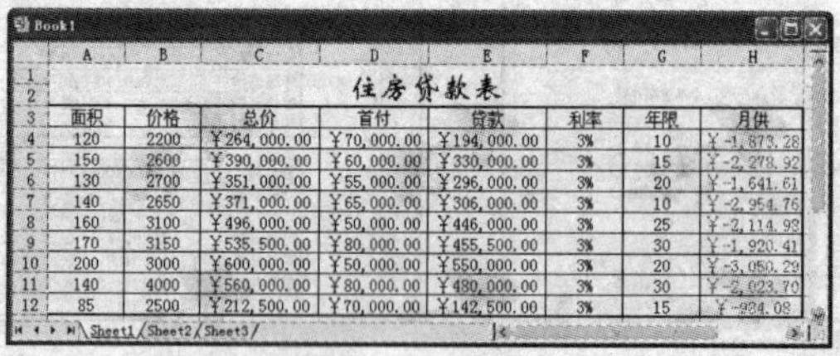

住房贷款表

面积	价格	总价	首付	贷款	利率	年限	月供
120	2200	¥264,000.00	¥70,000.00	¥194,000.00	3%	10	¥-1,873.28
150	2600	¥390,000.00	¥60,000.00	¥330,000.00	3%	15	¥-2,278.92
130	2700	¥351,000.00	¥55,000.00	¥296,000.00	3%	20	¥-1,641.61
140	2650	¥371,000.00	¥65,000.00	¥306,000.00	3%	10	¥-2,954.76
160	3100	¥496,000.00	¥50,000.00	¥446,000.00	3%	25	¥-2,114.93
170	3150	¥535,500.00	¥80,000.00	¥455,500.00	3%	30	¥-1,920.41
200	3000	¥600,000.00	¥50,000.00	¥550,000.00	3%	20	¥-3,050.29
140	4000	¥560,000.00	¥80,000.00	¥480,000.00	3%	30	¥-2,023.70
85	2500	¥212,500.00	¥70,000.00	¥142,500.00	3%	15	¥-984.08

图 4.3.80 “制作的住房贷款表”效果图

3. 实验步骤

（1）启动 Excel 2003 应用程序，单击“常用”工具栏中的“新建”按钮，新建一个空白 Excel 表格。

（2）选中“A1:H2”单元格，单击鼠标右键，从弹出的快捷菜单中选择 设置单元格格式(F)... 命令，弹出 单元格格式 对话框，打开 对齐 选项卡，如图 4.3.81 所示。

（3）在该选项卡中的“文本对齐方式”选区中的“水平对齐”下拉列表中选择“居中”选项；在“文本控制”选区中选中 ☑合并单元格(M) 复选框，单击 确定 按钮，合并选中的单元格，效果如图 4.3.82 所示。

（4）在合并的单元格中输入文本“住房贷款表”，设置其字体为“华文新魏”，字号为“22 磅”，字体颜色为“蓝色”，效果如图 4.3.83 所示。

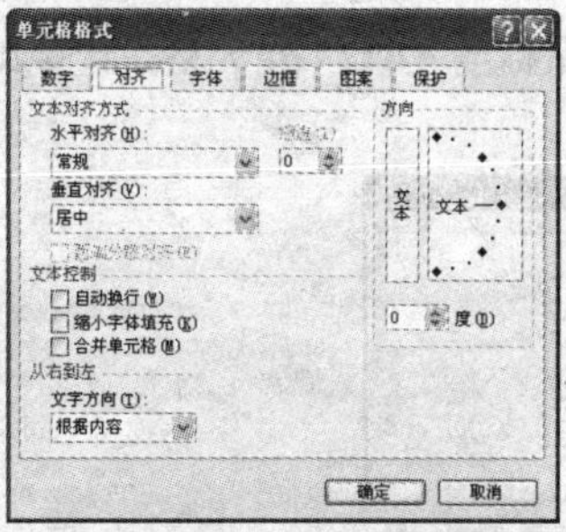

图 4.3.81　“对齐”选项卡

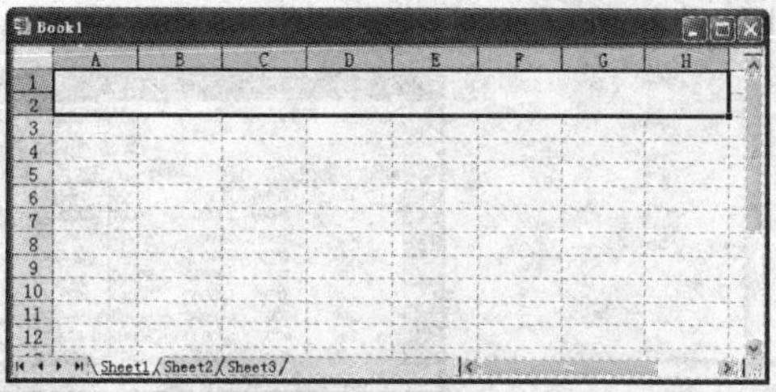

图 4.3.82　合并单元格

（5）在工作表中的其他单元格中输入数据，如图 4.3.84 所示。

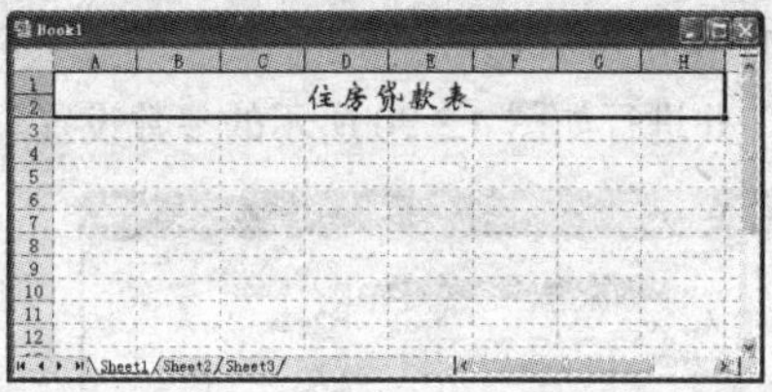

图 4.3.83　格式化文本效果

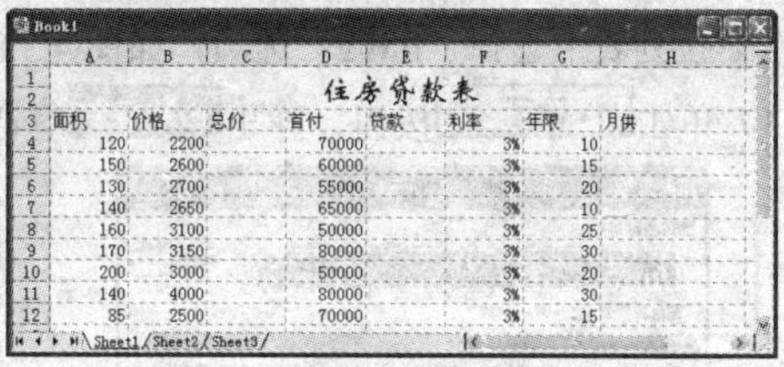

图 4.3.84　输入数据

（6）选中“C4”单元格，在公式编辑栏中输入公式“=A4*B4”，如图 4.3.85 所示。

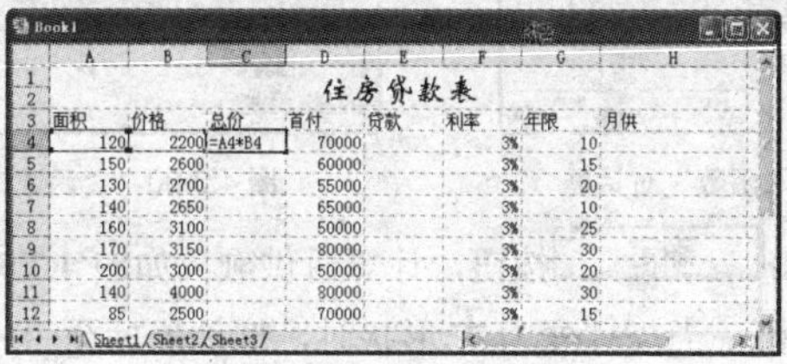

图 4.3.85　输入公式

（7）按回车键可计算出总价，选中“C4”单元格，当指针变为+形状时，拖动鼠标至“C12”单元格，计算其他住房的总价，如图 4.3.86 所示。

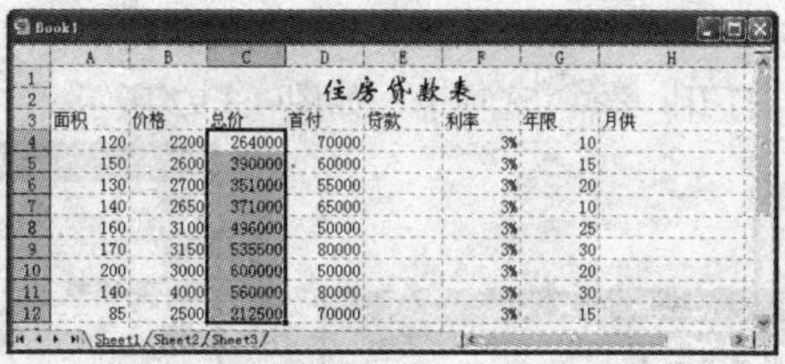

图 4.3.86　计算其他住房的总价

（8）选中“E4”单元格，在公式编辑栏中输入公式“=C4-D4”，按回车键计算贷款，效果如图 4.3.87 所示。

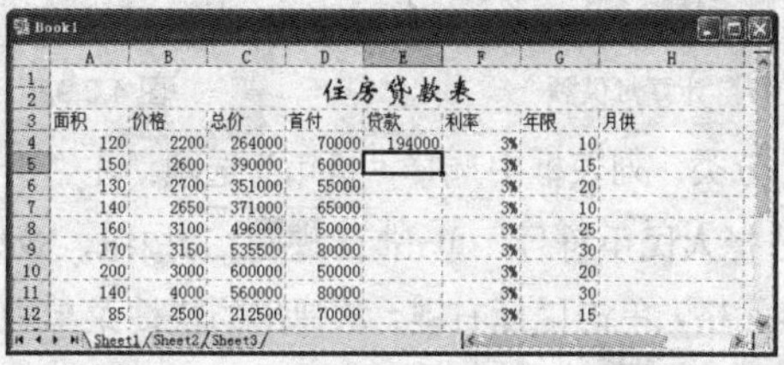

图 4.3.87　计算贷款

（9）选中“E4”单元格，当指针变为＋形状时，拖动鼠标至“E12”单元格，计算其他住房的贷款，如图 4.3.88 所示。

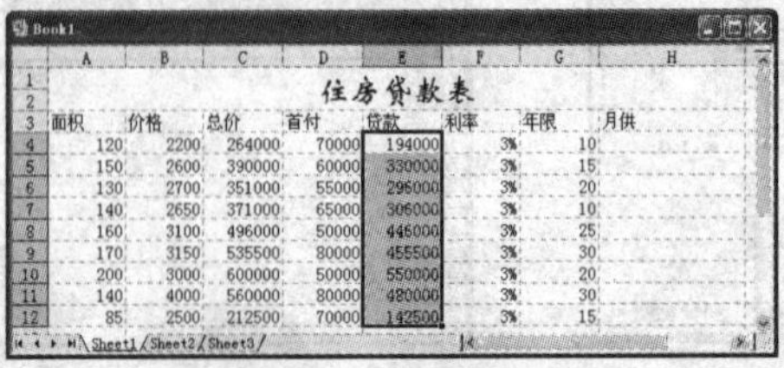

图 4.3.88　计算其他住房的贷款

（10）选中“H4”单元格，选择 插入(I) → 函数(F)... 命令，弹出 插入函数 对话框，在“选择函数”下拉列表中选择“PMT”选项，如图 4.3.89 所示。

（11）单击 确定 按钮，弹出 函数参数 对话框，并进行如图 4.3.90 所示的参数设置。

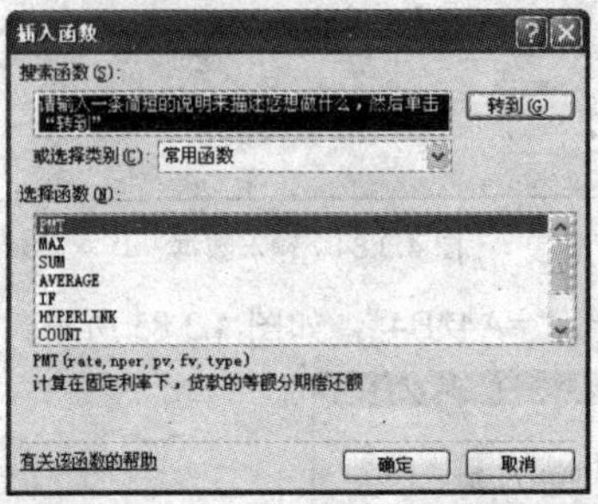

图 4.3.89　“插入函数”对话框

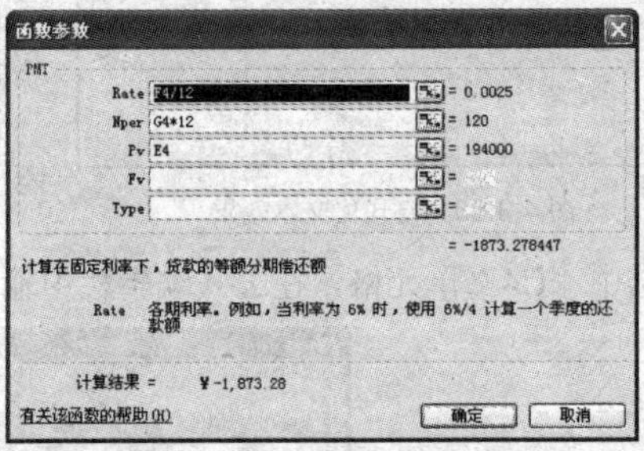

图 4.3.90　“函数参数”对话框

（12）设置完成后，单击 确定 按钮，计算月供额，如图 4.3.91 所示。

（13）选中“H4”单元格，当指针变为＋形状时，拖动鼠标至“H12”单元格，计算其他住房的月供额。

（14）选中“A3:H12”单元格，单击“格式”工具栏中的“居中”按钮，使单元格中的数据居中显示。

（15）选中“C4:E12”单元格，单击鼠标右键，从弹出的快捷菜单中选择 设置单元格格式(F)... 命令，弹出 单元格格式 对话框，打开 数字 选项卡，如图 4.3.92 所示。

图 4.3.91　计算月供额

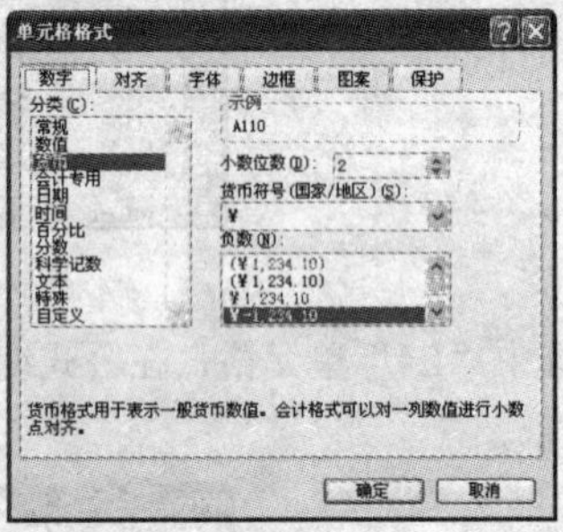

图 4.3.92　“数字”选项卡

（16）在该选项卡中的“分类”列表框中选择“货币”选项；在“小数位数”微调框中输入“2”；在“货币符号”下拉列表中选择人民币符号，单击 确定 按钮，效果如图 4.3.93 所示。

（17）选中“A3:H12”单元格，单击鼠标右键，从弹出的快捷菜单中选择 设置单元格格式(F)... 命令，弹出 单元格格式 对话框，打开 边框 选项卡。在该选项卡中设置表格的边框，单击 确定 按钮，效果如图 4.3.94 所示。

	A	B	C	D	E	F	G	H
1	住房贷款表							
2								
3	面积	价格	总价	首付	贷款	利率	年限	月供
4	120	2200	￥264,000.00	￥70,000.00	￥194,000.00	3%	10	￥-1,873.28
5	150	2600	￥390,000.00	￥60,000.00	￥330,000.00	3%	15	￥-2,278.92
6	130	2700	￥351,000.00	￥55,000.00	￥296,000.00	3%	20	￥-1,641.61
7	140	2650	￥371,000.00	￥65,000.00	￥306,000.00	3%	10	￥-2,954.76
8	160	3100	￥496,000.00	￥50,000.00	￥446,000.00	3%	25	￥-2,114.98
9	170	3150	￥535,500.00	￥80,000.00	￥455,500.00	3%	30	￥-1,920.41
10	200	3000	￥600,000.00	￥50,000.00	￥550,000.00	3%	20	￥-3,050.29
11	140	4000	￥560,000.00	￥80,000.00	￥480,000.00	3%	30	￥-2,023.70
12	85	2500	￥212,500.00	￥70,000.00	￥142,500.00	3%	15	￥-984.08

图 4.3.93　格式化数字

	A	B	C	D	E	F	G	H
1	住房贷款表							
2								
3	面积	价格	总价	首付	贷款	利率	年限	月供
4	120	2200	￥264,000.00	￥70,000.00	￥194,000.00	3%	10	￥-1,873.28
5	150	2600	￥390,000.00	￥60,000.00	￥330,000.00	3%	15	￥-2,278.92
6	130	2700	￥351,000.00	￥55,000.00	￥296,000.00	3%	20	￥-1,641.61
7	140	2650	￥371,000.00	￥65,000.00	￥306,000.00	3%	10	￥-2,954.76
8	160	3100	￥496,000.00	￥50,000.00	￥446,000.00	3%	25	￥-2,114.98
9	170	3150	￥535,500.00	￥80,000.00	￥455,500.00	3%	30	￥-1,920.41
10	200	3000	￥600,000.00	￥50,000.00	￥550,000.00	3%	20	￥-3,050.29
11	140	4000	￥560,000.00	￥80,000.00	￥480,000.00	3%	30	￥-2,023.70
12	85	2500	￥212,500.00	￥70,000.00	￥142,500.00	3%	15	￥-984.08

图 4.3.94　设置表格边框

（18）选择 格式(O) → 工作表(H) ▶ → 背景(B)... 命令，弹出 工作表背景 对话框，如图 4.3.95 所示。

（19）在该对话框中选择需要的图片作为工作表的背景，单击 插入(S) 按钮，最终效果如图 4.3.80 所示。

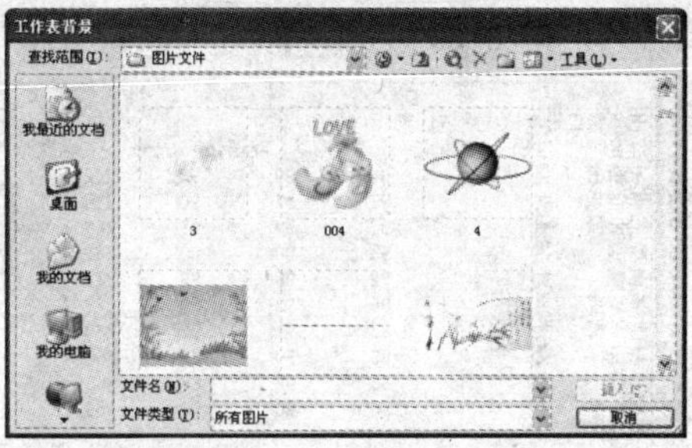

图 4.3.95　“工作表背景”对话框

实验 6　成绩统计表

1．实验目的

掌握排序、自动筛选、AVERAGE（平均值）函数的应用。

2．实验内容

本例制作成绩统计表应用实例，最终效果如图 4.3.96 所示。

	A	B	C	D	E	F	G
1	三年级二班考试成绩统计表						
2	姓名	性别	语文	数学	英语	总分	名次
3	宋新谱	男	94	99	98	291	1
4	李佳乐	女	95	97	96	288	2
5	梁云锋	男	92	99	97	288	3
6	赵刚	男	93	100	88	281	4
7	高楠	女	92	98	88	278	5
8	吴家宝	男	96	92	89	277	6
9	赵玉梅	女	83	91	95	269	7
10	李玉	女	89	90	89	268	8
11	吴晴	女	86	92	87	265	9
12	刘浩然	男	85	96	78	259	10
13	平均分		90.5	95.4	90.5	276.4	

图 4.3.96　“制作的成绩统计表”效果图

3．实验步骤

（1）启动 Excel 2003，新建工作簿。

（2）在工作表第一行输入表名“三年级二班考试成绩统计表”。在第二行输入项目名称，并输入各学生的资料，如图 4.3.97 所示。

（3）选定总分列即 F3:F12 区域，单击“常用”工具栏中的“自动求和”按钮 Σ ▾，即可在所选单元格区域显示出总分。

（4）排列总分的顺序，将光标移到“总分”列内的任一单元格中，选择 数据(D) → 排序(S)... 命令，弹出如图 4.3.98 所示的 排序 对话框。

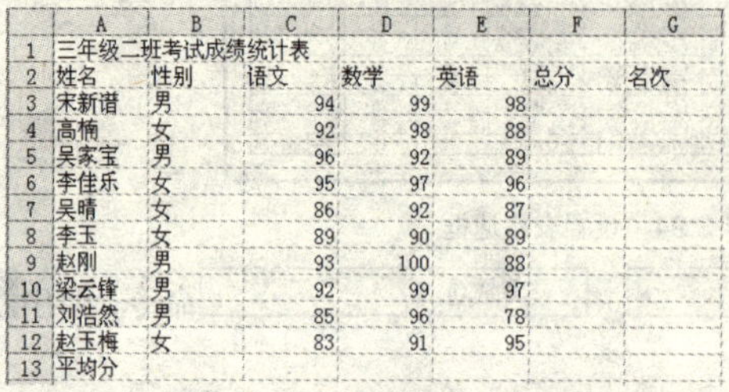

	A	B	C	D	E	F	G
1	三年级二班考试成绩统计表						
2	姓名	性别	语文	数学	英语	总分	名次
3	宋新谱	男	94	99	98		
4	高楠	女	92	98	88		
5	吴家宝	男	96	92	89		
6	李佳乐	女	95	97	96		
7	吴晴	女	86	92	87		
8	李玉	女	89	90	89		
9	赵刚	男	93	100	88		
10	梁云锋	男	92	99	97		
11	刘浩然	男	85	96	78		
12	赵玉梅	女	83	91	95		
13	平均分						

图 4.3.97　输入相关数据后的工作表

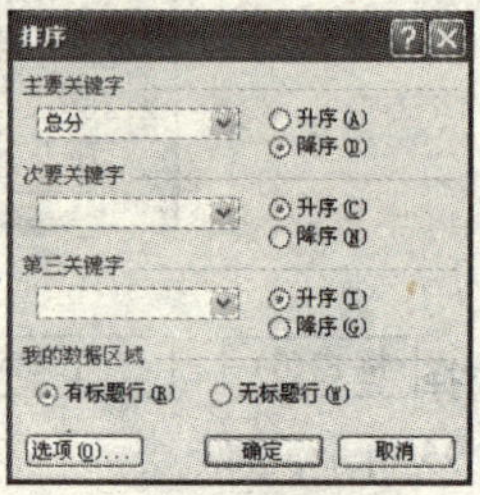

图 4.3.98　“排序”对话框

（5）在“主要关键字”下拉列表框中选择“总分”选项，选中 ⊙降序(D) 单选按钮，这样，所有同学的总分将按照从高到低排列，如图 4.3.99 所示。

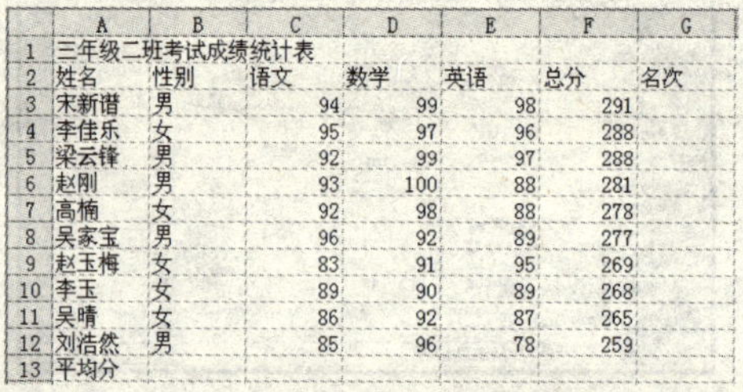

	A	B	C	D	E	F	G
1	三年级二班考试成绩统计表						
2	姓名	性别	语文	数学	英语	总分	名次
3	宋新谱	男	94	99	98	291	
4	李佳乐	女	95	97	96	288	
5	梁云锋	男	92	99	97	288	
6	赵刚	男	93	100	88	281	
7	高楠	女	92	98	88	278	
8	吴家宝	男	96	92	89	277	
9	赵玉梅	女	83	91	95	269	
10	李玉	女	89	90	89	268	
11	吴晴	女	86	92	87	265	
12	刘浩然	男	85	96	78	259	
13	平均分						

图 4.3.99　总分按降序排列

（6）在名次列的 G3 单元格内输入“1”，表示第一名，在 G4 单元格内输入“2”，表示第二名。然后选中 G3 和 G4 单元格，将光标移到 G4 单元格的右下方，出现一个黑色的句柄，拖动句柄至单元格 G12，它将自动填充单元格 G5～G12 区域为 3～10 的自然数。

（7）在工作表中还可以对数据进行查找，单击“总分”列的任意一个单元格，选择 数据(D) → 筛选(F) → 自动筛选(F) 命令，如图 4.3.100 所示。在每一个项目处都出现一个可选下拉菜单，可以在此进行查询，如要查询语文成绩大于 90 分的学生，可在“语文”下拉列表框中选择“自定义”选项，弹出如图 4.3.101 所示的 自定义自动筛选方式 对话框。

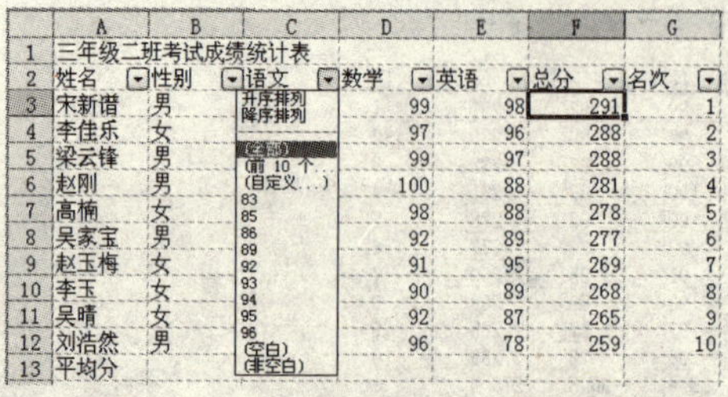

	A	B	C	D	E	F	G
1	三年级二班考试成绩统计表						
2	姓名	性别	语文	数学	英语	总分	名次
3	宋新谱	男		99	98	291	1
4	李佳乐	女		97	96	288	2
5	梁云锋	男		99	97	288	3
6	赵刚	男		100	88	281	4
7	高楠	女		98	88	278	5
8	吴家宝	男		92	89	277	6
9	赵玉梅	女		91	95	269	7
10	李玉	女		90	89	268	8
11	吴晴	女		92	87	265	9
12	刘浩然	男		96	78	259	10
13	平均分						

图 4.3.100　自动筛选

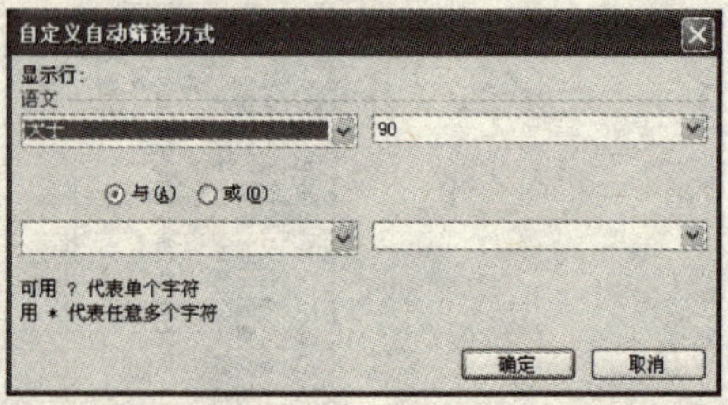

图 4.3.101　“自定义自动筛选方式”对话框

（8）在对话框中输入要筛选的条件，单击 确定 按钮，筛选结果如图 4.3.102 所示。

	A	B	C	D	E	F	G
1	三年级二班考试成绩统计表						
2	姓名	性别	语文	数学	英语	总分	名次
3	宋新谱	男	94	99	98	291	1
4	李佳乐	女	95	97	96	288	2
5	梁云锋	男	92	99	97	288	3
6	赵刚	男	93	100	88	281	4
7	高楠	女	92	98	88	278	5
8	吴家宝	男	96	92	89	277	6

图 4.3.102　自动筛选结果

注意：在进行筛选之后，工作表中只显示筛选结果。如果要显示以前的所有数据，选择 数据(D) → 筛选(F) → 自动筛选(F) 命令即可恢复。

（9）选定单元格 C13，选择 插入(I) → 函数(F)... 命令，弹出如图 4.3.103 所示的 插入函数 对话框。在“搜索函数”文本框中输入“平均分”，单击 转到(G) 按钮，在“选择函数”列表框中选择“AVERAGE”函数，单击 确定 按钮，弹出如图 4.3.104 所示的 函数参数 对话框。

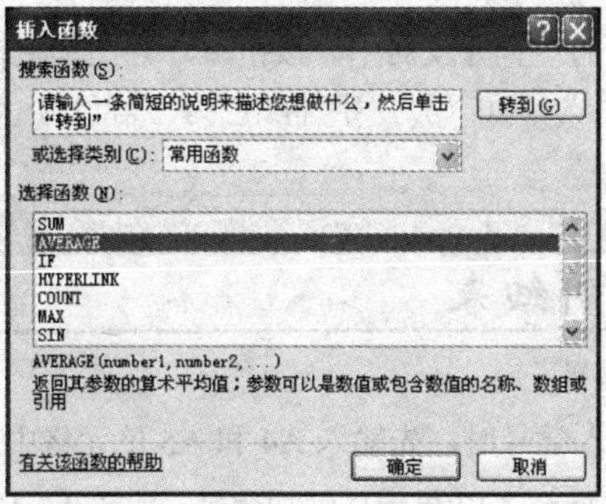

图 4.3.103 “插入函数”对话框

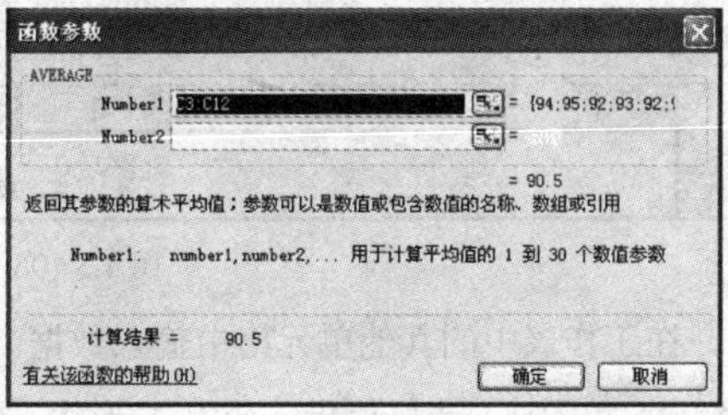

图 4.3.104 “函数参数”对话框

在第一个参数框中选择“C3:C12”单元格，计算语文平均分，单击 确定 按钮，在 C13 单元格内便会出现语文平均分，如图 4.3.105 所示。

13	平均分		90.5				

图 4.3.105　语文平均分

（10）在 C13 单元格内，单击鼠标右键，在弹出的快捷菜单中选择 复制(C) 命令。然后选中单元格 D13，E13 和 F13 并单击鼠标右键，在弹出的快捷菜单中选择 粘贴(P) 命令，即可得到数学、英语和总分的平均分，结果如图 4.3.106 所示。

13	平均分		90.5	95.4	90.5	276.4	
14							

图 4.3.106　计算其他科目的平均分

（11）本例制作完成，效果如图 4.3.96 所示。

实验 7　学生成绩明细表

本例利用 Excel 2003 制作学生成绩明细表，最终效果如图 4.3.107 所示。

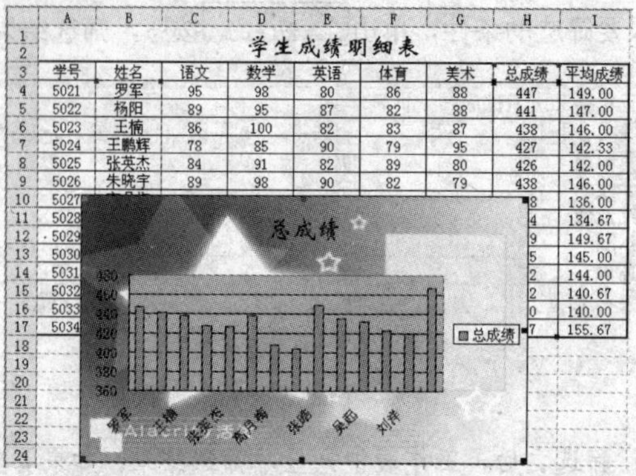

图 4.3.107 “制作的学生成绩明细表”效果图

操作步骤

（1）启动 Excel 2003 应用程序，单击“常用”工具栏中的“新建”按钮，新建一个空白 Excel 表格。

（2）选中 A1:I2 单元格，单击“常用”工具栏中的“合并及居中”按钮，并在其中输入文本“学生成绩明细表”。设置其字体为“华文新魏”，字号为“20 磅”，字体颜色为“蓝色”，效果如图 4.3.108 所示。

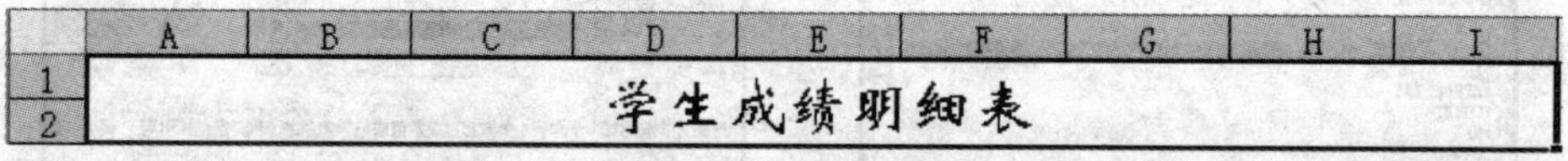

图 4.3.108 设置标题文本

（3）在工作表中的其他单元格中输入数据。在输入学号时，先输入 A4 和 A5 单元格中的序号，再选中 A4:A5 单元格，当鼠标指针变为+形状，拖动鼠标至 A17 单元格添加序号，如图 4.3.109 所示。

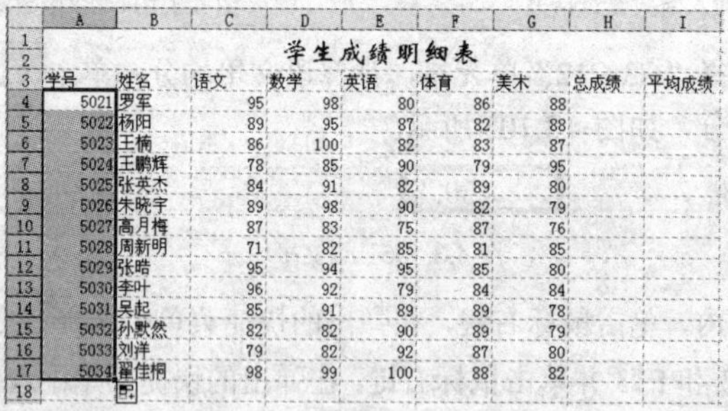

学生成绩明细表

学号	姓名	语文	数学	英语	体育	美术	总成绩	平均成绩
5021	罗军	95	98	80	86	88		
5022	杨阳	89	95	87	82	88		
5023	王楠	86	100	82	83	87		
5024	王鹏辉	78	85	90	79	95		
5025	张英杰	84	91	82	89	80		
5026	朱晓宇	89	98	90	82	79		
5027	高月梅	87	83	75	87	76		
5028	周新明	71	82	85	81	85		
5029	张晧	95	94	95	85	80		
5030	李叶	96	92	79	84	84		
5031	吴起	85	91	89	89	78		
5032	孙默然	82	82	90	89	79		
5033	刘洋	79	82	92	87	80		
5034	翟佳桐	98	99	100	88	82		

图 4.3.109 输入其他数据

（4）选中 H4 单元格，单击“常用”工具栏中的“自动求和”按钮，然后在工作表中选中求和区域，按回车键，结果如图 4.3.110 所示。

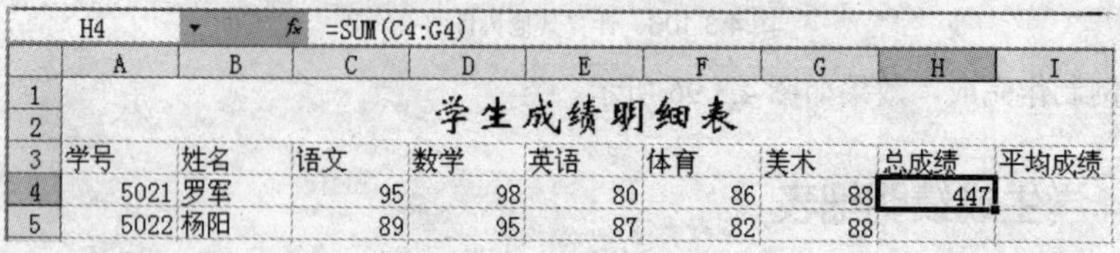

H4 =SUM(C4:G4)

学生成绩明细表

学号	姓名	语文	数学	英语	体育	美术	总成绩	平均成绩
5021	罗军	95	98	80	86	88	447	
5022	杨阳	89	95	87	82	88		

图 4.3.110 计算求和结果

（5）选中 H4 单元格，当鼠标指针变为+形状时，拖动鼠标至“H17”单元格，计算其他学生的总成绩，如图 4.3.111 所示。

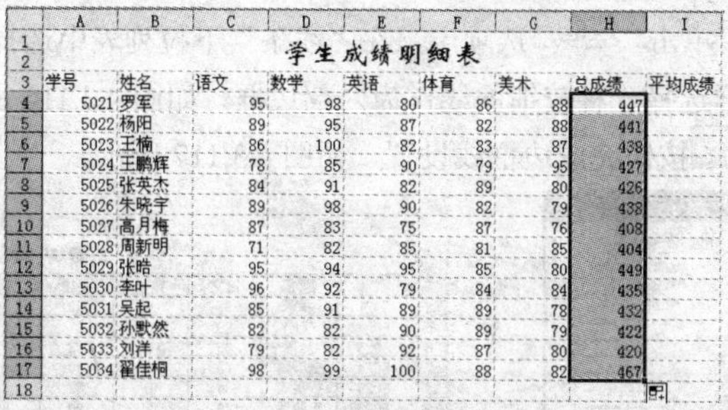

学生成绩明细表

学号	姓名	语文	数学	英语	体育	美术	总成绩	平均成绩
5021	罗军	95	98	80	86	88	447	
5022	杨阳	89	95	87	82	88	441	
5023	王楠	86	100	82	83	87	438	
5024	王鹏辉	78	85	90	79	95	427	
5025	张英杰	84	91	82	89	80	426	
5026	朱晓宇	89	98	90	82	79	438	
5027	高月梅	87	83	75	87	76	408	
5028	周新明	71	82	85	81	85	404	
5029	张晗	95	94	95	85	80	449	
5030	李叶	96	92	79	84	84	435	
5031	吴起	85	91	89	89	78	432	
5032	孙默然	82	82	90	89	79	422	
5033	刘洋	79	82	92	87	80	420	
5034	翟佳桐	98	99	100	88	82	467	

图 4.3.111　计算其他学生的总成绩

（6）选中 I4 单元格，单击“常用”工具栏中的“自动求和”按钮右侧的小三角 Σ ▾，在弹出的下拉列表中选择 平均值(A) 命令，按回车键，得到学生的平均成绩，如图 4.3.112 所示。

（7）在 I4 单元格中单击鼠标右键，在弹出的快捷菜单中选择 设置单元格格式(F)... 命令，弹出 **单元格格式** 对话框。打开 数字 选项卡，在“分类”列表中选择“数值”，设置小数位数为“2”，如图 4.3.113 所示。

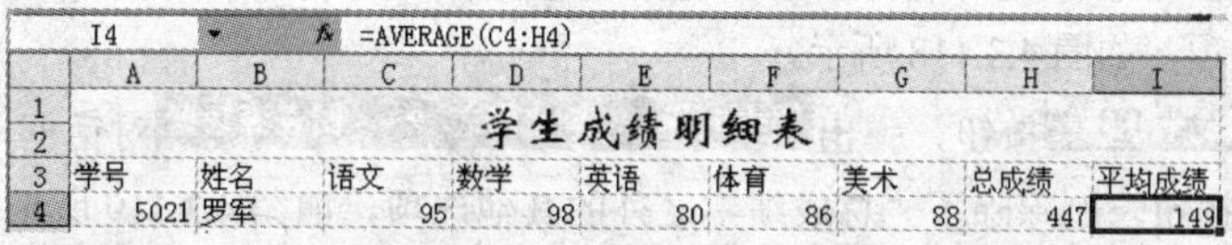

学生成绩明细表

学号	姓名	语文	数学	英语	体育	美术	总成绩	平均成绩
5021	罗军	95	98	80	86	88	447	149

图 4.3.112　计算平均成绩

（8）单击 确定 按钮完成设置。将 I4 单元格的数据复制到 I5:I17 单元格中，计算其他学生的平均成绩，如图 4.3.114 所示。

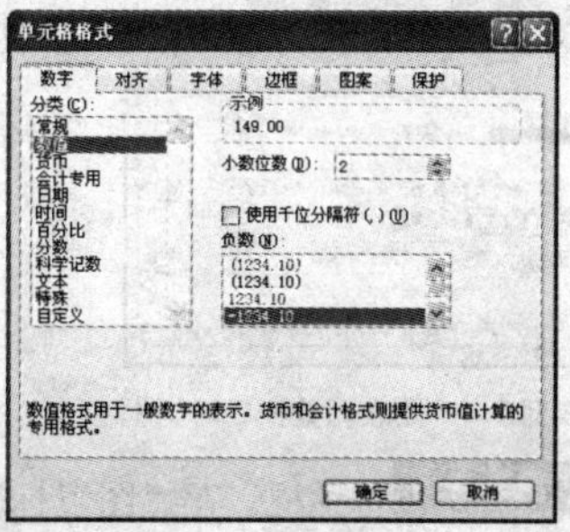

图 4.3.113　设置小数位数

学生成绩明细表

学号	姓名	语文	数学	英语	体育	美术	总成绩	平均成绩
5021	罗军	95	98	80	86	88	447	149.00
5022	杨阳	89	95	87	82	88	441	147.00
5023	王楠	86	100	82	83	87	438	146.00
5024	王鹏辉	78	85	90	79	95	427	142.33
5025	张英杰	84	91	82	89	80	426	142.00
5026	朱晓宇	89	98	90	82	79	438	146.00
5027	高月梅	87	83	75	87	76	408	136.00
5028	周新明	71	82	85	81	85	404	134.67
5029	张晗	95	94	95	85	80	449	149.67
5030	李叶	96	92	79	84	84	435	145.00
5031	吴起	85	91	89	89	78	432	144.00
5032	孙默然	82	82	90	89	79	422	140.67
5033	刘洋	79	82	92	87	80	420	140.00
5034	翟佳桐	98	99	100	88	82	467	155.67

图 4.3.114　计算其他学生的平均成绩

（9）选中 A3:I17 单元格，单击“格式”工具栏中的“居中”按钮，使其居中显示，效果如图 4.3.115 所示。

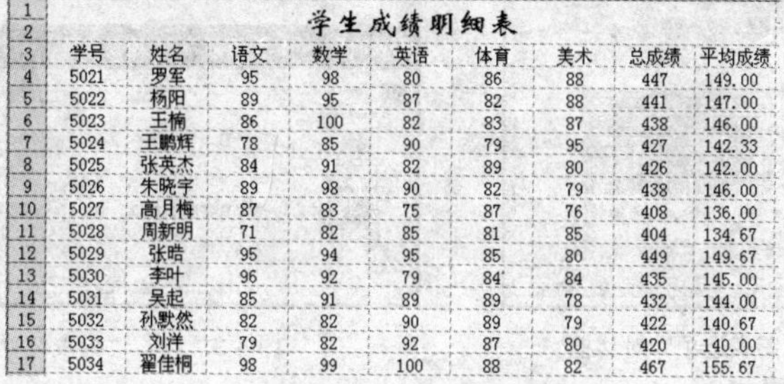

学生成绩明细表

学号	姓名	语文	数学	英语	体育	美术	总成绩	平均成绩
5021	罗军	95	98	80	86	88	447	149.00
5022	杨阳	89	95	87	82	88	441	147.00
5023	王楠	86	100	82	83	87	438	146.00
5024	王鹏辉	78	85	90	79	95	427	142.33
5025	张英杰	84	91	82	89	80	426	142.00
5026	朱晓宇	89	98	90	82	79	438	146.00
5027	高月梅	87	83	75	87	76	408	136.00
5028	周新明	71	82	85	81	85	404	134.67
5029	张晗	95	94	95	85	80	449	149.67
5030	李叶	96	92	79	84	84	435	145.00
5031	吴起	85	91	89	89	78	432	144.00
5032	孙默然	82	82	90	89	79	422	140.67
5033	刘洋	79	82	92	87	80	420	140.00
5034	翟佳桐	98	99	100	88	82	467	155.67

图 4.3.115　设置单元格格式

（10）选中 A3:I17 单元格，单击鼠标右键，在弹出的快捷菜单中选择 设置单元格格式(F)... 命令，弹出单元格格式对话框。单击边框选项卡，在“线条”下拉列表中选择一种较粗的线，然后单击“外边框”按钮，同样选择一种较细的线作为内部边框，如图 4.3.116 所示。

（11）单击确定按钮完成边框线设置，如图 4.3.117 所示。

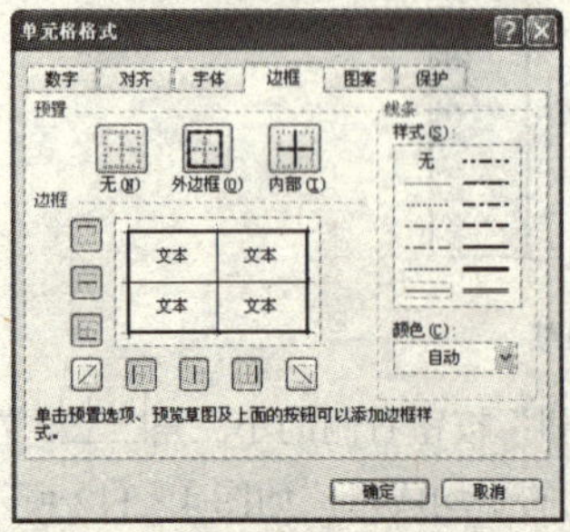

图 4.3.116　设置表格边框

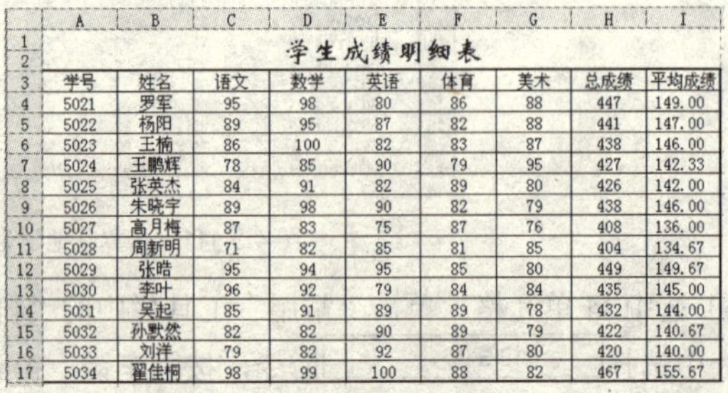

学生成绩明细表

学号	姓名	语文	数学	英语	体育	美术	总成绩	平均成绩
5021	罗军	95	98	80	86	88	447	149.00
5022	杨阳	89	95	87	82	88	441	147.00
5023	王楠	86	100	82	83	87	438	146.00
5024	王鹏辉	78	85	90	79	95	427	142.33
5025	张英杰	84	91	82	89	80	426	142.00
5026	朱晓宇	89	98	90	82	79	438	146.00
5027	高月梅	87	83	75	87	76	408	136.00
5028	周新明	71	82	85	81	85	404	134.67
5029	张晧	95	94	95	85	80	449	149.67
5030	李叶	96	92	79	84	84	435	145.00
5031	吴起	85	91	89	89	78	432	144.00
5032	孙默然	82	82	90	89	79	422	140.67
5033	刘洋	79	82	92	87	80	420	140.00
5034	翟佳桐	98	99	100	88	82	467	155.67

图 4.3.117　表格边框效果

（12）选定“B3:I17”单元格中的数据，单击“常用”工具栏中的“图表向导”按钮，弹出图表向导 - 4 步骤之 1 - 图表类型对话框。从中选择“柱形图”选项，在“子图表类型”列表框中选择“簇状柱形图”选项，如图 4.3.118 所示。

（13）单击下一步(N) >按钮，弹出图表向导 - 4 步骤之 2 - 图表源数据对话框，打开系列选项卡。单击删除(R)按钮，删除除了“总成绩”之外的其他选项，如图 4.3.119 所示。

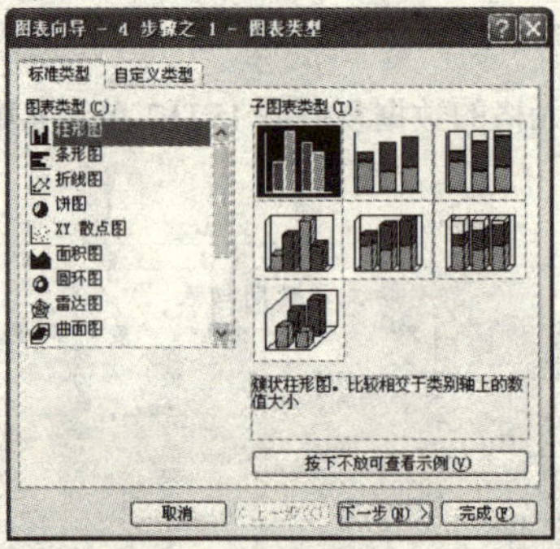

图 4.3.118　“图表类型”对话框

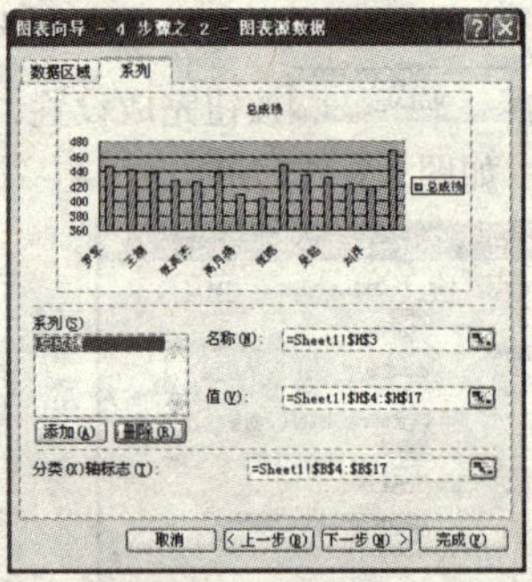

图 4.3.119　“图表源数据”对话框

（14）单击下一步(N) >按钮，弹出图表向导 - 4 步骤之 3 - 图表选项对话框。在“图表标题”文本框中输入文本“总成绩”，如图 4.3.120 所示。

（15）单击下一步(N) >按钮，弹出图表向导 - 4 步骤之 4 - 图表位置对话框，选中作为其中的对象插入(O):单选按钮，如图 4.3.121 所示。

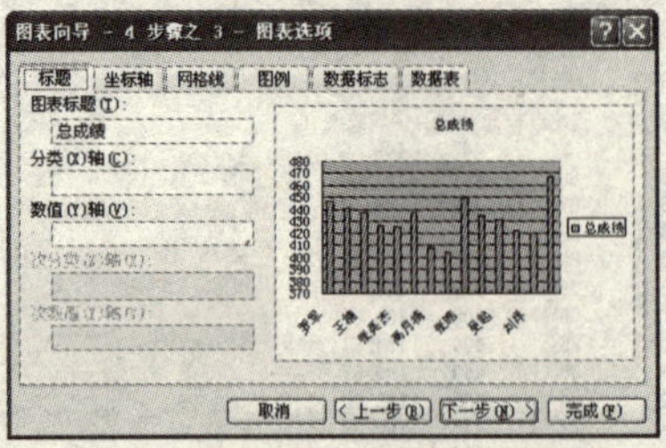

图 4.3.120　“图表选项”对话框

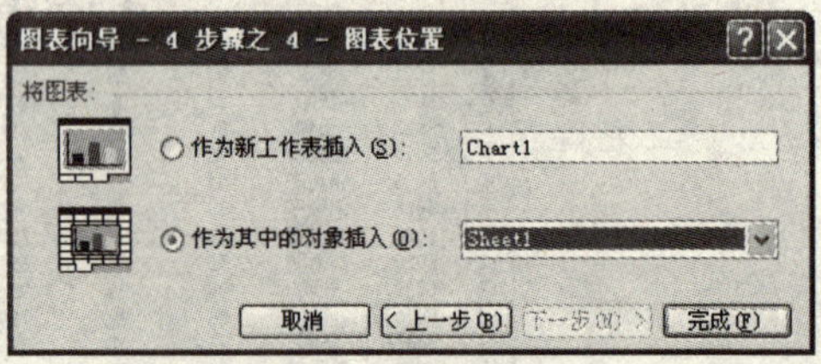

图 4.3.121　“图表位置”对话框

（16）单击完成(F)按钮，效果如图 4.3.122 所示。

（17）选中图表标题，设置其字体为“华文新魏”，“字号”为“20 磅”，“字体颜色”为“蓝色”。

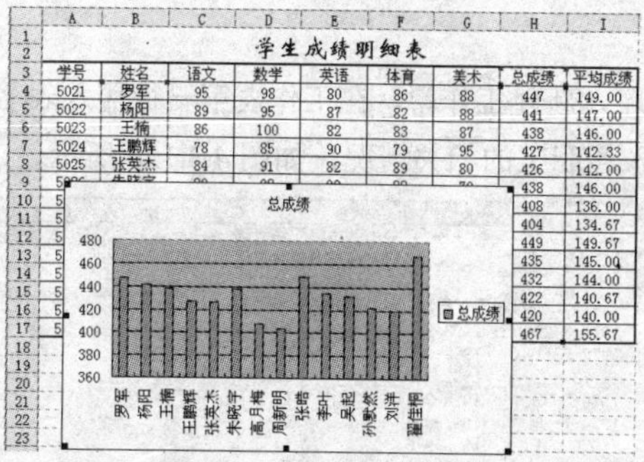

图 4.3.122　创建数据图表

（18）在图表区中单击鼠标右键，从弹出的快捷菜单中选择 图表区格式(O)... 命令，弹出 图表区格式 对话框。打开 图案 选项卡，单击 填充效果(I)... 按钮，如图 4.3.123 所示。

（19）在弹出的 填充效果 对话框中，打开 图片 选项卡，单击 选择图片(L)... 按钮，弹出 选择图片 对话框，从中选择合适的图片，如图 4.3.124 所示。

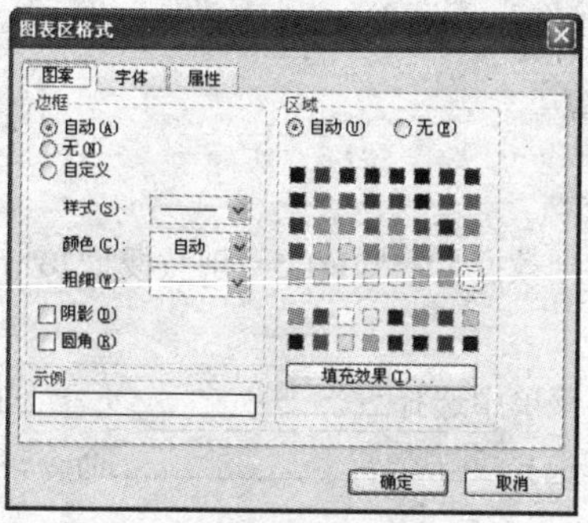

图 4.3.123　“图表区格式”对话框

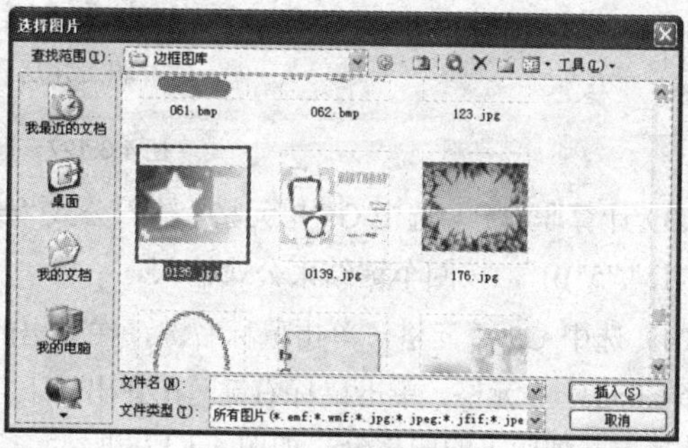

图 4.3.124　选择图片

（20）单击 插入(S) 按钮返回到 填充效果 对话框中，单击 确定 按钮，返回到 图表区格式 对话框中，单击 确定 按钮，最终效果如图 4.3.107 所示。

实验 8　职工住房资格计算

1．实验目的

掌握日期函数和条件函数的操作。

2．实验内容

本例制作职工住房资格计算表，效果如图 4.3.125 所示。

分房基本情况统计表

职工住房资格计算

序号	姓名	职称	生日	参加工作日期	现住房间数	职称分	年龄分	工龄分	总分	应住房标准	分房资格
1	宋昊元	教授	1971-3-29	1998-9-1	4	25	37	5	42.0	3	
2	刘高明	副教授	1972-5-11	1998-9-2	2.5	20	36	5	41.0	2.5	
3	张三	讲师	1973-8-2	1999-9-3	2	15	35	4.5	39.5	2	
4	李四	讲师	1974-3-22	1998-9-4	1	15	34	5	39.0	2	有
5	王五	助教	1974-7-25	1997-9-5	0	5	34	5.5	39.5	2	有
6	马浩	工人	1975-9-1	1998-9-6	1	5	33	5	38.0	2	有
7	李扬	工人	1976-2-11	1997-9-7	0	5	32	5.5	37.5	2	有

图 4.3.125　“制作的分房情况统计表”效果图

3．实验步骤

（1）启动 Excel 应用程序，新建工作簿。在工作表第一行输入表名“分房基本情况统计表”，在第二行输入项目名称，并输入各职工的相关情况，如图 4.3.126 所示。

	A	B	C	D	E	F	G	H	I	J	K	L
1						分房基本情况统计表						
2						职工住房资格计算						
3												
4	序号	姓名	职称	生日	参加工作日期	现住房间数	职称分	年龄分	工龄分	总分	应住房标准	分房资格
5	1	宋昊元	教授	1971-3-29	1998-9-1	4						
6	2	刘高明	副教授	1972-5-11	1998-9-2	2.5						
7	3	张三	讲师	1973-8-2	1999-9-3	2						
8	4	李四	讲师	1974-3-22	1998-9-4	1						
9	5	王五	助教	1974-7-25	1997-9-5	0						
10	6	马浩	工人	1975-9-1	1998-9-6	1						
11	7	李扬	工人	1976-2-11	1997-9-7	0						

图 4.3.126　输入各职工的相关情况

（2）选中 A1:L1 单元格，并单击“常用”工具栏上的“合并及居中”按钮，并设置字体为“华文行楷”，字号为“20 磅”；用同样的方法，合并及居中 A2:L3 单元格，并设置字体为“宋体”，字号为“16 磅”，效果如图 4.3.127 所示。

	A	B	C	D	E	F	G	H	I	J	K	L
1	分房基本情况统计表											
2–3	职工住房资格计算											

图 4.3.127　设置表头

（3）计算职称分。选中 G5 单元格，输入公式“=IF(C5="教授","25",IF(C5="副教授","20",IF(C5="讲师","15","5")))”，按回车键结束公式输入。

（4）选中 G5 单元格，单击鼠标右键，在弹出的下拉菜单中选择“复制(C)”命令；再选择 G6:G11 单元格，单击鼠标右键，在弹出的下拉菜单选择“粘贴(P)”命令，这样就可以计算出其他职工的职称分，如图 4.3.128 所示。

	A	B	C	D	E	F	G	H	I	J	K	L
1	分房基本情况统计表											
2–3	职工住房资格计算											
4	序号	姓名	职称	生日	参加工作日期	现住房间数	职称分	年龄分	工龄分	总分	应住房标准	分房资格
5	1	宋昊元	教授	1971-3-29	1998-9-1	4	25					
6	2	刘高明	副教授	1972-5-11	1998-9-2	2.5	20					
7	3	张三	讲师	1973-8-2	1999-9-3	2	15					
8	4	李四	讲师	1974-3-22	1998-9-4	1	15					
9	5	王五	助教	1974-7-25	1997-9-5	0	5					
10	6	马浩	工人	1975-9-1	1998-9-6	1	5					
11	7	李扬	工人	1976-2-11	1997-9-7	0	5					
12												

图 4.3.128　计算职称分

提示：职称分计算标准：教授 25 分，副教授 20 分，讲师 15 分，其他 5 分。

（5）计算年龄分和工龄分。选中 H5 单元格，输入公式“=2008-YEAR(D5)”，按“Enter”键结束公式输入。通过公式填充，计算其他职工的年龄分。

（6）选中 I5 单元格，输入公式“=（2008-YEAR（E5））/2”，按“Enter”键结束公式输入。通过公式填充，计算其他职工的工龄分，如图 4.3.129 所示。

4	序号	姓名	职称	生日	参加工作日期	现住房间数	职称分	年龄分	工龄分	总分	应住房标准	分房资格
5	1	宋昊元	教授	1971-3-29	1998-9-1	4	25	37	5			
6	2	刘高明	副教授	1972-5-11	1998-9-2	2.5	20	36	5			
7	3	张三	讲师	1973-8-2	1999-9-3	2	15	35	4.5			
8	4	李四	讲师	1974-3-22	1998-9-4	1	15	34	5			
9	5	王五	助教	1974-7-25	1997-9-5	0	5	34	5.5			
10	6	马浩	工人	1975-9-1	1998-9-6	1	5	33	5			
11	7	李扬	工人	1976-2-11	1997-9-7	0	5	32	5.5			

图 4.3.129　计算年龄分和工龄分

提示： 年龄分计算标准：每年 1 分；工龄分计算标准：每年 0.5 分。

（7）计算总分。选定 H5:J11 区域，单击“常用”工具栏上的“自动求和”按钮Σ，可计算出总分。

（8）计算应住房标准和分房资格。选中 K5 单元格，输入公式“=IF(C5="教授",3,IF(C5="副教授",2.5,2))，按“Enter”键结束公式输入。通过公式填充，计算其他职工的住房标准。

（9）选中 L5 单元格，输入公式“=IF(F5<K5,"有","")”，按“Enter”键结束公式输入。通过公式填充，计算其他职工的分房资格，最终效果如图 4.3.125 所示。

提示： 应住房标准：教授 3 间，副教授 2.5 间，其他 2 间。

实验 9　制作及打印工资表

1．实验目的

掌握单元格格式设置、工作表移动与复制、公式的应用、数据的并排比较以及隐藏单元格等操作。

2．实验内容

本例制作及打印工资表，最终效果如图 4.3.130 所示。

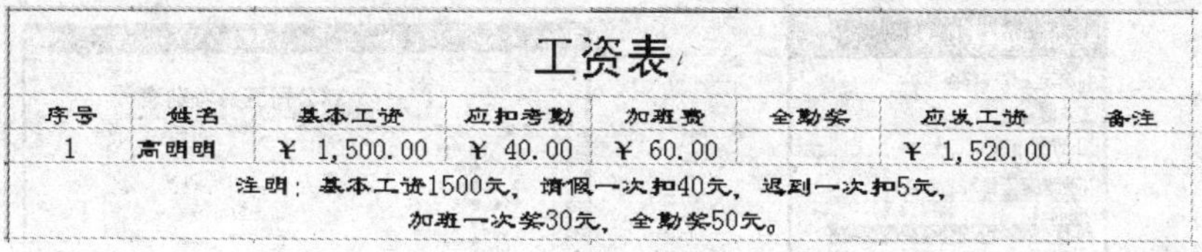

工资表

序号	姓名	基本工资	应扣考勤	加班费	全勤奖	应发工资	备注
1	高明明	￥ 1,500.00	￥ 40.00	￥ 60.00		￥ 1,520.00	

注明：基本工资1500元，请假一次扣40元，迟到一次扣5元，加班一次奖30元，全勤奖50元。

图 4.3.130　工资表

3．实验步骤

（1）启动 Excel 2003，新建一个 Excel 工作簿，将其保存为“工资表”。

（2）选定 A1:G1 单元格区域，单击“格式”工具栏中的“合并及居中”按钮，将其合并为一个单元格，并输入“xx 公司五月考勤表”。

（3）选中 A1:G1 单元格区域，选择 格式(O) → 单元格(E)... Ctrl+1 命令，弹出 单元格格式 对话框。打开 字体 选项卡，设置字体为“黑体”，字形为“常规”，字号为“20”，字体颜色为“蓝色”，如图 4.3.131 所示。

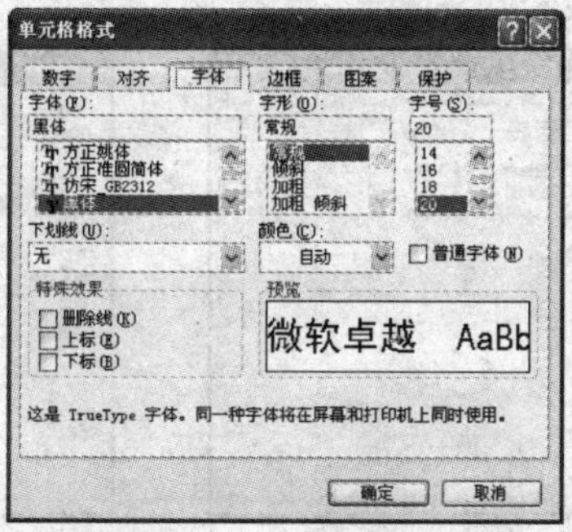

图 4.3.131　“单元格格式”对话框

（4）在 A2:G2 单元格中，依次输入列标题：序号、姓名、请假、加班、迟到、汇总和备注，设置字体为“隶书”，字号为“12”，居中显示。

（5）在 A3:A4 单元格中输入 1 和 2，选中 A3:A4 单元格，把光标移动到 A4 单元格的右下角，当光标变成十形状时，向下拖动鼠标填充数字至 A15 单元格，如图 4.3.132 所示。

（6）选中 A3:G15 单元格，设置字体为“隶书”，字号为“12”，并在相关单元格中输入考勤信息，如图 4.3.133 所示。

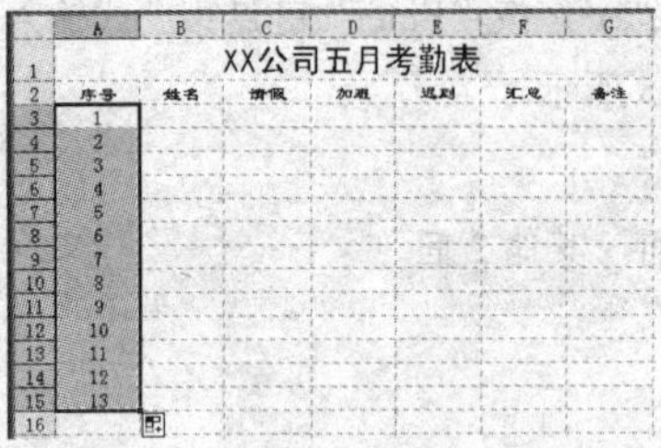

图 4.3.132 填充数字

图 4.3.133 输入考勤信息

（7）选定考勤表标签，选择 编辑(E) → 移动或复制工作表(M)... 命令，弹出 移动或复制工作表 对话框。在“工作簿”下拉列表中选择“工资表.xls”选项，在“下列选定工作表之前”列表框中选择“Sheet2”选项，并选中 ☑建立副本(C) 复选框，如图 4.3.134 所示。

（8）单击 确定 按钮，复制的工作表为“Sheet1（2）”，如图 4.3.135 所示。

图 4.3.134 “移动或复制工作表”对话框

图 4.3.135 复制工作表

（9）将“Sheet1”和“Sheet1（2）”的名称分别改为“考勤表”和“工资表”。对“工资表”中所需字段进行修改，修改后的效果如图 4.3.136 所示。

（10）选中 C3:G15 单元格，单击鼠标右键，在弹出的快捷菜单中选择 设置单元格格式(F)... 命令，弹出 单元格格式 对话框。打开 数字 选项卡，在“分类”列表框中选择“会计专用”选项，如图 4.3.137 所示。

图 4.3.136 工资表修改后的效果

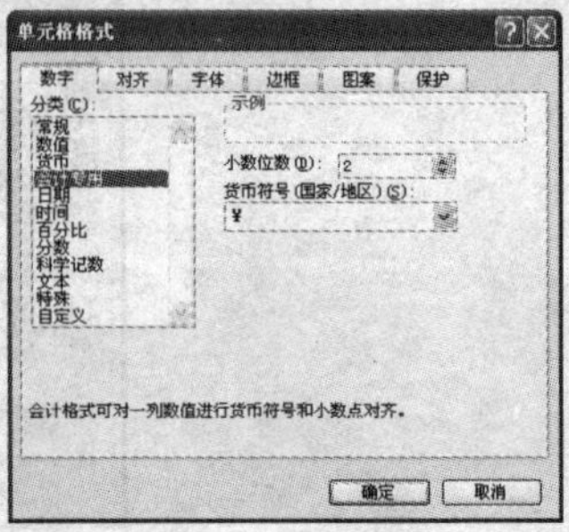

图 4.3.137 “单元格格式”对话框

（11）单击 确定 按钮，完成数字格式设置，并向工资表中输入工资，如图 4.3.138 所示。

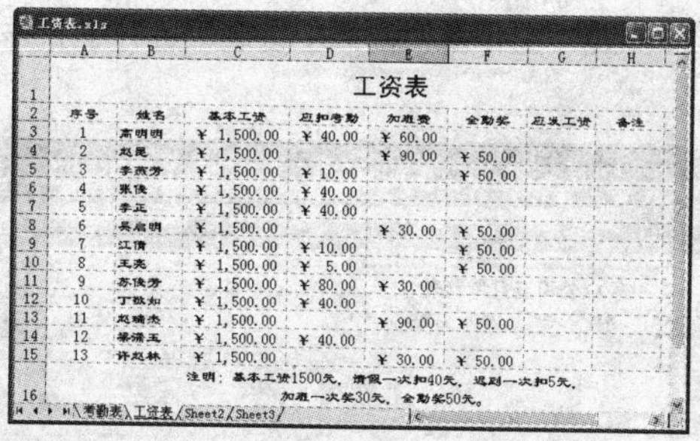

序号	姓名	基本工资	应扣考勤	加班费	全勤奖	应发工资	备注
1	高明明	¥ 1,500.00	¥ 40.00	¥ 60.00			
2	赵昆	¥ 1,500.00		¥ 90.00	¥ 50.00		
3	李燕芳	¥ 1,500.00	¥ 10.00		¥ 50.00		
4	张俊	¥ 1,500.00	¥ 40.00				
5	李正	¥ 1,500.00	¥ 40.00				
6	吴启明	¥ 1,500.00		¥ 30.00	¥ 50.00		
7	江倩	¥ 1,500.00	¥ 10.00		¥ 50.00		
8	王亮	¥ 1,500.00	¥ 5.00		¥ 50.00		
9	苏俊芳	¥ 1,500.00	¥ 80.00	¥ 30.00			
10	丁敬如	¥ 1,500.00	¥ 40.00				
11	赵瑞杰	¥ 1,500.00		¥ 90.00	¥ 50.00		
12	梁清玉	¥ 1,500.00	¥ 40.00				
13	许赵林	¥ 1,500.00		¥ 30.00	¥ 50.00		

图 4.3.138　输入工资效果图

（12）选中 G3 单元格，然后在编辑栏文本框中输入“＝C3－D3＋E3＋F3”（应发工资＝基本工资－应扣考勤＋加班费＋全勤奖），如图 4.3.139 所示。

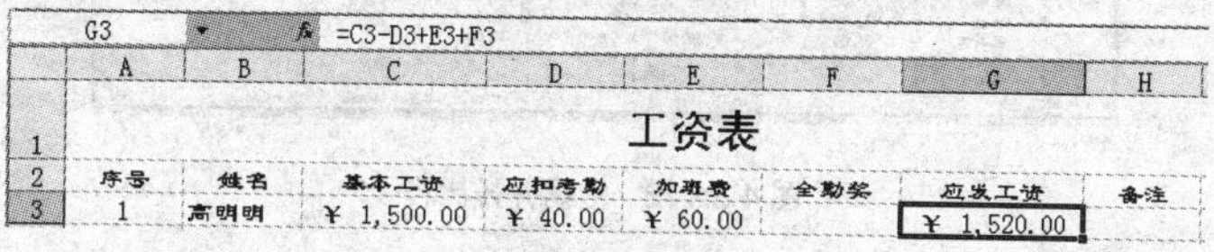

序号	姓名	基本工资	应扣考勤	加班费	全勤奖	应发工资	备注
1	高明明	¥ 1,500.00	¥ 40.00	¥ 60.00		¥ 1,520.00	

图 4.3.139　输入公式

（13）利用自动填充方式，选中 G3 单元格的拖动句柄，填充下面各列，计算出每位员工的应发工资，如图 4.3.140 所示。

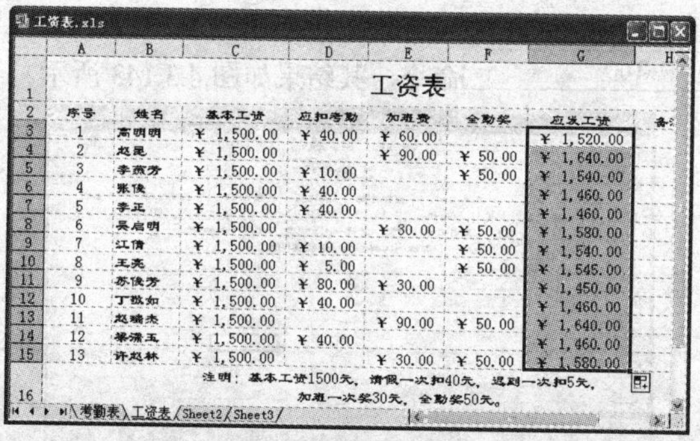

序号	姓名	基本工资	应扣考勤	加班费	全勤奖	应发工资
1	高明明	¥ 1,500.00	¥ 40.00	¥ 60.00		¥ 1,520.00
2	赵昆	¥ 1,500.00		¥ 90.00	¥ 50.00	¥ 1,640.00
3	李燕芳	¥ 1,500.00	¥ 10.00		¥ 50.00	¥ 1,540.00
4	张俊	¥ 1,500.00	¥ 40.00			¥ 1,460.00
5	李正	¥ 1,500.00	¥ 40.00			¥ 1,460.00
6	吴启明	¥ 1,500.00		¥ 30.00	¥ 50.00	¥ 1,580.00
7	江倩	¥ 1,500.00	¥ 10.00		¥ 50.00	¥ 1,540.00
8	王亮	¥ 1,500.00	¥ 5.00		¥ 50.00	¥ 1,545.00
9	苏俊芳	¥ 1,500.00	¥ 80.00	¥ 30.00		¥ 1,450.00
10	丁敬如	¥ 1,500.00	¥ 40.00			¥ 1,460.00
11	赵瑞杰	¥ 1,500.00		¥ 90.00	¥ 50.00	¥ 1,640.00
12	梁清玉	¥ 1,500.00	¥ 40.00			¥ 1,460.00
13	许赵林	¥ 1,500.00		¥ 30.00	¥ 50.00	¥ 1,580.00

图 4.3.140　计算出其余员工的工资

（14）选定工资表标签，选择 编辑(E) → 移动或复制工作表(M)... 命令，弹出 移动或复制工作表 对话框。在“工作簿”下拉列表中选择“新工作簿”选项。单击 确定 按钮，工资表将会被移动到新的工作簿中，如图 4.3.141 所示。

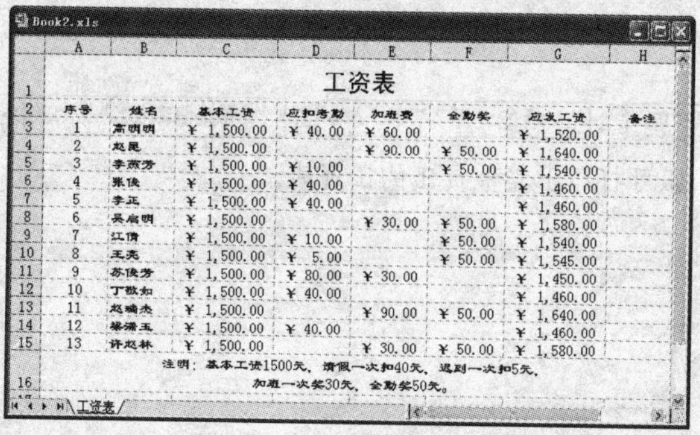

序号	姓名	基本工资	应扣考勤	加班费	全勤奖	应发工资	备注
1	高明明	¥ 1,500.00	¥ 40.00	¥ 60.00		¥ 1,520.00	
2	赵昆	¥ 1,500.00		¥ 90.00	¥ 50.00	¥ 1,640.00	
3	李燕芳	¥ 1,500.00	¥ 10.00		¥ 50.00	¥ 1,540.00	
4	张俊	¥ 1,500.00	¥ 40.00			¥ 1,460.00	
5	李正	¥ 1,500.00	¥ 40.00			¥ 1,460.00	
6	吴启明	¥ 1,500.00		¥ 30.00	¥ 50.00	¥ 1,580.00	
7	江倩	¥ 1,500.00	¥ 10.00		¥ 50.00	¥ 1,540.00	
8	王亮	¥ 1,500.00	¥ 5.00		¥ 50.00	¥ 1,545.00	
9	苏俊芳	¥ 1,500.00	¥ 80.00	¥ 30.00		¥ 1,450.00	
10	丁敬如	¥ 1,500.00	¥ 40.00			¥ 1,460.00	
11	赵瑞杰	¥ 1,500.00		¥ 90.00	¥ 50.00	¥ 1,640.00	
12	梁清玉	¥ 1,500.00	¥ 40.00			¥ 1,460.00	
13	许赵林	¥ 1,500.00		¥ 30.00	¥ 50.00	¥ 1,580.00	

图 4.3.141　移动工资表效果

（15）选中“工资表”工作簿中的“考勤表”标签，选择窗口(W)→与 Book2 并排比较(B)命令，可以看到“考勤表”与“book2”工作簿中的“工资表”进行了并排比较，同时弹出了并排比较对话框，如图 4.3.142 所示。

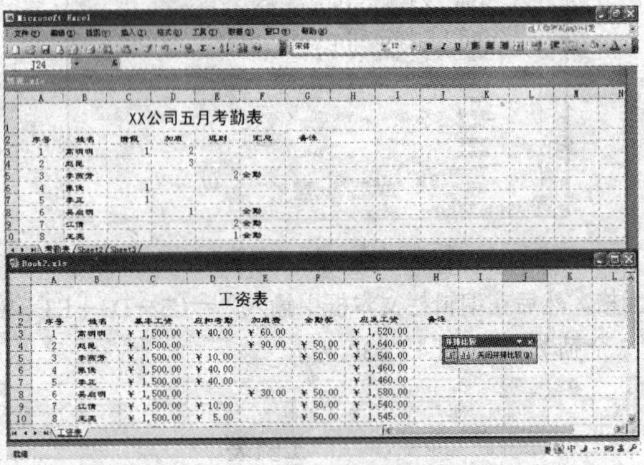

图 4.3.142　数据并排比较

提示：如果没有直接显示并排比较结果，可以单击“并排比较”工具栏中的“重置窗口位置”按钮。

（16）关闭并排比较窗口，返回到 book2 工作簿中。选中 A4:G15 单元格，选择格式(O)→行(R)→隐藏(H)命令，其结果如图 4.3.143 所示。

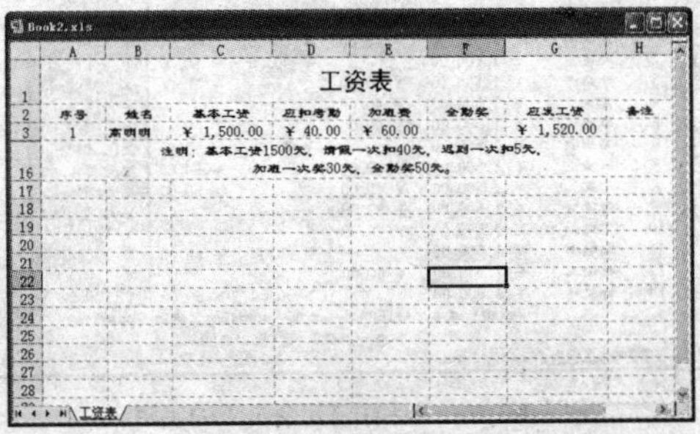

图 4.3.143　隐藏行效果

（17）选中 A1:H16 单元格区域，选择文件(F)→打印(P)... Ctrl+P命令，弹出打印内容对话框。在“打印内容”选项组中选中选定区域(N)单选按钮，再将其他内容按要求进行设置。单击确定按钮即可，最终效果如图 4.3.130 所示。

提示：选择格式(O)→行(R)→取消隐藏(U)命令，被隐藏的记录就显示出来。重复上述步骤，即可打印出其他员工的工资表。

第 5 章　幻灯片软件 PowerPoint 2003

5.1　基 本 概 念

（1）演示文稿：介绍情况、阐述观点时给观众演示的电子化材料。

（2）幻灯片：幻灯片是演示文稿的基本组成单元。把要演示的全部信息，包括文字、图形、表格、图表、声音和视频等以幻灯片为单位组织起来。

（3）母版：母版中包含在相应演示文稿每一个幻灯片上都出现的显示元素，例如文本占位符、图片、动作按钮等。使用“母版”能够方便地统一幻灯片的风格，用户可以在“母版”中添加自己的各幻灯片上都出现的文本和图形等。“母版”分为 4 种：幻灯片母版、标题母版、讲义母版和备注母版。

（4）设计模板：设计模板可以理解为一组预先定义好的格式、背景和配色方案，包括幻灯片上文字的颜色、字体、字号、幻灯片背景颜色及图案等。

（5）占位符：占位符是指在幻灯片中，还没有实际内容但预先用方框或符号留出位置，这些占位符用“单击此处添加文本”、“单击此处添加标题”等文字标出。

（6）版式：幻灯片内各个元素的布局方案，包括文字、图形、图片及其他媒体的位置和占用空间的大小。在“幻灯片版式”对话框中提供了预先设计好的 28 种幻灯片布局方案，供用户选择，称为“自动版式”。

（7）配色方案：配色方案是指演示文稿的幻灯片中针对不同类别元素的 8 种协调色的集合。每个设计模板均带有一套配色方案，用户可从中选择一种应用，也可以自定义配色方案。

5.2　基 础 习 题

一、填空题

（1）PowerPoint 是一种帮助人们制作________的专业化软件。

（2）PowerPoint 自动将演示文稿的扩展名设为________。

（3）启动 PowerPoint 2003 后，它会自动新建一个________。

（4）插入新幻灯片的快捷键是________。

（5）在 PowerPoint 中，单击窗口左下角的________按钮，或者按下“F5”键，屏幕上会以整屏的形式出现第一张幻灯片，幻灯片处于放映状态。

（6）PowerPoint 在幻灯片的放映状态时，按________键可以退出放映。

（7）控制幻灯片外观的方法有 4 种：________、设计模板、________和配色方案。

（8）PowerPoint 提供两种模板：________和内容模板。前者包含预定义的格式和配色方案，后者包含的格式和配色方案与前者相同，加上针对特定主题提供的建议内容。

（9）单击大纲/幻灯片窗格中的“大纲”标签，可以在此窗格中以________格式显示演示文稿的文字内容。

（10）单击“幻灯片”标签，可以在此窗格中以__________格式显示演示文稿中的幻灯片。

（11）在 PowerPoint 中，如果想插入一张与前一张幻灯片一模一样的幻灯片，可以选择“插入”菜单的__________命令。

（12）如果要删除多张幻灯片，可以在普通视图的“幻灯片”标签下或幻灯片浏览视图下利用__________键和__________键配合鼠标选中多张幻灯片，然后按“Del”键删除。

（13）插入 CD 音乐后，PowerPoint 会在幻灯片的正中央显示一个__________图标。

（14）在打印幻灯片时，如果希望在一张纸上打印多张幻灯片，应该在打印对话框的打印内容下选择__________选项。

（15）演示文稿的放映方式可以设置为__________（全屏幕）、观众自行浏览（窗口）、__________（全屏幕）。

（16）新幻灯片的放映方式分为__________和__________。

（17）为了放映时能按观众所希望的节奏和次序进行放映，可创建__________演示文稿。

（18）在讲义母版中，包括 4 个可以输入文本的占位符，它们分别为页眉区、页脚区、__________和__________。

二、选择题

（1）在 PowerPoint 中，若想同时查看多张幻灯片，应选择（　）视图。

A．幻灯片视图　　B．大纲视图
C．备注页视图　　D．幻灯片浏览视图

（2）当在交易会上进行广告片的放映时，应该选择（　）放映方式。

A．演讲者放映　　B．观众自行浏览
C．在展台浏览　　D．需要按下某键

（3）如果要求幻灯片能够在无人操作的环境下自动播放，应事先对演讲稿（　）。

A．自动播放　　B．排练计时
C．存盘　　D．打包

（4）当在幻灯片中插入了声音后，幻灯片中将出现（　）。

A．喇叭标记　　B．一段文字说明
C．链接说明　　D．链接按钮

（5）用 PowerPoint 制作出来的文件称作（　）。

A．演示文稿　　B．幻灯片
C．放映文稿　　D．工作表

（6）在演示文稿中新增一张幻灯片的正确方法是（　）。

A．选择“文件”菜单中的“新建”命令
B．选择“插入”菜单中的“新幻灯片”命令
C．在幻灯片编辑区右键单击，选择“插入幻灯片”命令
D．选择“编辑”菜单中的“新幻灯片”命令

（7）使用工具栏“新建”按钮，弹出“新幻灯片”对话框，其内容和（　）对话框相同。

A．幻灯片版面设置　　B．幻灯片配色方案
C．背景　　D．应用设计模板

（8）在 PowerPoint 中，可以设置幻灯片布局的命令是（　）。

A．背景　　B．幻灯片配色方案

C．幻灯片版式　　D．设置放映格式

（9）在幻灯片视图方式不可直接插入（　）对象。

A．文本框　　B．艺术字

C．文本　　D．Word 表格

（10）在 PowerPoint 编辑状态下，可以进行幻灯片间移动和复制操作的视图方式为（　）。

A．幻灯片浏览　　B．幻灯片

C．幻灯片放映　　D．备注页

（11）如果已经有了电子版的文字内容，可以在（　）下快速编辑各张幻灯片上的内容。

A．大纲视图　　B．普通视图

C．幻灯片浏览视图　　D．幻灯片视图

（12）要想使每一张幻灯片中都出现某个对象（除标题幻灯片），需要在（　）中插入该对象。

A．标题母版　　B．幻灯片母版

C．标题占位符　　D．正文占位符

（13）设置幻灯片间切换效果一般在（　）窗口进行。

A．放映视图　　B．幻灯片视图

C．大纲视图　　D．浏览视图

（14）当幻灯片内插入了图片、表格、艺术字等难以区别层次对象时，可用（　）定义各对象显示顺序和动画效果。

A．动画效果　　B．动作按钮

C．自定义动画　　D．动画预览

（15）在幻灯片的“动作设置”对话框中设置的超链接对象不允许是（　）。

A．下一张幻灯片　　B．幻灯片中的某一对象

C．上一张幻灯片　　D．其他演示文稿

（16）一个演示文稿，如果演讲者需要根据不同观众展示不同的内容，可以采用（　）。

A．排练计时　　B．录制旁白

C．自定义动画　　D．自定义放映

（17）以下各项不是 PowerPoint 母版的是（　）。

A．大纲母版　　B．标题母版

C．备注母版　　D．幻灯片母版

（18）如果希望将演示文稿的每张幻灯片根据幻灯片内容的多少设置自动切换时间，利用（　）可以更方便地实现。

A．自定义放映　　B．幻灯片切换

C．排练计时　　D．自定义动画

（19）下列关于占位符的叙述中，正确的是（　）。

A．不能删除占位符　　B．单击文本占位符即可在其中添加文字

C．单击图表占位符可以添加图表　　D．不能移动占位符的位置

(20) 下列关于 PowerPoint 页眉和页脚的叙述中错误的是（ ）。

A．可以插入时间和日期

B．可以自定义内容

C．页眉/页脚的内容在各种视图下都能看到

D．在编辑页眉/页脚视图时，可以对幻灯片正文内容进行操作

(21) 行距和段落间距的设置利用“格式”菜单中的（ ）命令。

A．字体　　B．对齐

C．行距　　D．分行

(22) PowerPoint 系统默认的视图方式是（ ）。

A．大纲视图　　B．幻灯片浏览视图

C．普通视图　　D．幻灯片放映视图

(23) 在演示文稿中，给幻灯片重新设置背景，若要给所有幻灯片使用相同的背景，则在“背景”对话框中应单击（ ）按钮。

A．全部应用　　B．应用

C．取消　　D．预览

(24) 创建动画幻灯片时，应选择“幻灯片放映”菜单的（ ）命令。

A．自定义动画　　B．动作设置

C．动作按钮　　D．自定义放映

(25) 在 PowerPoint 中输入文本时，按一次回车键则系统生成段落。如果是在段落中另一行，需要按（ ）键。

A．Ctrl+Enter　　B．Shift+Enter

C．Ctrl+Shift+Enter　　D．Ctrl+Shift+Del

(26) 选择全部演示文稿时，可用快捷键（ ）。

A．Shift+A　　B．F3

C．F4　　D．Ctrl

(27) 选定图形对象时，如选择多个图形，需要按下（ ）键，再用鼠标单击要选定的图形。

A．Shift　　B．Tab

C．F1　　D．Ctrl+Shift

(28) 改变图形对象大小时，如果要保持图形的比例，拖动拐角句柄的同时要按下（ ）键。

A．Ctrl　　B．Ctrl+Shift

C．Shift　　D．Tab

(29) 改变图形对象大小时，如果要以图形对象中心为基点进行缩放，要按下（ ）键。

A．Ctrl　　B．Shift

C．Ctrl+E　　D．Ctrl+Shift

(30) 当需要将幻灯片转移至其他地方放映时，应（ ）。

A．将幻灯片文稿发送至 A 盘　　B．设置幻灯片的放映效果

C．将幻灯片打包　　D．将幻灯片分成多个子幻灯片，以存入磁盘

(31) 选择“应用设计模板”并单击“应用”后，该模板将（ ）生效。

A．仅对当前幻灯片　　B．对正在编辑的幻灯片对象

C．对所有已打开的演示文稿　　D．对所有幻灯片

(32) 在幻灯片中，可以插入（　）。

A．影片　　B．声音

C．动画　　D．Word 文稿

(33) 幻灯片中动画的设置可以（　）。

A．单击“插入”→“影片和声音”

B．单击工具栏中“动画效果”按钮

C．单击“幻灯片放映”→“设置放映方式”

D．单击“幻灯片放映”→“自定义动画”

(34) 在组织结构图中，如果要为某个部件添加分支，则应选择（　）按钮。

A．经理　　B．同事

C．部下　　D．分支

(35) 下列关于幻灯片母版的叙述中错误的是（　）。

A．如果在母版中将标题颜色设置为红色，则所有幻灯片的标题自动变为红色

B．如果在母版中将标题设置为“飞入”动画，则播放时所有幻灯片的标题都将具有“飞入”的动画效果

C．可以为某张幻灯片设置与母版不一致的背景效果

D．母版中的格式与对象可以修改，但不能删除

(36) 要为幻灯片添加解说词，应该选择“幻灯片放映”菜单中的（　）命令。

A．排练计时　　B．录制旁白

C．自定义放映　　D．联机广播

(37) 如果运行包含旁白和其他声音的幻灯片放映，则（　）。

A．只会播放旁白

B．只会播放幻灯片中的声音

C．先播放旁白，后播放幻灯片中的声音

D．先播放幻灯片中的声音，后播放旁白

(38) 下列叙述中，正确的是（　）。

A．在一个演示文稿中，不能同时使用不同的模板

B．一个演示文稿只有一个母版

C．在幻灯片视图下，无法看到被隐藏起来的幻灯片

D．在幻灯片浏览视图下，无法看到被隐藏起来的幻灯片

(39)（　）可以在“格式”菜单中进行设置。

A．幻灯片背景　　B．幻灯片应用设计模板

C．幻灯片版式　　D．影片和声音

(40) 插入幻灯片的方法是（　）。

A．单击工具栏上的“新幻灯片”按钮

B．选择“插入”菜单下的“新幻灯片”命令

C．在幻灯片编辑区右键单击，选择“插入幻灯片”命令

D．使用快捷键 Ctrl+M

E．将光标置于“大纲”标签下某张幻灯片的图标后面，再按 Enter 键

（41）在 PowerPoint 中，若想设置幻灯片中对象的动画效果，应选择（　）。

A．幻灯片视图　　B．浏览视图

C．幻灯片放映视图　　D．以上均可

（42）为所有幻灯片设置统一的、特有的外观风格，应使用（　）。

A．母版　　B．自动版式

C．幻灯片切换　　D．配色方案

（43）在 PowerPoint 的（　）下，可以用拖动的方法改变幻灯片的顺序。

A．幻灯片视图　　B．备注页视图

C．放映视图　　D．浏览视图

（44）下列各种放映方式中，不能以全屏幕方式播放演示文稿的是（　）。

A．演讲者放映　　B．观众自行浏览

C．在展台浏览　　D．循环播放

（45）在 PowerPoint“文件”菜单中列出的文件名列表是（　）。

A．最近建立过的几个演示文稿　　B．最近使用过的几个演示文稿

C．当前打开的几个演示文稿　　D．以上都不对

（46）在 PowerPoint 幻灯片插入的超级链接，可以链接到（　）。

A．Internet 上的 Web 页　　B．电子邮件地址

C．本地磁盘上的文件　　D．以上均可以

（47）PowerPoint 的“设计模板”包含（　）。

A．预定义的幻灯片版式　　B．预定义的幻灯片背景颜色

C．预定义的幻灯片配色方案　　D．预定义的幻灯片样式和配色方案

（48）要同时选择第 1、2、5 等 3 张幻灯片，应该在（　）视图下操作。

A．幻灯片　　B．大纲

C．幻灯片浏览　　D．以上均可

（49）幻灯片中占位符的作用是（　）。

A．表示文本长度　　B．限制插入对象的数量

C．表示图形大小　　D．为文本、图形预留位置

（50）幻灯片的“背景”可以是（　）。

A．单一颜色　　B．双色过渡

C．图片填充　　D．纹理填充

（51）下列关于文件打包的叙述中，正确的是（　）。

A．打包的文件必须在 PowerPoint 环境下解包

B．将演示文稿打包是指利用压缩软件将演示文稿压缩

C．打包的演示文稿在使用时还需要解包

D．打包文件存放在若干张软盘上，解包时必须按原软盘的顺序展开

（52）对象在动画播放后，可以（　）。

A．不变暗　　B．隐藏

C．变为其他颜色　　D．自动删除

（53）在幻灯片的“动作设置”对话框中设置的超链接对象允许是（　）。

A．下一张幻灯片　　B．幻灯片中的某一对象

C．一个应用程序　　D．其他演示文稿

（54）一个演示文稿，如果演讲者需要重新组织放映顺序，可以采用（　）。

A．幻灯片切换　　B．自定义放映

C．动作设置　　D．超级链接

（55）幻灯片中可以设置动画效果的对象有（　）。

A．文本　　B．图片

C．表格和图表　　D．自选图形

（56）下列关于幻灯片打印操作不正确的描述有（　）。

A．不能将幻灯片打印至文件

B．彩色幻灯片能以黑白方式进行打印

C．能够打印指定编号的幻灯片

D．“打印纸大小”由“页面设置”命令定义

E．彩色幻灯片打印出来的时候，发现彩色部分是空白

（57）PowerPoint 提供的演示文稿的打印方式有（　）。

A．幻灯片　　B．讲义

C．大纲视图　　D．备注页

（58）演示文稿打包后，在目标盘上产生一个名为（　）的解包可执行文件。

A．setup.exe　　B．Pngsetup.exe

C．Install.exe　　D．Preso.ppz

（59）在 PowerPoint 中，只有在（　）视图下，“超级链接”功能才起作用。

A．幻灯片放映　　B．幻灯片浏览

C．大纲　　D．普通

（60）对用 PowerPoint 2003 制作完毕的演示文稿，下列相关说法中错误的是（　）。

A．可以将其发布到 Internet 上供其他人浏览

B．只可以在制作它的计算机上进行演示

C．可以在其他计算机上演示

D．可以加上动画、声音等效果

三、简答题

（1）新建演示文稿时，使用菜单“新建”命令和工具栏上的“新建”按钮有什么区别？

（2）建立演示文稿有几种方法？建立好的幻灯片能否改变其幻灯片的版式？

（3）使用什么功能可以使 PowerPoint 在演示幻灯片时转去执行其他应用程序？

（4）如何将制作好的演示文稿带到另一台计算机上运行？

（5）“幻灯片配色方案”和“背景”这两条命令有什么区别？

（6）在 PowerPoint 中如何创建自己的模板？

（7）在 PowerPoint 中如何给演示文稿配上旁白？

（8）在 PowerPoint 中如何设置演示文稿的幻灯片的放映时间？

（9）如何将 PowerPoint 的演示文稿打包？

四、判断题

（1）PowerPoint 2003 文件的默认扩展名为 PPT。(   )

（2）GIF 类型的图片本身可具有动画效果，在 PowerPoint 放映时能显示动画。(   )

（3）在 PowerPoint 2003 中，可在利用“绘图”工具绘制的图形中加入文字。(   )

（4）在 PowerPoint 2003 中，通过“编辑”菜单下的“标尺”选项来显示标尺。

（5）设置幻灯片的“水平百叶窗”“盒状展开”等切换效果时，不能设置切换的速度。(   )

（6）可以使用像文本框一样的操作来设置批注框的格式。(   )

（7）在 PowerPoint 2003 中，无法通过文本框按钮在文字预留区外的区域输入其他文字。(   )

（8）幻灯片的页面方向可以改变。(   )

（9）可以改变段落提示点（即项目符号）的大小。(   )

（10）超级链接使用户可以从演示文稿中的某个位置直接跳转到演示文稿的另一个位置、或其他演示文稿或公司 Internet 地址。(   )

（11）PowerPoint 2003 中艺术字的颜色可以利用“艺术字工具栏”中的“设置艺术字格式”按钮进行更改。(   )

（12）在演示文稿中可以对批注进行隐藏。(   )

（13）在 PowerPoint 中，当本次复制文本的操作成功之后，上一次复制的内容自动丢失。(   )

（14）首次使用“保存”按钮时会弹出“另存为”对话框，此时可以设置保存文件的格式、名称、保存位置等。(   )

（15）当我们把幻灯片变为黑白时就再也无法恢复到原来的颜色了。(   )

（16）在 Excel 中建立好的图表可以直接利用剪贴板复制到 PowerPoint 2003 中。(   )

（17）在 PowerPoint 2003 中，不可以为对象设置动画效果。(   )

（18）当文本框中的内容超出文本框的宽度时，可以在“设置文本框格式”对话框中，选择“文本框”选项卡，将“自选图形中的文字换行”复选框选中，便可实现文字的自动换行。(   )

（19）在 PowerPoint 2003 中，自定义幻灯片放映时，添加的顺序就是放映顺序，添加的顺序可以修改。(   )

（20）在插入剪贴画的时候，如果对搜索的图片不满意，可以单击“修改”按钮，重新设定条件，重新查找。(   )

（21）幻灯片在演示过程中无法删除，只有用剪切代替删除。(   )

5.3 上机指导

实验 1 制作隐藏字

1．实验目的

掌握在幻灯片中插入图片、插入文本框并输入文字、设置动画效果、放映幻灯片等操作。

2．实验内容

本例将制作隐藏字，效果如图 5.3.1 所示。

图 5.3.1　“制作的隐藏字”效果图

3．实验步骤

（1）启动 PowerPoint 2003 应用程序，选择 插入(I) → 图片(P) → 来自文件(F)... 命令，弹出 插入图片 对话框，如图 5.3.2 所示。

图 5.3.2　“插入图片”对话框

（2）在该对话框中选择需要的图片，单击 插入(S) 按钮，在幻灯片中插入图片，如图 5.3.3 所示。

（3）选中插入的图片并复制一张图片，选中复制的图片，单击鼠标右键，从弹出的快捷菜单中选择 显示“图片”工具栏(L) 命令，在打开的“图片”工具栏中单击“裁剪”按钮，将复制的图片裁剪掉一部分，并调整图片位置，效果如图 5.3.4 所示。

图 5.3.3　插入图片

图 5.3.4　复制并裁剪图片

（4）单击“绘图”工具栏中的“文本框”按钮，在幻灯片中绘制一个文本框，在文本框中输入文本，并设置其字体为“华文新魏”，字号为“48 磅”，字体颜色为“蓝色”，效果如图 5.3.5 所示。

（5）选中文本框，单击鼠标右键，从弹出的快捷菜单中选择 叠放次序(R) → 下移一层(B) 命令，将文本框置于两张图片之间，如图 5.3.6 所示。

图 5.3.5　设置文本框字体

图 5.3.6　调整文本框位置

(6)选中文本框，选择 幻灯片放映(D) → 自定义动画(M)... 命令，打开 自定义动画 任务窗格。

（7）在该任务窗格中单击 添加效果 按钮，在弹出的下拉菜单中选择 进入(E) → 6. 缓慢进入 命令，将“开始”改为“之后”，“方向”设为“自底部”，“速度”改为“非常慢”。

（8）选中插入的第二张图片，设置动画效果为“滑翔”，“开始”改为“之前”，“速度”为“中速”。

（9）重复上述步骤，设置第一张图片的动画效果为“扇形展开”，“开始”改为“之前”，“速度”改为“中速”，如图 5.3.7 所示。

图 5.3.7　设置动画效果

（10）至此，隐藏字幻灯片制作完成，选择 幻灯片放映(D) → 观看放映(V)　F5 命令放映幻灯片，得到最终效果如图 5.3.1 所示。

实验 2　制作“幸福时光”幻灯片

1．实验目的

掌握幻灯片版式设置、背景设置、插入艺术字和文本框、设置动画效果等操作。

2．实验内容

本例制作“幸福时光”幻灯片，效果如图 5.3.8 所示。

图 5.3.8　“制作的幻灯片”效果图

3．实验步骤

（1）启动 PowerPoint 2003，单击常用工具栏中的“新建”按钮，新建一个幻灯片。

（2）选择 格式(O) → 幻灯片版式(L)... 命令，打开 幻灯片版式 任务窗格，如图 5.3.9 所示。

（3）在“内容版式”选项区域中选中“空白”版式，则当前的版式变为“空白”版式。

（4）选择 格式(O) → 背景(K)... 命令，弹出 背景 对话框，如图 5.3.10 所示。

图 5.3.9　“幻灯片版式”任务窗格

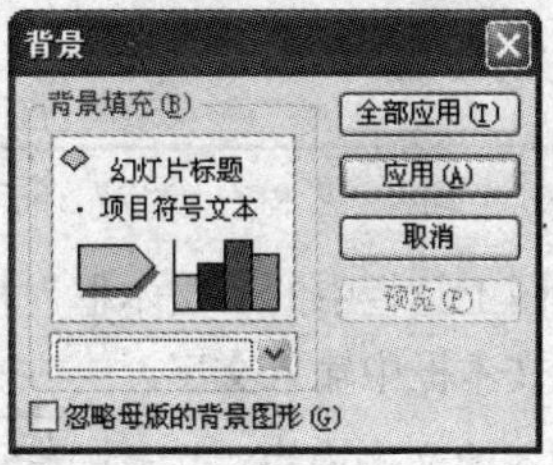

图 5.3.10　“背景”对话框

（5）在“背景填充”选项区域的下拉列表框中单击下三角按钮，在弹出的下拉列表中选择 填充效果(F)... 选项，弹出 填充效果 对话框，打开 图片 选项卡，如图 5.3.11 所示。

（6）单击 选择图片(L)... 按钮，弹出 选择图片 对话框，如图 5.3.12 所示。

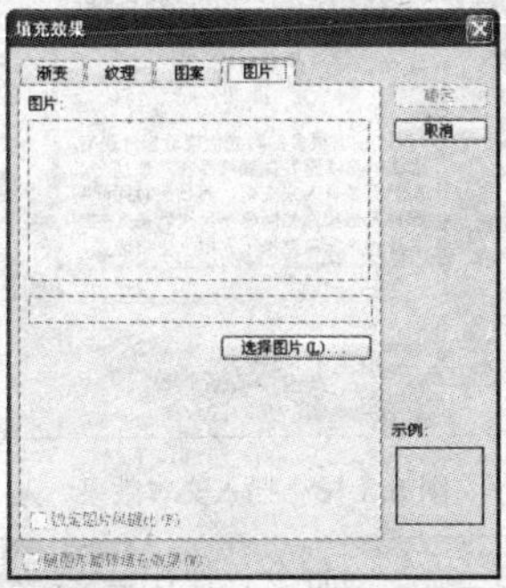

图 5.3.11　“图片”选项卡

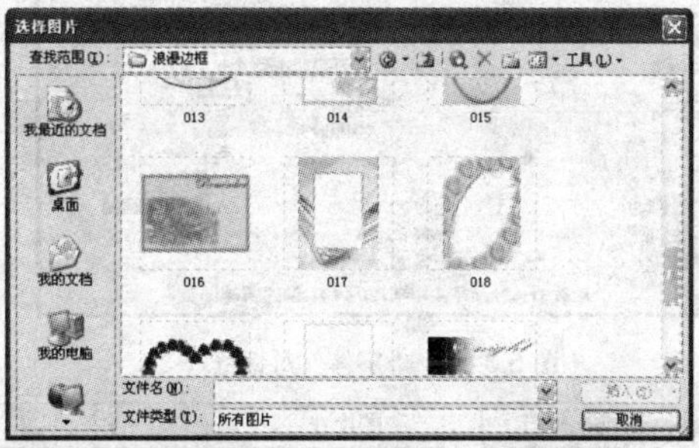

图 5.3.12　“选择图片”对话框

（7）在该对话框中选择所需的图片，单击 插入(S) 按钮，效果如图 5.3.13 所示。

（8）选择 插入(I) → 图片(P) → 艺术字(W)... 命令，弹出 艺术字库 对话框，如图 5.3.14 所示。

图 5.3.13　背景填充效果

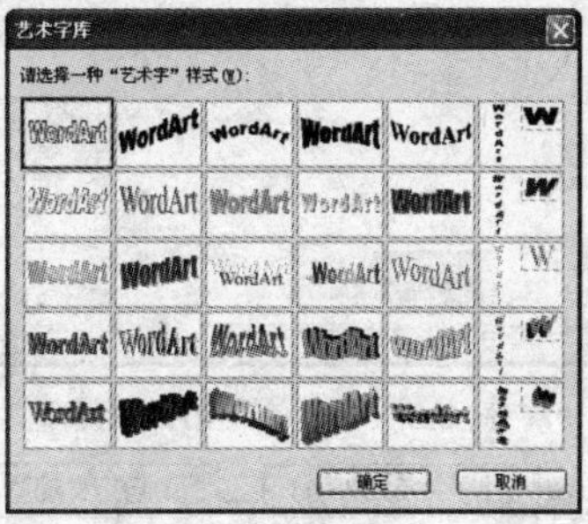

图 5.3.14　“艺术字库”对话框

（9）在该对话框中选择第 3 行第 4 种艺术字样式，单击 确定 按钮，弹出 编辑“艺术字”文字 对话框，如图 5.3.15 所示。

（10）在“文字”文本框中输入所要编辑的文字“幸福时光”，然后在“字体”和“字号”下拉列表中选择合适的字体和字号，单击 确定 按钮，效果如图 5.3.16 所示。

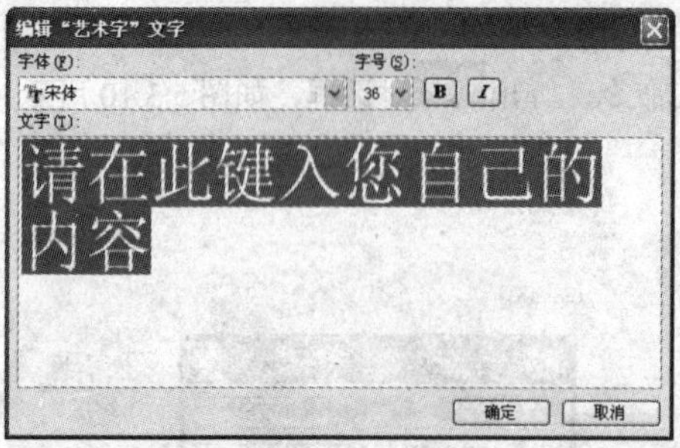

图 5.3.15 “编辑‘艺术字’文字”对话框

图 5.3.16 插入艺术字效果

（11）单击绘图工具栏中的“文本框”按钮，当鼠标指针变为十形状时，拖动鼠标到合适的位置后，在绘制的文本框中输入文字。

（12）选中输入的文字内容，选择 格式(O) → 字体(F)... 命令，弹出 字体 对话框，如图 5.3.17 所示。

（13）在“中文字体”和“颜色”下拉列表中分别选择“宋体”和“黑色”，在“字形”和“字号”列表框中选择“常规”和“24”，单击 确定 按钮，效果如图 5.3.18 所示。

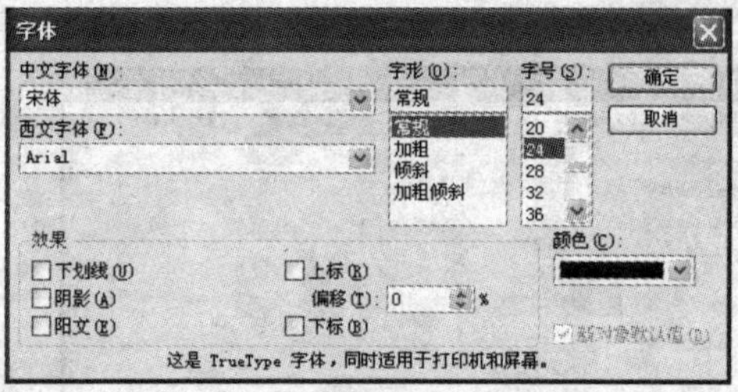

图 5.3.17 “字体”对话框

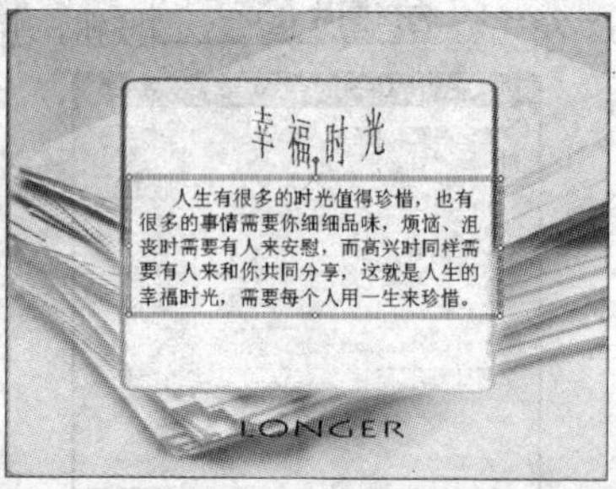

图 5.3.18 插入文本效果

（14）选择 插入(I) → 图片(P) → 来自文件(F)... 命令，弹出 插入图片 对话框，如图 5.3.19 所示。

（15）在该对话框中选择所要插入的图片，单击 插入(S) 按钮，效果如图 5.3.20 所示。

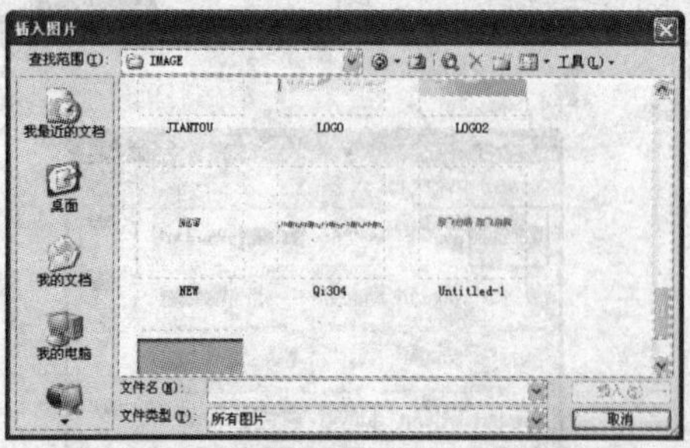

图 5.3.19 “插入图片”对话框

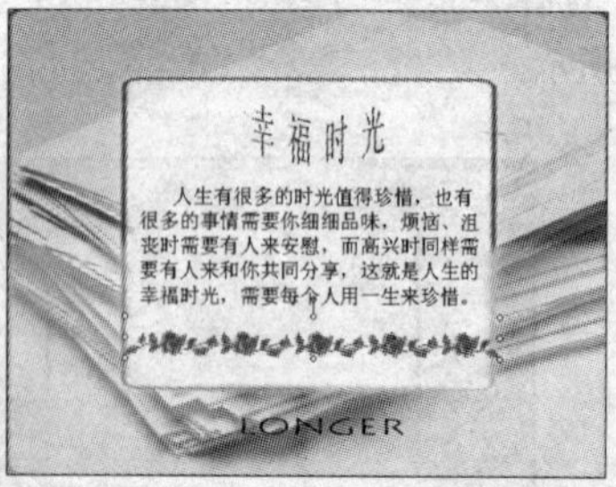

图 5.3.20 插入图片效果

（16）选择 幻灯片放映(D) → 自定义动画(M)... 命令，打开 自定义动画 任务窗格。

（17）选中艺术字“幸福时光”，为其设置动态效果 3. 飞入，方向为“自底部”，速度为“慢速”；选中文本框中的文字，为其设置动态效果 7. 颜色打字机 ；选中图片，为其设置动态效果 8. 展开 。

（18）按“F5”键播放该幻灯片，最终效果如图 5.3.8 所示。

实验 3 制作交互式选择题

1．实验目的

掌握在 PowerPoint 中绘制文本框、自选图形、添加文字、制作动作按钮及设置动画等操作。

2．实验内容

在 PowerPoint 2003 中制作交互式选择题，效果如图 5.3.21 所示。

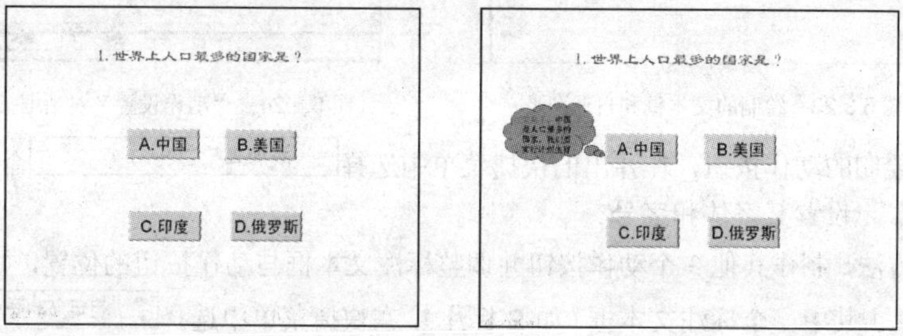

图 5.3.21 “制作的交互式选择题”效果图

3．实验步骤

（1）启动 PowerPoint 2003 应用程序，新建一个空白文档，删除文本占位符。

（2）单击绘图工具栏中的“文本框”按钮，绘制一个横排文本框，并输入标题“1.世界上人口最多的国家是？”。选中输入的文本，在“格式”工具栏中设置其字体为“隶书”，字号为“28”，颜色为“深红”。

（3）单击绘图工具栏中的 自选图形(U) → 标注(C) →“云形标注”按钮，绘制一个标注图形，并在其中输入文字“答对了，中国是人口最多的国家，我们要实行计划生育”。设置云形标注的字体为“宋体”，字号为“14”，并设置“答对了”文本字体为“红色”。

（4）用鼠标右键单击云形标注，在弹出的快捷菜单中选择 设置自选图形格式(O)... 命令，弹出 设置自选图形格式 对话框。打开 颜色和线条 选项卡，在“填充颜色”下拉列表中选择一种颜色，如“水绿色”，如图 5.3.22 所示。

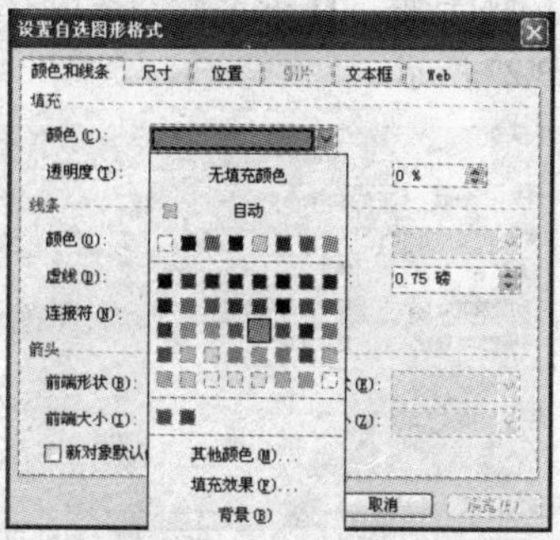

图 5.3.22 设置自选图形格式

（5）用同样的方法，绘制其他 3 个云形标注，效果如图 5.3.23 所示。

（6）选择 幻灯片放映(D) → 动作按钮(I) → “自定义”按钮□，在幻灯片中绘制一个动作按钮，这时弹出 动作设置 对话框。将该动作按钮链接到当前幻灯片中，如图 5.3.24 所示。

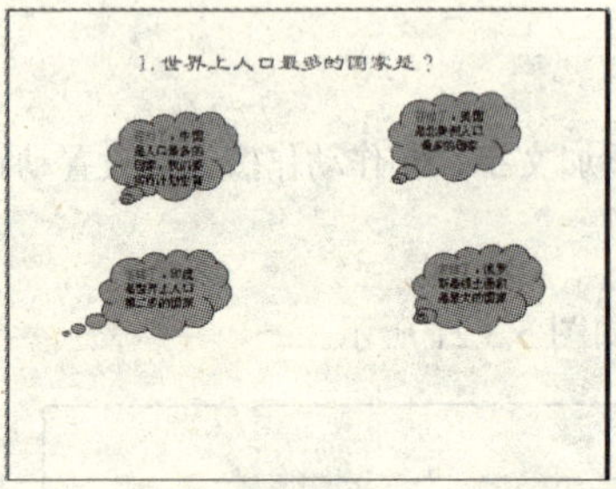

图 5.3.23　绘制的文本框和自选图形

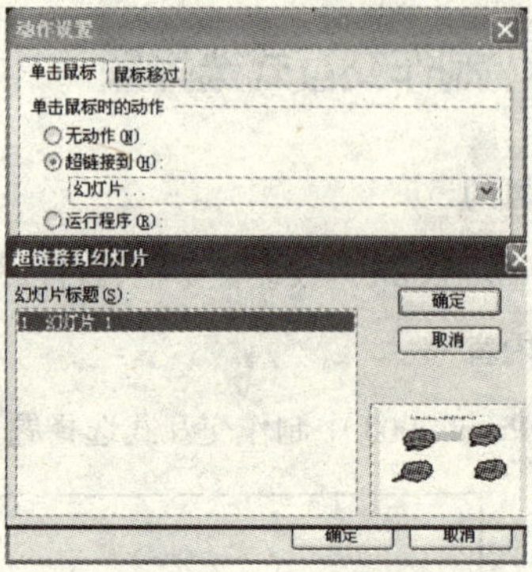

图 5.3.24　“动作设置”对话框

（7）单击绘制的动作按钮，在弹出的快捷菜单中选择 添加文本(X) 命令，在动作按钮上输入“A.中国”，设置其字体和字号。

（8）依次方法，制作其他 3 个动作按钮并调整标注文本框与动作按钮的位置，如图 5.3.25 所示。

（9）右键单击其中一个标注文本框（如 B 标注），在快捷菜单中选择 自定义动画(M)... 命令，打开“自定义动画”任务窗格。单击 添加效果 按钮，选择 进入(E) → 其他效果(M)... 命令，弹出 添加进入效果 对话框，从中选择 向内溶解 动画效果，如图 5.3.26 所示。

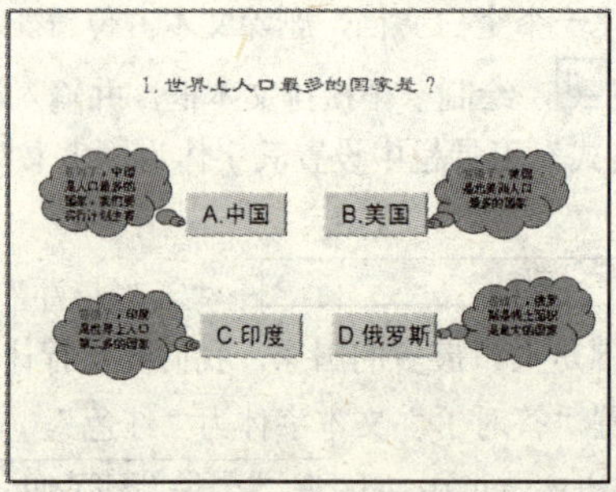

图 5.3.25　制作动作按钮

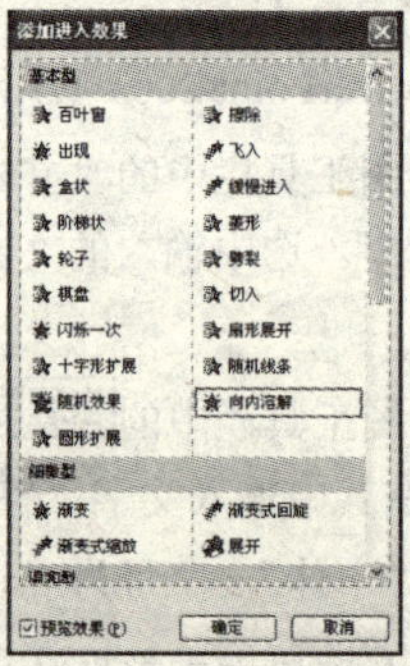

图 5.3.26　添加进入效果

（10）用鼠标右键单击“自定义动画”任务窗格中标注 B 的缩略图，在弹出的快捷菜单中选择 效果选项(E)... ，弹出 向内溶解 对话框。打开 效果 选项卡，为它设置一种爆炸声音，并设为“播放动画后隐藏”效果，如图 5.3.27 所示。

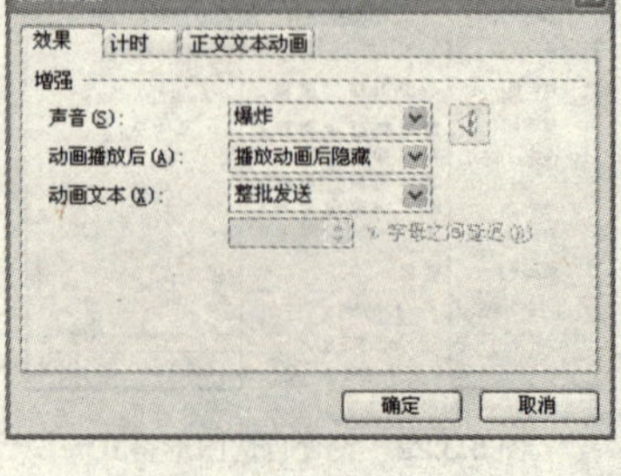

图 5.3.27　“效果”选项卡

（11）为了使动画在播放后不至于立即隐藏，在 计时 选项卡中，设置“速度”为“非常慢（5 秒）”单击 触发器(T) 按钮，并对“触发器”按钮进行设置。触发器的作用是使在单击按钮 B 时启动标注动画，如图 5.3.28 所示。

（12）单击 确定 按钮返回幻灯片中。依次方法，设置 A、C、D 标注的动画效果。在设置答案 A 的标注时，将声音设为“鼓掌”，“播放动画后”设为“不变暗”，如图 5.3.29 所示。

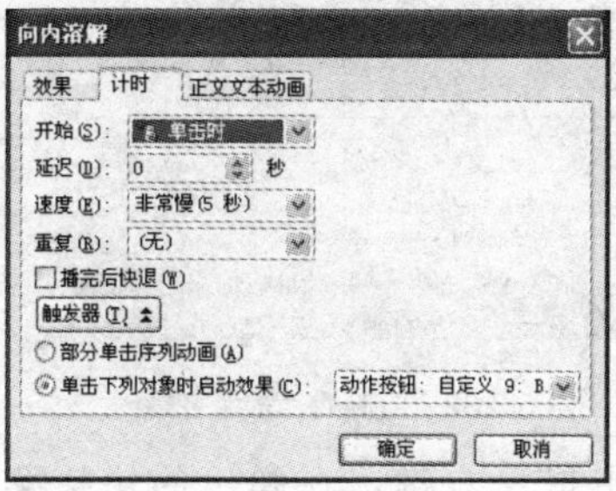

图 5.3.28　“计时”选项卡

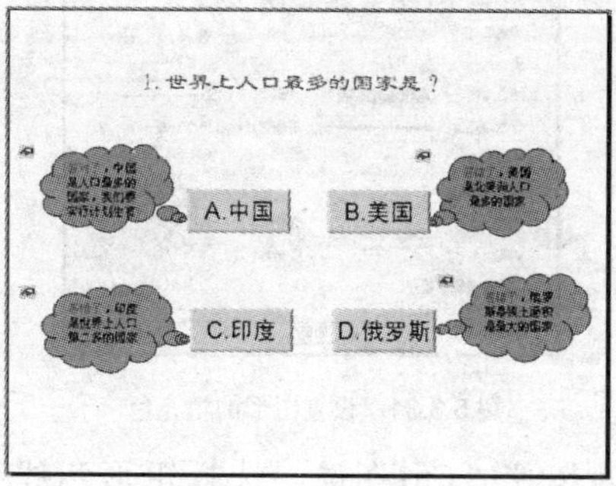

图 5.3.29　设置的触发器

（13）在演示窗口绘制一个“前进或下一项”动作按钮，同时插入一张新幻灯片，开始制作下一道试题。

（14）设置完成后，按 F5 快捷键就可播放该动画，效果如图 5.3.21 所示。

实验 4　制作汉字书写教案

1．实验目的

掌握自选图形格式的设置、艺术字的使用、自定义动画设置及放映等操作。

2．实验内容

本例用 PowerPoint 制作汉字书写教案，效果如图 5.3.30 所示。

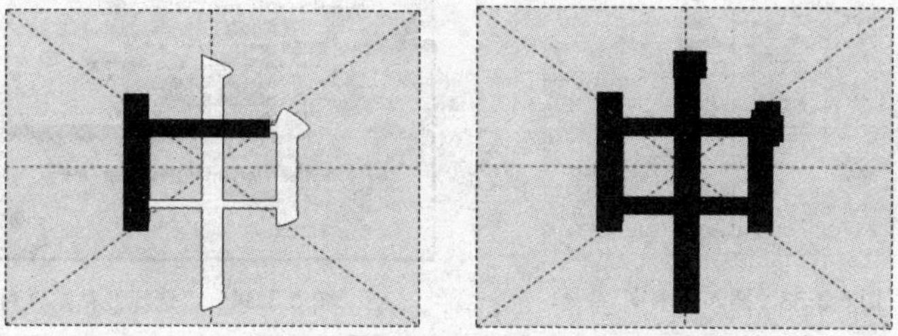

图 5.3.30　“制作的汉字书写教案”效果图

3．实验步骤

（1）启动 PowerPoint 2003 应用程序，新建一个空白文档，删除文本占位符。

（2）单击“绘图”工具栏中的“矩形”按钮，绘制一个矩形。在绘制的矩形上单击鼠标右键，在弹出的快捷菜单中选择 设置自选图形格式(O)... 命令，弹出 设置自选图形格式 对话框。在 颜色和线条 选项卡的“填充颜色”下拉列表中选择“黄色”，如图 5.3.31 所示。

（3）单击“绘图”工具栏中的“直线”按钮，制作一个“米”字格，为使画出的线条与矩形框能较精确地对齐，可以在画线的过程中按下“Alt”键，或者画好线后，按下“Ctrl”键和方向键进行位置的调整。

（4）选中“米”字格中的直线和斜线，单击“绘图”工具栏中的“虚线线型”按钮，在弹出的下拉列表中选择“短画线”，效果如图 5.3.32 所示。

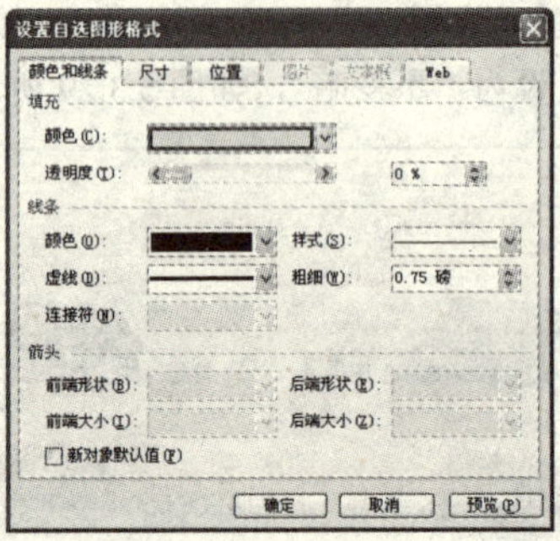

图 5.3.31　设置图形的填充色

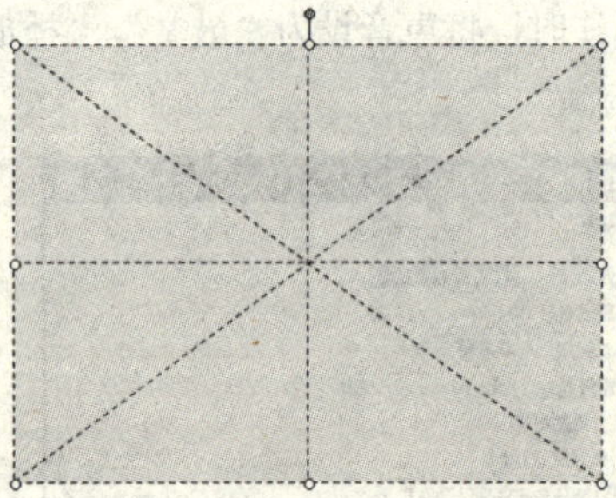

图 5.3.32　绘制的“米”字格

（5）按住“Ctrl”键，选择矩形和线条，单击鼠标右键，在弹出的快捷菜单中选择 组合(G) → 组合(G) 命令，将它们组合为一个对象。

（6）单击“绘图”工具栏中的“插入艺术字”按钮，弹出**艺术字库**对话框，从中选择第一行第一列艺术字样式。

（7）单击 确定 按钮，弹出**编辑“艺术字”文字**对话框。在“文字”框中输入“中”，并设置字体为“华文中宋”，字号为“96”。单击 确定 按钮即可得到需要的空心汉字。

（8）选中空心字后，利用控制句柄调节其大小，并将其位置拖到“米”字格的正中位置，如图 5.3.33 所示。

（9）按下“Ctrl+X”键，将组合后的对象剪切。再选择 编辑(E) → 选择性粘贴(S)... 命令，弹出**选择性粘贴**对话框。在“作为”列表中选择“位图”，单击 确定 按钮将它作为一幅图片粘贴到幻灯片中，如图 5.3.34 所示。

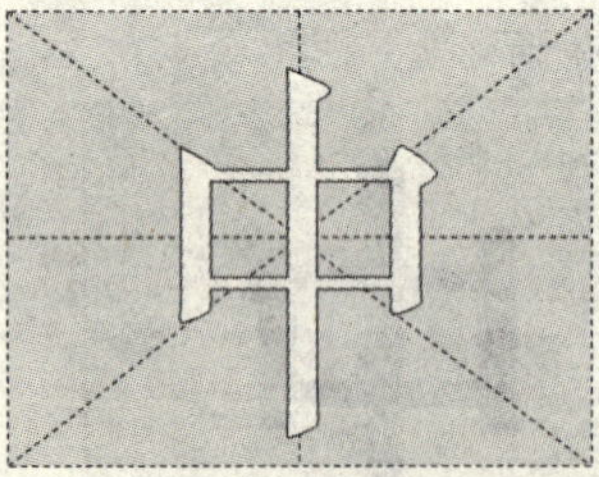

图 5.3.33　插入艺术字

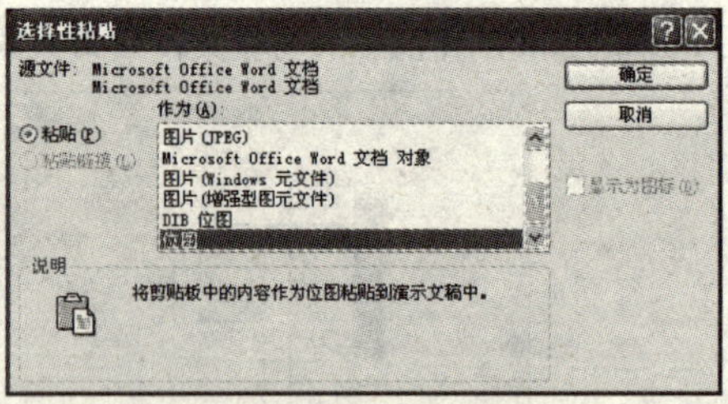

图 5.3.34　“选择性粘贴”对话框

（10）单击“绘图”工具栏中的“矩形”按钮，绘制一个长方形色块，设置其填充颜色和边框线均为黑色，调整其大小，并把它移到“中”字第一笔竖线上，使其遮挡住竖线上的一小部分，如图 5.3.35 所示。

（11）用鼠标右键单击小色块，在弹出的快捷菜单中选择 自定义动画(M)... 命令，打开“自定义动画”任务窗格。单击 添加效果 按钮，选择 进入(E) → 出现 动画效果，将“开始”设置为“之后”。

（12）在“自定义动画”任务窗格中单击“矩形”右边的下拉按钮，在弹出的下拉列表中选择 计时(T)... 选项，弹出**出现**对话框。打开“计时”选项卡，在“延迟”后面的输入框中输入“0.2”秒，如图 5.3.36 所示。

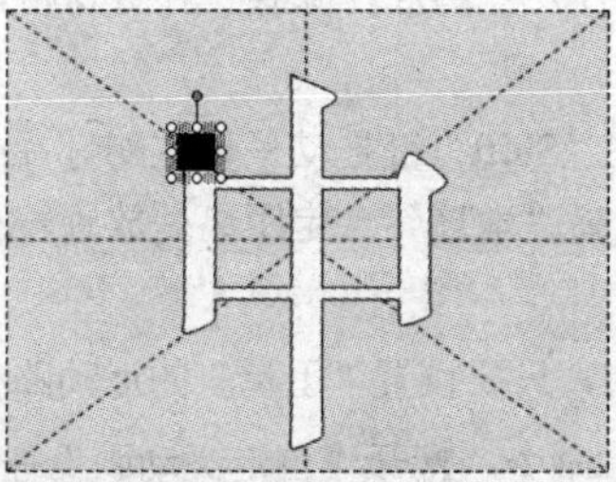

图 5.3.35　绘制的色块

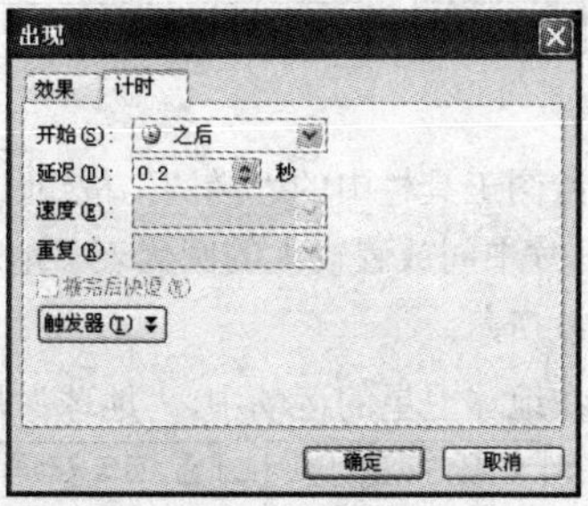

图 5.3.36　“计时”选项卡

（13）选中小色块，按住“Ctrl”键的同时，向下拖动鼠标复制新的色块。使新色块与原来的色块有部分重叠。不断重复此操作，按书写的顺序依次摆放小色块，直至小色块将全部笔画覆盖。

（14）将全部笔画覆盖完后，选中第一个小色块，在任务窗格中将其“开始”处重新设置为“单击时”，其余色块不变，如图 5.3.37 所示。

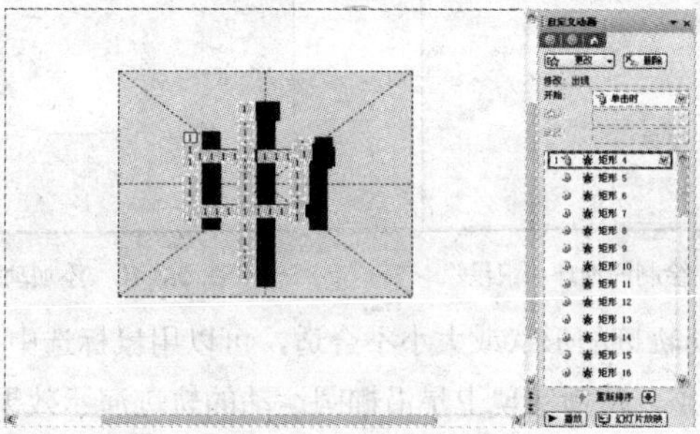

图 5.3.37　设置的动画效果

（15）单击 幻灯片放映(D) → 观看放映(V)　F5 命令，就可以看到用 PowerPoint 书写汉字的效果了，如图 5.3.30 所示。

实验 5　地球卫星的运动

1. 实验目的

掌握幻灯片中绘图工具的使用、添加动画效果及播放动画等操作。

2. 实验内容

本例制作地球卫星运动轨迹，效果如图 5.3.38 所示。

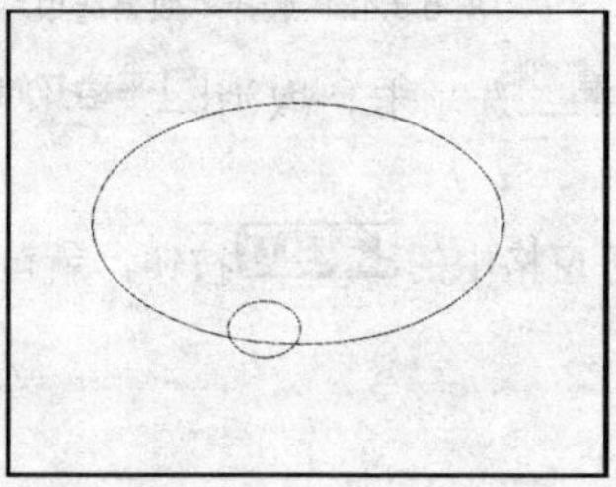

图 5.3.38　“制作的卫星运动轨迹”效果图

3. 实验步骤

（1）启动 PowerPoint 2003，新建一个空白演示文稿。

（2）选择 格式(O) → 幻灯片版式(L)... 命令，打开“幻灯片版式”任务窗格，从中选择“空白”版式。

（3）单击绘图工具栏中的“椭圆”按钮，按住“Shift”键拖动鼠标在幻灯片中绘出大小不等的两个圆。幻灯片中间放置较大的圆代表“地球”，在离“地球”一定距离处放置较小的圆表示“卫星”，如图 5.3.39 所示。

（4）由于在地球卫星的运动中，“地球”是固定的，只要设置“卫星”的运动路径就可以了。选中“卫星”，选择 幻灯片放映(D) → 自定义动画(M)... 命令，打开“自定义动画”任务窗格。

（5）单击 添加效果 → 动作路径(P) → 其他动作路径(M)... 命令，弹出 添加动作路径 对话框，从中选择“圆形扩展”动画。

（6）单击 确定 按钮即可看到“卫星”围绕地球运转的效果，如图 5.3.40 所示。

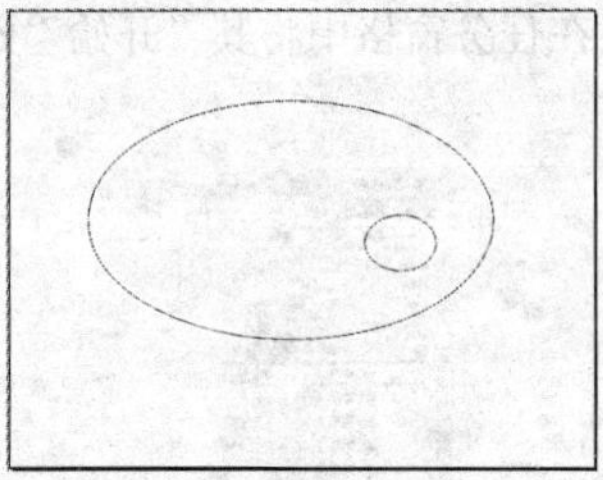

图 5.3.39　绘制的地球和卫星

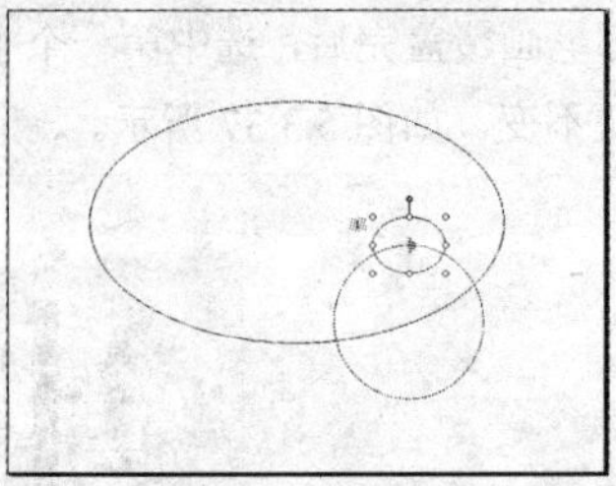

图 5.3.40　添加动画效果

（7）如果“卫星”运动轨迹的形状或大小不合适，可以用鼠标选中“卫星”的运动轨迹，然后拖动轨迹周围的控点进行调整，从而实现卫星沿椭圆运动的轨迹演示效果，如图 5.3.41 所示。

（8）在“卫星”动画效果上单击鼠标右键，从弹出的快捷菜单中选择 效果选项(E)... 命令（见图 5.3.42）。这时弹出 圆形扩展 对话框，在 计时 选项卡中，设置速度为“非常慢（5 秒）”，在“重复”下拉列表选择“直到下一次单击”，如图 5.3.43 所示。

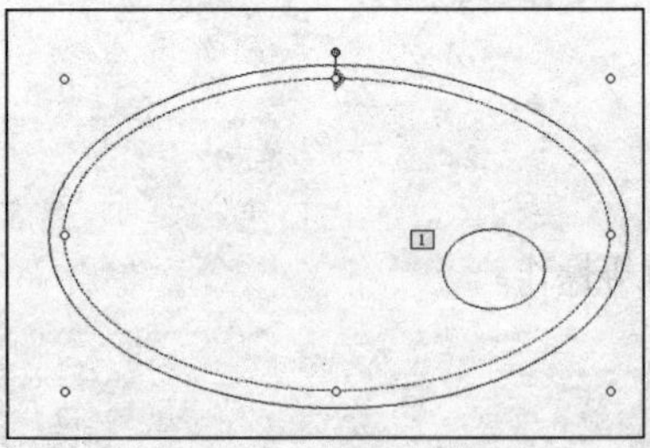

图 5.3.41　调整“卫星”的运动轨迹

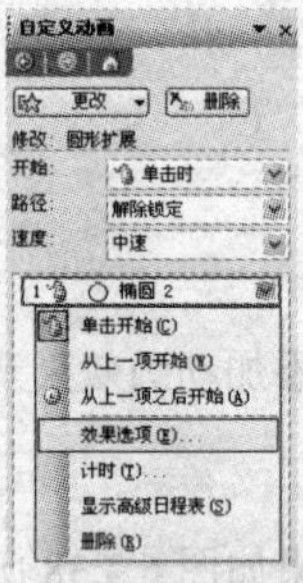

图 5.3.42　选择“效果选项”命令

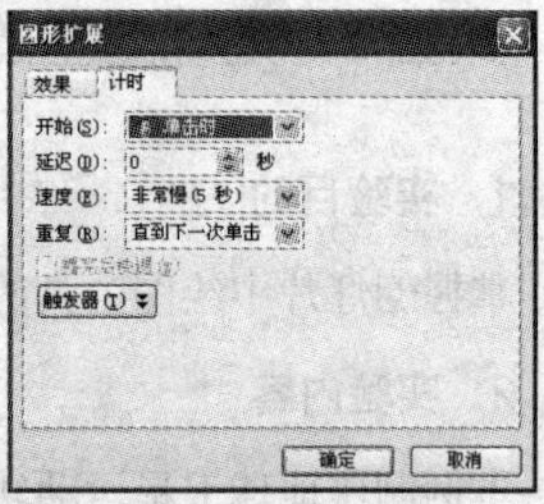

图 5.3.43　设置计时效果

（9）在该对话框中，选择 效果 选项卡，取消 □平稳开始(M) 和 □平稳结束(N) 复选框，单击 确定 按钮。

（10）单击“自定义动画”任务窗格中的 ▶ 播放 按钮，就可以看到“卫星”围绕地球运动的效果，如图 5.3.38 所示。

实验 6　看图学英语

1．实验目的

掌握修改幻灯片母版、使用触发器、设置超链接、制作“返回”按钮、设置动画效果等操作。

2．实验内容

本例利用 PowerPoint 2003 制作看图学英语幻灯片，最终效果如图 5.3.44 所示。

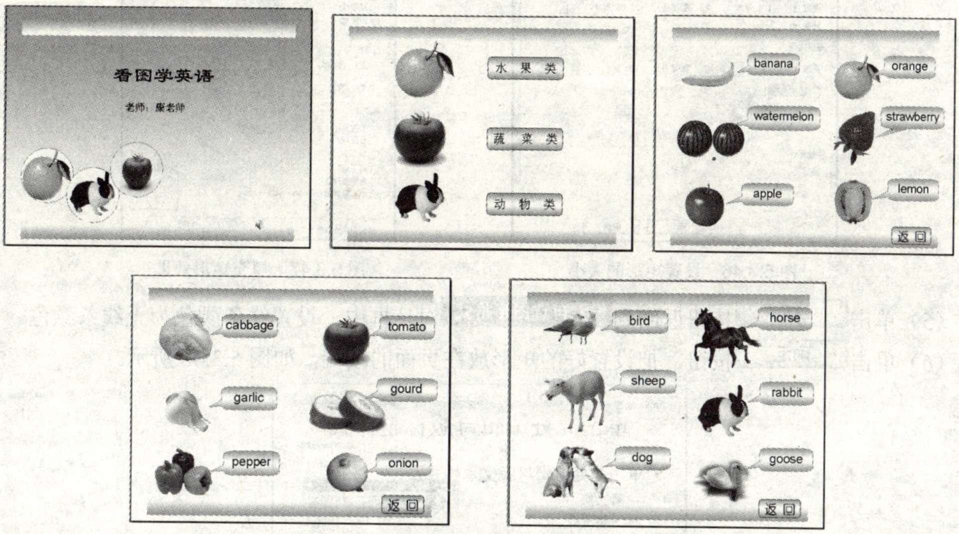

图 5.3.44　“制作的看图学英语”效果图

3．实验步骤

（1）启动 PowerPoint 2003，新建一个空白演示文稿，选中幻灯片中的占位符，并将其删除。

（2）按住“Shift”键的同时，单击窗口右下角的“普通视图”按钮，快速打开幻灯片母版，如图 5.3.45 所示。

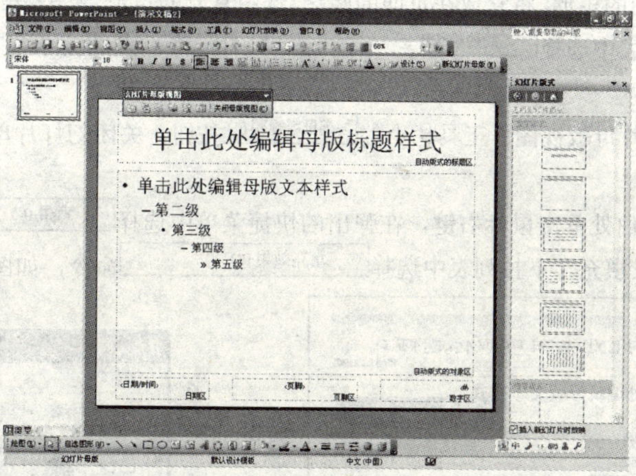

图 5.3.45　打开幻灯片母版

（3）在幻灯片母版视图中绘制一个矩形并单击鼠标右键，在弹出的快捷菜单中选择 设置自选图形格式(O)... 命令，弹出 设置自选图形格式 对话框。打开 尺寸 选项卡，将高度设为“1.4 厘米”，宽度设为“22.81 厘米”，如图 5.3.46 所示。

（4）打开 颜色和线条 选项卡，在填充下拉列表中选择 填充效果(F)... 命令，弹出 填充效果 对话框。打开 渐变 选项卡，将填充色设置为由草绿到白色的渐变色，在“底纹样式”栏中选中 水平(Z) 单选按钮，如图 5.3.47 所示。

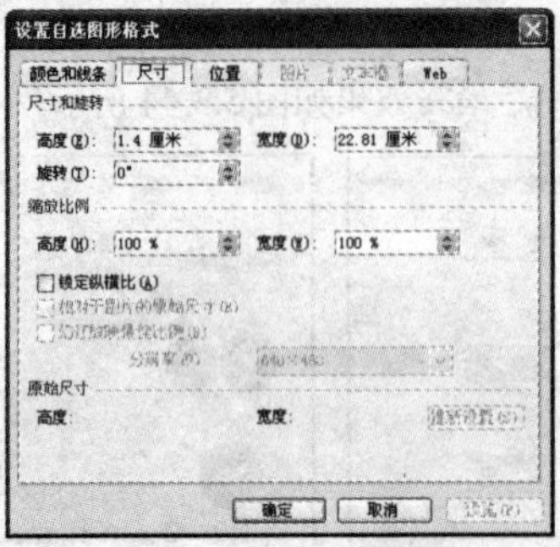

图 5.3.46　设置矩形的大小

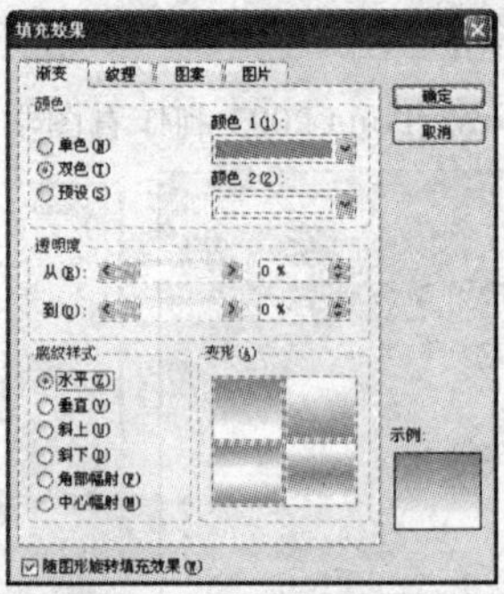

图 5.3.47　填充矩形效果

（5）单击 确定 按钮返回到 设置自选图形格式 对话框中，设置线条颜色为无线条颜色。

（6）单击 确定 按钮，把设置好的矩形放在页面的顶端，如图 5.3.48 所示。

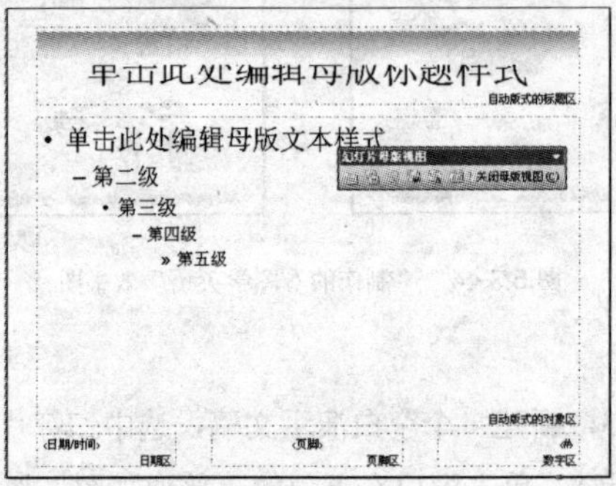

图 5.3.48　设置的填充效果

（7）复制一个相同的矩形，将它放在页面的底端。选中复制的矩形，单击“绘图”工具栏的 绘图(R) 按钮，在弹出的下拉列表中选择 旋转或翻转(P) → 垂直翻转(V) 命令，效果如图 5.3.49 所示。

（8）单击“幻灯片母版视图”工具栏上的 关闭母版视图(C) 按钮，关闭幻灯片母版视图，返回到普通视图。

（9）在幻灯片空白处单击鼠标右键，在弹出的快捷菜单中选择 背景(K)... 命令，弹出 背景 对话框，在“背景填充”下拉列表中选择 填充效果(F)... 命令，如图 5.3.50 所示。

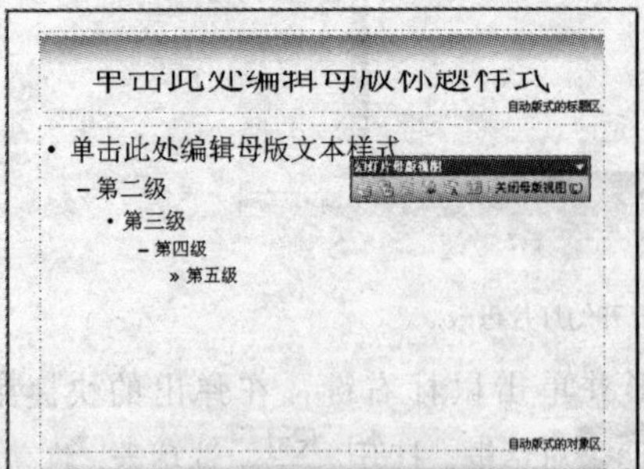

图 5.3.49　调整矩形形状

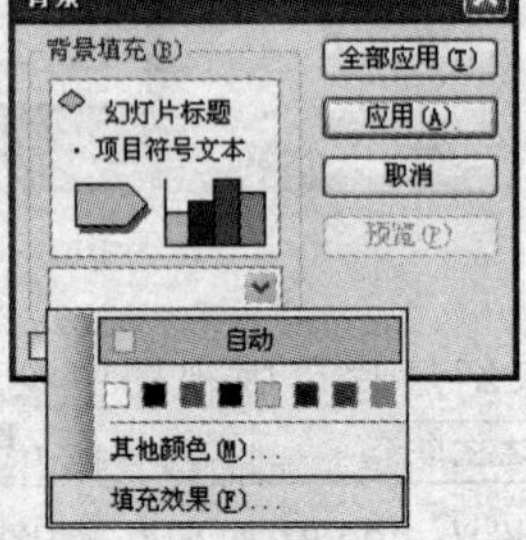

图 5.3.50　“背景”对话框

（10）这时弹出 填充效果 对话框，将背景色设为与图 5.3.47 所示一样的效果，单击 应用(A) 按钮，效果如图 5.3.51 所示。

（11）单击“绘图”工具栏中的“文本框”按钮，在幻灯片中插入两个文本框，输入文本“看图学英语”设置字体为“隶书”“48 磅”；设置“老师：康老师”文本为“宋体”“24 磅”，如图 5.3.52 所示。

图 5.3.51　设置幻灯片背景效果

图 5.3.52　设置文本格式

（12）在“绘图”工具栏中单击“椭圆”按钮，按住“Shift”键，在页面上绘制 3 个大小相同的圆，设置高度和宽度均为“4.4 厘米”，线条颜色为“橙色”，调整圆的位置，效果如图 5.3.53 所示。

（13）选中其中的一个圆形，单击“填充颜色”按钮右侧的下拉箭头，选择 填充效果(F)... 命令，如图 5.3.54 所示。

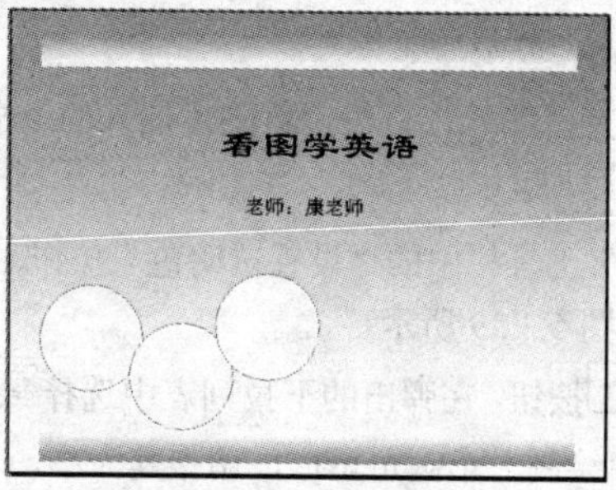

图 5.3.53　绘制的圆

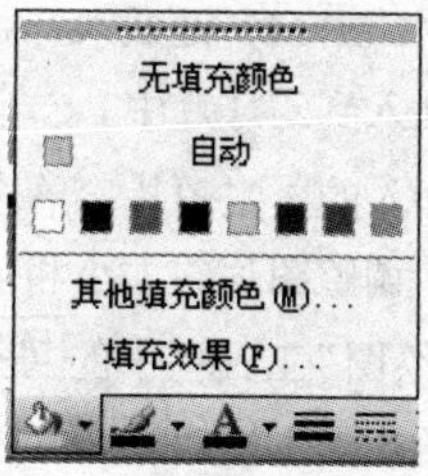

图 5.3.54　选择填充效果命令

（14）这时弹出 **填充效果** 对话框，打开 图片 选项卡，单击 选择图片(L)... 按钮，打开 **选择图片** 对话框，选中所需的“橙子”图片，如图 5.3.55 所示。

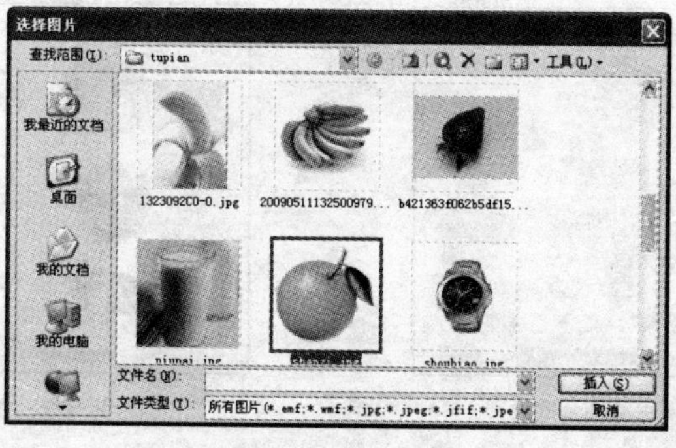

图 5.3.55　选择插入的图片

（15）单击 插入(S) 按钮返回到 **填充效果** 对话框中，再单击 确定 按钮就可将“橙子”图片填充到图形中了。

（16）同样的，将“兔子”和“西红柿”的图片填充到另外两个图形中，如图 5.3.56 所示。

（17）选择 插入(I) → 影片和声音(V) → 文件中的影片(F)... 命令，弹出 **插入声音** 对话框，将选择的背景音乐插入到当前幻灯片中，如图 5.3.57 所示。

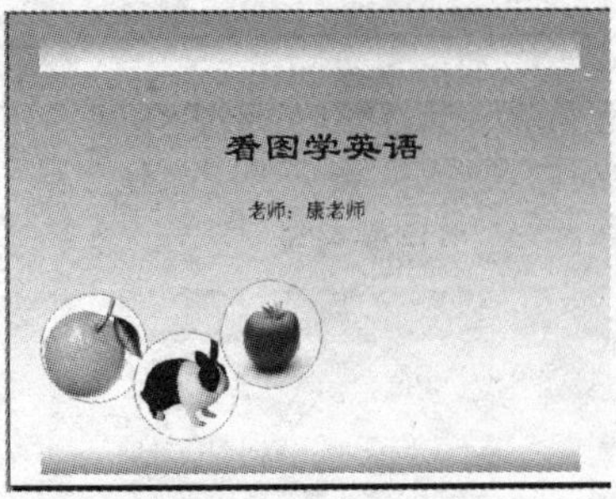

图 5.3.56　填充图形

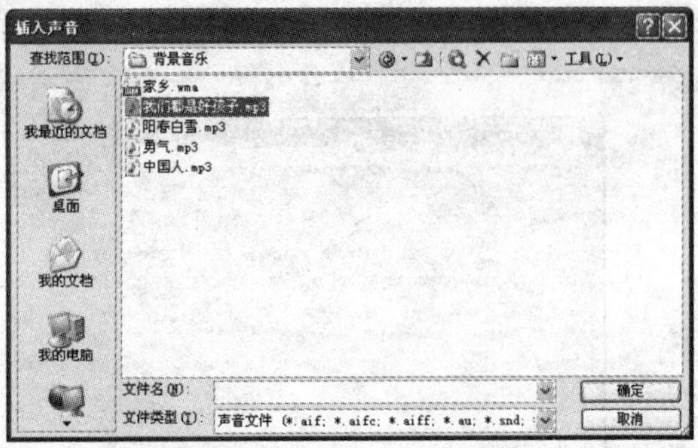

图 5.3.57　插入背景音乐

（18）单击确定按钮，弹出询问对话框（见图 5.3.58），单击自动(A)按钮。

图 5.3.58　询问对话框

（19）按下“Ctrl+M”键插入一张新幻灯片，删除占位符。将刚才插入的“橙子”“西红柿”和“兔子”的图片插入到幻灯片中。

（20）选中插入的 3 张图片，单击“图片”工具栏中的“设置透明色”按钮，在图片上单击，去掉图片的底纹，调整图片的大小和位置，如图 5.3.59 所示。

（21）单击“绘图”工具栏中的自选图形(U)按钮，在弹出的下拉列表中选择基本形状(B)命令，单击“圆角矩形”按钮，在幻灯片中绘制一个圆角矩形，调整其大小。

（22）重复步骤（3）（4）的操作，设置圆角矩形的填充色为“草绿 - 白色 - 草绿”，线条颜色为“蓝色”。将绘制好的圆角矩形再复制两个，移到合适的位置，分别输入文字“水果类”“蔬菜类”和“动物类”，如图 5.3.60 所示。

图 5.3.59　去除图片底纹

图 5.3.60　绘制圆角矩形

（23）按下“Ctrl+M”键插入下一张新幻灯片，删除占位符，将其余的水果图片插入到幻灯片中，如图 5.3.61 所示。

（24）单击“绘图”工具栏中的自选图形(U)按钮，在弹出的下拉列表中选择标注(C)下的“圆角矩形标注”按钮，设置圆角矩形标注的填充色为“草绿 - 白色 - 草绿”，线条颜色为“橙色”。

（25）将绘制好的圆角矩形标注复制到每个水果图旁边，分别输入对应的英文名字，如图 5.3.62 所示。

图 5.3.61 插入其余水果图片

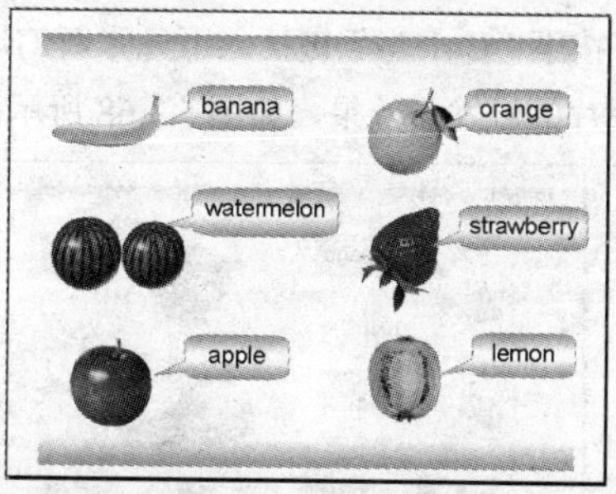

图 5.3.62 给图形添加标注

（26）选中“banana”图形标注，选择 幻灯片放映(D) → 自定义动画(M)... 命令，打开“自定义动画”任务窗格，单击 添加效果 按钮，选择 进入(E) → 其他效果(M)... 命令，弹出 添加进入效果 对话框，从中选择“百叶窗”效果，如图 5.3.63 所示。

（27）在“自定义动画”任务窗格中，使用鼠标右键单击设置的动画，在弹出的快捷菜单中选择 效果选项(E)... 命令，弹出 百叶窗 对话框，在“声音”下拉列表中选择“其他声音”选项，如图 5.3.64 所示。

图 5.3.63 添加进入动画效果

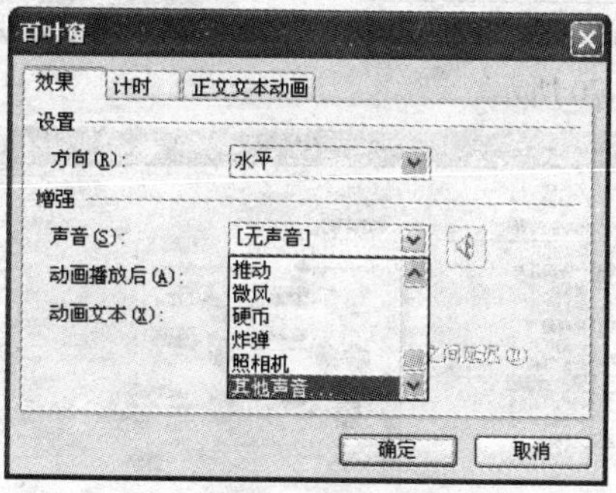

图 5.3.64 设置百叶窗效果

（28）在 添加声音 对话框中，选择 banana.wav 声音文件，单击 确定 按钮返回到 百叶窗 对话框。打开 计时 选项卡，单击 触发器(T) 按钮，再单击 ◉ 单击下列对象时启动效果(C): 按钮，选中下拉列表中的“香蕉”，如图 5.3.65 所示。

（29）单击 确定 按钮完成设置。按“Shift+F5”键切换幻灯片到放映视图，当单击香蕉图片时，即可出现“banana”标注框，并播放“banana”声音文件。依次设置其他图片的触发器效果，如图 5.3.66 所示。

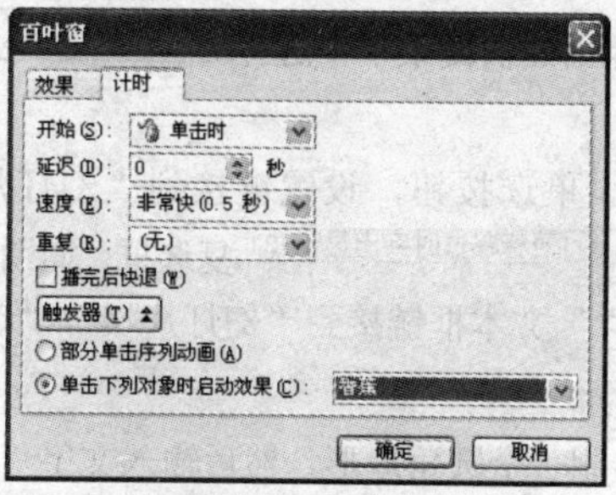

图 5.3.65 设置触发器效果

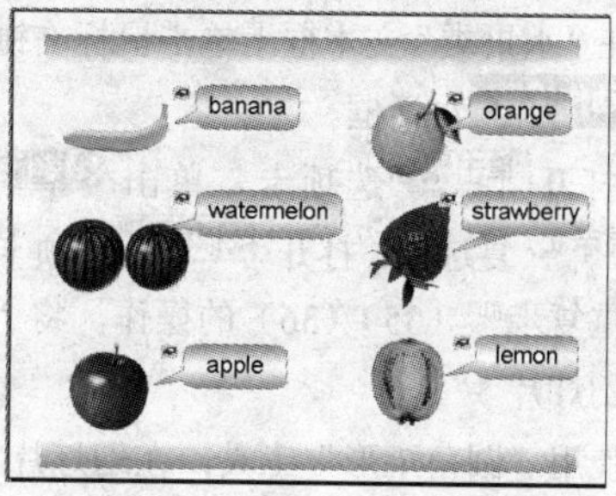

图 5.3.66 为各图片设置触发器效果

（30）按下“Ctrl+M”键插入下一张新幻灯片，删除占位符，将蔬菜类图片插入到幻灯片中，并设置其他图片的触发器效果，如图 5.3.67 所示。

（31）按下“Ctrl+M”键插入下一张新幻灯片，删除占位符，将动物类图片插入到幻灯片中，并设置其他图片的触发器效果，如图 5.3.68 所示。

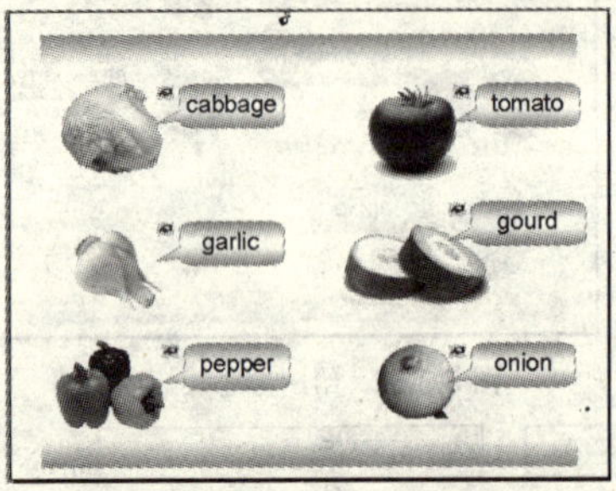

图 5.3.67　蔬菜类幻灯片制作完成

图 5.3.68　动物类幻灯片制作完成

（32）选中第 2 张幻灯片中的“橙子”图片，单击鼠标右键，在弹出的快捷菜单中选择 超链接(H)... 命令，打开 插入超链接 对话框。在“链接到”栏中单击 本文档中的位置(A) 按钮，在“请选择文档中的位置”列表中单击“3. 幻灯片 3”，如图 5.3.69 所示。

（33）单击 屏幕提示(P)... 按钮，弹出 设置超链接屏幕提示 对话框，在屏幕提示文字框中输入“水果类”，如图 5.3.70 所示。

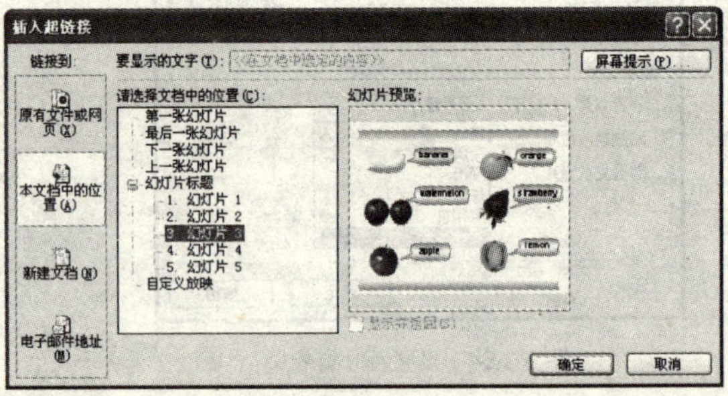

图 5.3.69　插入超链接

图 5.3.70　设置屏幕提示

（34）单击 确定 按钮完成超链接设置。按下“Shift+F5”键切换到幻灯片放映视图，当鼠标指针移动到橙子图片上停留片刻，即可显示出“水果类”提示文字，单击鼠标左键即可跳转到幻灯片 3 中。

（35）使用同样的方法，将“西红柿”图片链接到第四张幻灯片，设置提示文字为“蔬菜类”；将“兔子”图片链接到第五张幻灯片，设置提示文字为“动物类”。

（36）在“水果类”文本框上单击鼠标右键，在弹出的快捷菜单中选择 动作设置(A)... 命令，弹出 动作设置 对话框。

（37）打开 单击鼠标 选项卡，单击 超链接到(H): 单选按钮，设置链接到“幻灯片 3”，选中 单击时突出显示(C) 复选框；打开 鼠标移过 选项卡，选中 鼠标移过时突出显示(O) 复选框，如图 5.3.71 所示。

（38）重复步骤（35）（36）的操作，将“蔬菜类”文本框链接到“幻灯片 4”，“动物类”文本框链接到“幻灯片 5”。

（39）使用“圆角矩形”工具，在幻灯片 3 中绘制一个圆角矩形，然后输入文字“返回”。将该圆角矩形应用与幻灯片 2 中圆角矩形相同的填充效果，然后将它链接到“幻灯片 2”，提示文字设置为“返回目录页”，如图 5.3.72 所示。

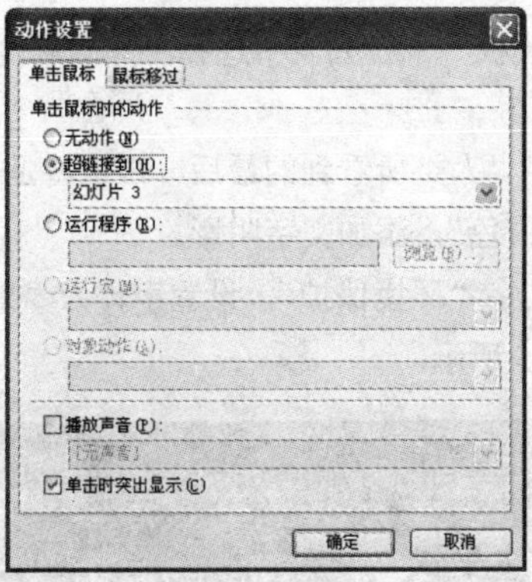

图 5.3.71　动作设置

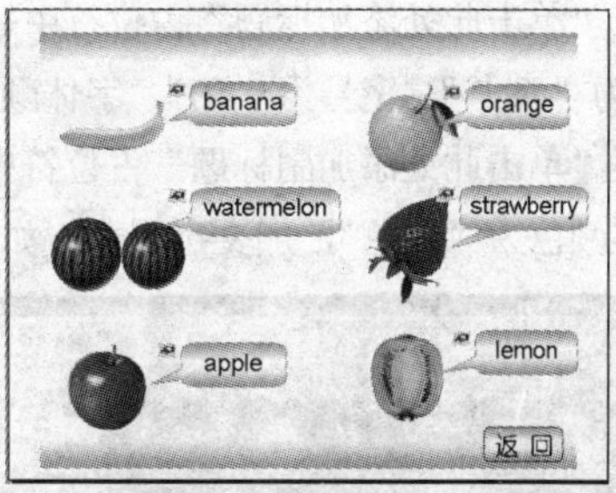

图 5.3.72　制作返回按钮

（40）将“返回”按钮复制到幻灯片 4 和幻灯片 5 中。选中幻灯片 1～5，打开“幻灯片切换”任务窗格，在“换片方式”中取消 单击鼠标时 复选框的选中，在“每隔”微调框中输入“00:02”秒，单击 应用于所有幻灯片 按钮。

（41）单击幻灯片放映按钮，即可播放该幻灯片，最终效果如图 5.3.44 所示。

实验 7　环 境 保 护

1．实验目的

掌握应用设计模板、插入图片、添加文本、设置文本格式、插入声音与隐藏声音播放图标、设置进入与退出动画效果等操作。

2．实验内容

本例利用 PowerPoint 制作公益广告——“环境保护”，最终效果如图 5.3.73 所示。

图 5.3.73　“制作的环保广告”效果图

3．实验步骤

（1）新建一个空白演示文稿，选择 格式(O) → 幻灯片设计(D)... 命令，打开幻灯片设计任务窗格，在“应用设计模板”下拉列表中选择“熊猫翠竹”设计模板，如图 5.3.74 所示。

（2）在“单击此处添加标题”占位符中输入文字“人类所看到的最后一滴水将是自己的眼泪”，并设置字体为“隶书”，字号为“50”，字体颜色为“白色”，添加文字阴影。

（3）在“单击此处添加副标题”占位符中输入文字“环境保护”，设置字体为“黑体”，字号为“70”，字体颜色为“白色”，加文字阴影，如图 5.3.75 所示。

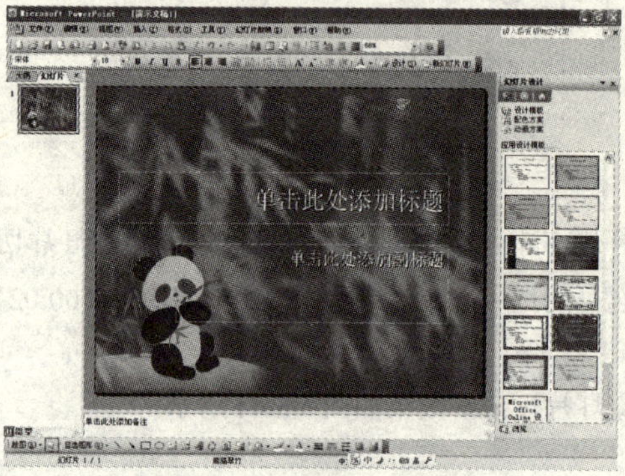

图 5.3.74 选择模板

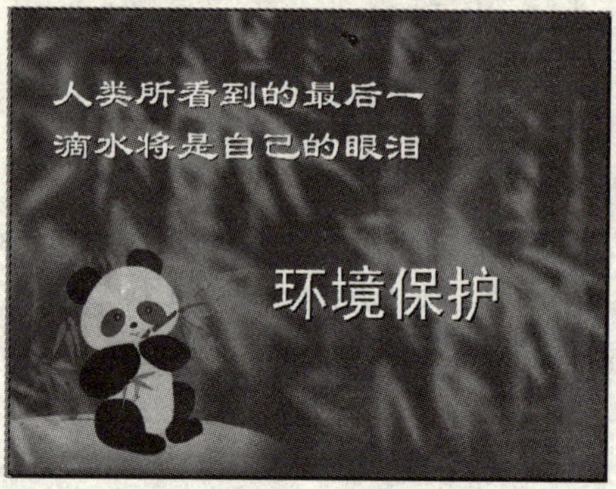

图 5.3.75 设置文字字体

（4）选择插入(I)→影片和声音(V)→文件中的声音(N)...命令，弹出插入声音对话框。选择需要的声音文件，如图 5.3.76 所示。

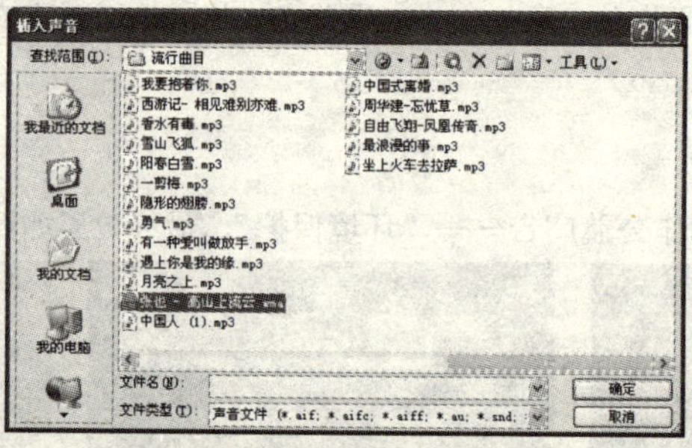

图 5.3.76 插入声音文件

（5）这时出现提示对话框（见图 5.3.77），单击自动(A)按钮后，在幻灯片上会出现一个声音图标。

（6）打开自定义动画任务窗格，在列表中的“声音播放”动画上单击鼠标右键，在弹出的下拉列表中选择效果选项(E)...命令，如图 5.3.78 所示。

图 5.3.77 提示框

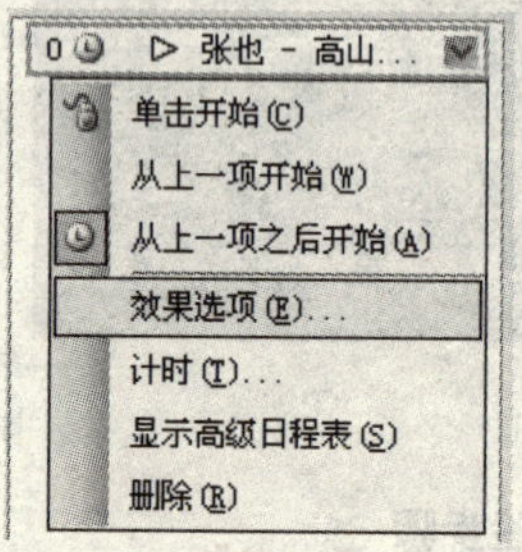

图 5.3.78 选择“效果选项”命令

（7）在打开的播放 声音对话框中，单击效果标签。在“开始播放”栏中单击◎从上一位置(L)单选按钮；在“停止播放”栏中单击◎在(F): 8 张幻灯片后单选按钮，并在其中的数值框中输入“8”，如图 5.3.79 所示。

（8）单击声音设置标签，选中☑幻灯片放映时隐藏声音图标(H)复选框，单击确定按钮，如图 5.3.80 所示。

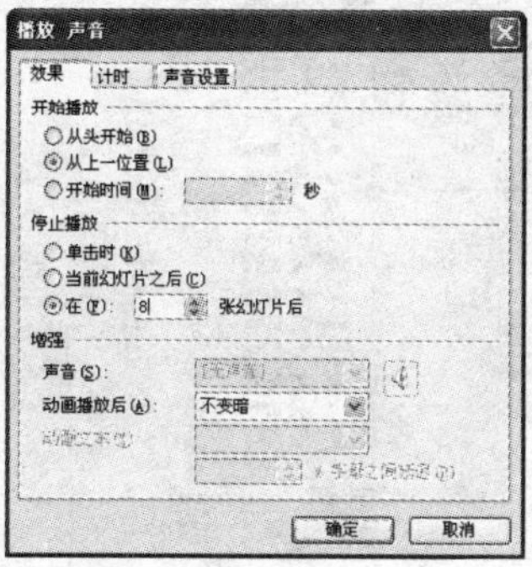

图 5.3.79　播放效果设置

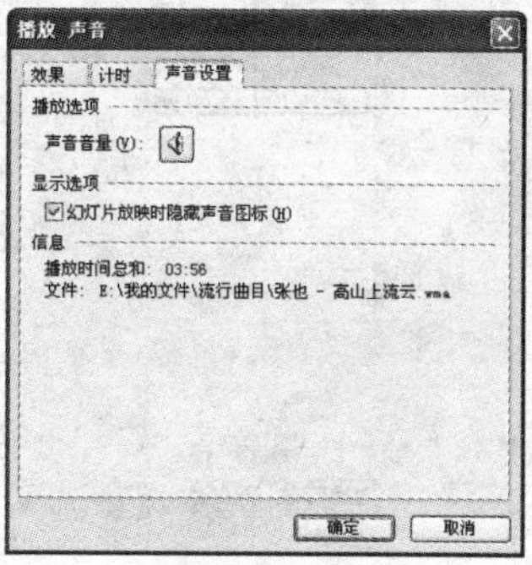

图 5.3.80　声音设置

（9）选中“人类所看到的最后一滴水将是自己的眼泪”文本框，单击添加效果按钮，在弹出的下拉列表中选择进入(E) → 其他效果(M)...命令，弹出添加进入效果对话框，从中选择放大效果，如图 5.3.81 所示。

（10）单击确定按钮，可为文本框设置放大动画效果，将开始改为“之后”，速度改为“中速”。

（11）选中“环境保护”文本框，将它的进入动画效果设置为擦除，将开始改为“之后”，速度改为“快速”。

（12）按下“Ctrl+M”快捷键插入一张新幻灯片，删除其中的文本占位符。

（13）单击“绘图”工具栏上的“插入图片”按钮，打开插入图片对话框，将“图片 1”插入到幻灯片中，调整图片的大小和位置，如图 5.3.82 所示。

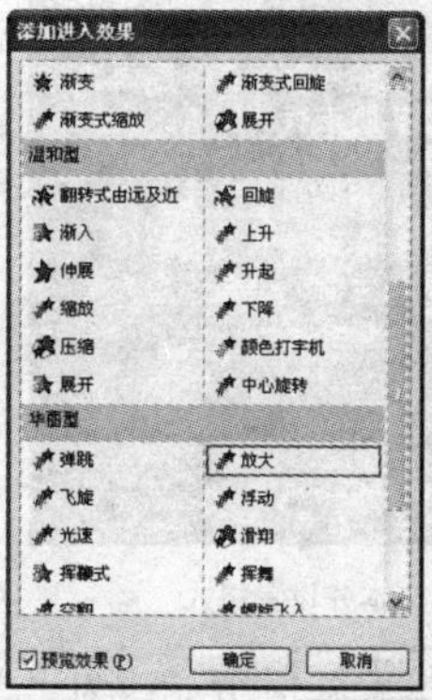

图 5.3.81　“添加进入效果”对话框

图 5.3.82　插入图片

（14）选中该图片，单击添加效果按钮，选择进入(E) → 5. 飞旋命令，将开始改为“之后”，速度改为“非常慢”；选择强调(M) → 2. 放大/缩小命令，将开始改为“之后”，速度改为“中速”。

（15）单击添加效果按钮，选择退出(X) → 6. 螺旋飞出命令，设置退出效果，将开始改为“之后”，速度改为“非常慢”，如图 5.3.83 所示。

（16）将图片 2～6 插入到幻灯片中，调整好图片的位置和大小，设置与图片 1 相同的动画效果，如图 5.3.84 所示。

图 5.3.83　设置图片 1 的动画效果

图 5.3.84　设置所有图片动画效果

（17）选择 幻灯片放映(D) → 幻灯片切换(T)... 命令，打开 幻灯片切换 任务窗格。在切换效果列表中单击“新闻快报”，在“换片方式”栏中选中 ☑每隔 复选框，取消 □单击鼠标时 复选框的选中，如图 5.3.85 所示。

（18）单击 应用于所有幻灯片 按钮，将该动画效果应用所有的幻灯片中。

（19）按下“Ctrl+M”快捷键插入一张新幻灯片，删除其中的文本占位符，将“环境保护.txt”中的文本内容复制到幻灯片中。设置字体为“黑体”，字号为“32”，字体颜色为“白色”，如图 5.3.86 所示。

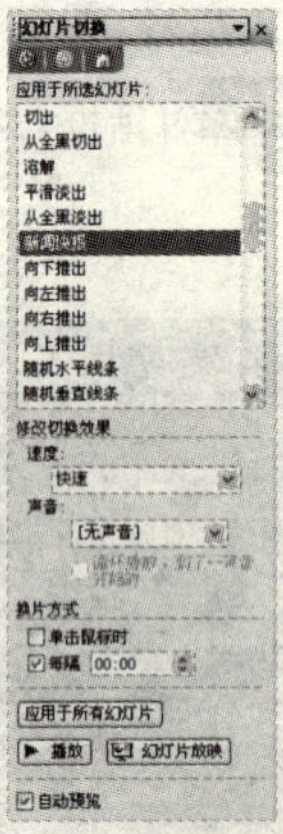

图 5.3.85　设置切换效果

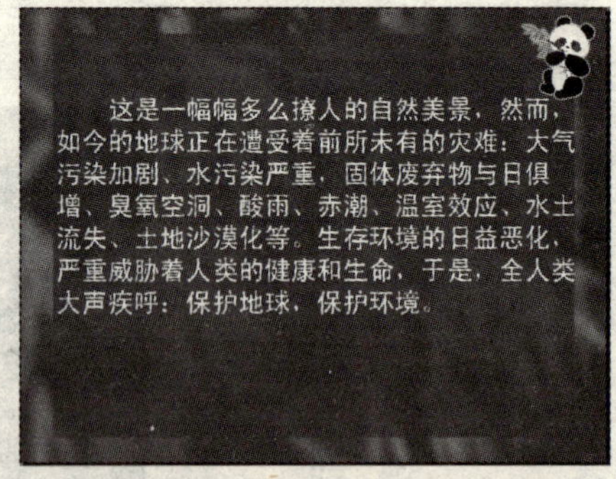

图 5.3.86　输入文本并设置格式

（20）选中该文本框，将它的进入动画效果设置为 翻转式由远及近，开始改为“之后”，速度改为“快速”。

（21)）按下“Ctrl+M”快捷键插入一张新幻灯片，在文本占位符中输入文本，并设置字体与字号大小。

（22）选中该张幻灯片中的正文文本，选择 格式(O) → 项目符号和编号(B)... 命令，弹出 项目符号和编号 对话框，如图 5.3.87 所示。

（23）单击 自定义(U)... 按钮，弹出 符号 对话框，从中选择所需的符号，如图 5.3.88 所示。

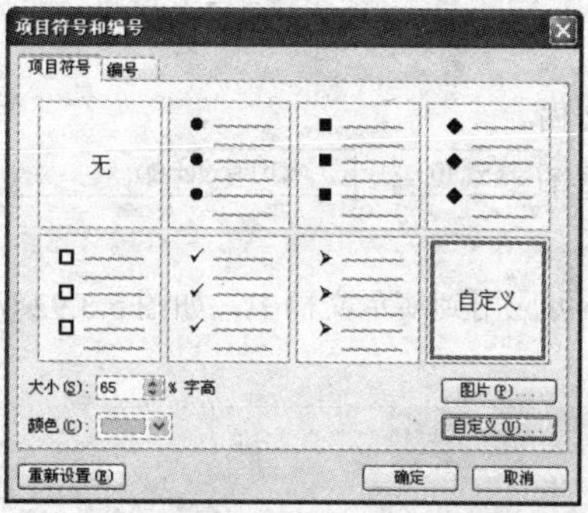

图 5.3.87 “项目符号和编号”对话框

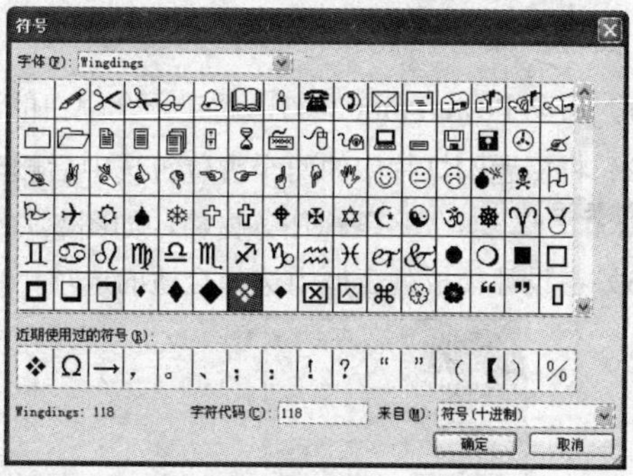

图 5.3.88 “符号”对话框

（24）单击 确定 按钮即可在文本前加上项目符号，如图 5.3.89 所示。

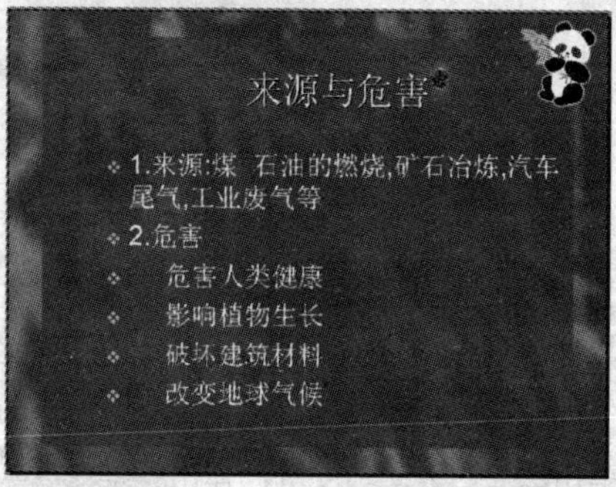

图 5.3.89 添加的项目符号

（25）设置第 4 张幻灯片的动画效果为“飞入”，方向改为“自底部”，速度改为“非常快”。

（26）按同样的方法制作第 5～6 张幻灯片，并设置相应的动画效果。

（27）按“F5”键，播放幻灯片，最终效果如图 5.3.73 所示。

实验 8 制作教学课件

1. 实验目的

将课堂上要讲述的知识制作成演示文稿，以幻灯片的形式展现在学生面前，既可以使学生真实地感受到书中讲述的内容，又可以加速知识的理解与掌握，这种形式现在已广泛应用于课堂教学中。

2. 实验内容

本例将制作教学课件，效果如图 5.3.90 所示。

图 5.3.90 “制作的教学课件”效果图

3. 实验步骤

（1）启动 PowerPoint 2003，新建一个空白的演示文稿。

（2）将标题幻灯片中的两个占位符选中后删除，选择 格式(O) → 幻灯片设计(D)... 命令，打开 幻灯片设计 任务窗格，如图 5.3.91 所示。

（3）在设计模板列表框中选择合适的选项，单击即可应用到演示文稿中，如图 5.3.92 所示。

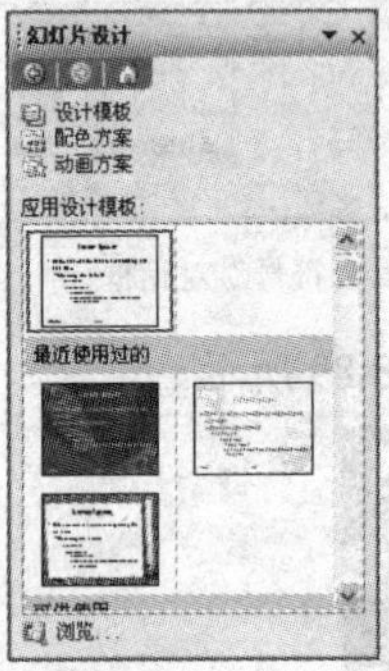

图 5.3.91 “幻灯片设计”任务窗格

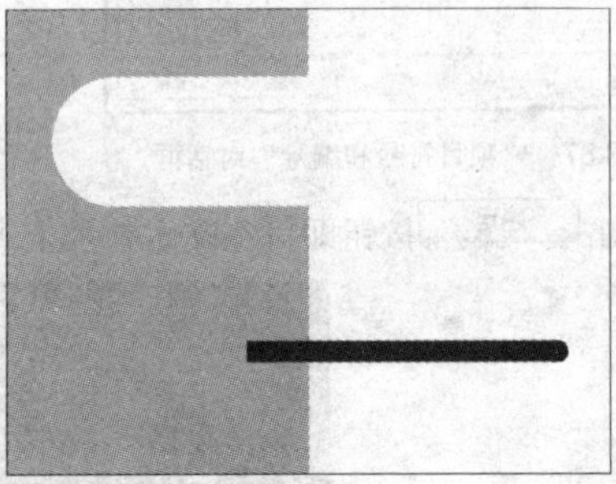

图 5.3.92 应用设计模板

（4）选择 插入(I) → 图片(P) → 来自文件(F)... 命令，在弹出的 插入图片 对话框中选择一幅图片将其插入到标题幻灯片中，调整图片的大小及位置，效果如图 5.3.93 所示。

（5）单击绘图工具栏中的“插入艺术字”按钮，在幻灯片中单击，弹出 艺术字库 对话框。在该对话框中选择一种样式，单击 确定 按钮，弹出 编辑“艺术字”文字 对话框。在该对话框中输入艺术字文字，并为文字设置合适的字体、大小及颜色，单击 确定 按钮，即可在幻灯片中创建一个艺术字。移动该艺术字至合适的位置，效果如图 5.3.94 所示。

图 5.3.93 插入图片

图 5.3.94 创建的艺术字

（6）单击绘图工具栏中的“竖排文本框”按钮，在幻灯片中单击并拖动，创建两个大小相同的文本框。在文本框中输入文字，为文字设置合适的字体、大小及颜色，如图 5.3.95 所示。

（7）按“Ctrl+M”快捷键 17 次，创建 17 张新的空白幻灯片。选中第 2 张幻灯片，在第 1 个占位符中输入文字“生字词”，并为文字设置合适的字体、大小及颜色；选中第 2 个占位符，在其中输入文字“读准字音”。单击“竖排文本框”按钮两次，新建两个文本框，在其中输入文字和拼音、词组，为不同的文本框中的文字设置合适的字体、大小及颜色，如图 5.3.96 所示。

图 5.3.95 创建文本框

（8）选中第 3 张幻灯片，将该幻灯片中的占位符删除。单击“文本框”按钮两次创建两个文本框，在文本框中输入文字，并为其设置合适的字体、大小及颜色。

（9）选择 插入(I) → 图片(P) → 来自文件(F)... 命令，在弹出的 插入图片 对话框中选择两幅图片并将其插入到当前幻灯片中，调整图片的大小及位置，效果如图 5.3.97 所示。

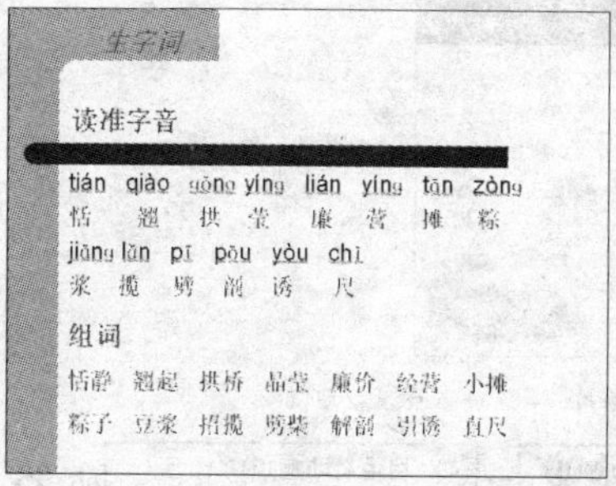

图 5.3.96　在文本框中输入文字、拼音及词组

图 5.3.97　在幻灯片中插入图片

（10）选中第 4 张幻灯片，将标题幻灯片中的背景图片复制并粘贴到该幻灯片中，双击图片，弹出 设置图片格式 对话框。单击 图片 标签，打开 图片 选项卡，在“图像控制”选区中的“颜色”下拉列表框中选择“冲蚀”选项，调整图片的亮度为“83%”，对比度为“13%”，单击 确定 按钮，效果如图 5.3.98 所示。

（11）在幻灯片中创建两个文本框，在文本框中输入文字，为其设置合适的字体、大小及颜色，效果如图 5.3.99 所示。

图 5.3.98　图片的冲蚀效果

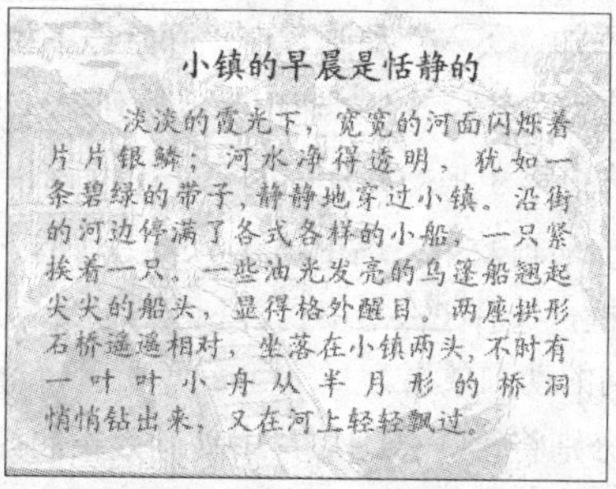

图 5.3.99　在文本框中输入文字

（12）分别在第 5～11 张幻灯片中插入 7 张不同的图片。选中第 10 张幻灯片，单击“竖排文本框”按钮，在幻灯片中创建一个文本框，在文本框中输入文字，为其设置合适的字体、大小以及颜色。

（13）选中第 11 张幻灯片，单击“竖排文本框”按钮，在幻灯片中创建一个文本框，在文本框中输入文字，为其设置合适的字体、大小及颜色。

（14）选中第 12 张幻灯片，选择 插入(I) → 图片(P) → 来自文件(F)... 命令，在弹出的 插入图片 对话框中选择 7 幅图片将其插入到当前幻灯片中，调整图片的大小及位置，效果如图 5.3.100 所示。

（15）在该幻灯片中创建一个文本框，在文本框中输入文字，为其设置合适的字体、大小及颜色。

（16）分别在第 13～17 张幻灯片中插入图片，并将标题幻灯片中的图片复制粘贴到第 18 张幻灯片中。

（17）分别在第 13～17 张幻灯片中插入横向或竖向的文本框，在文本框中输入文字，对图片进行相应的说明。

（18）选中第 18 张幻灯片，将标题幻灯片中的艺术字复制粘贴到该张幻灯片中；创建一个文本框，在其中输入文字，并为文字设置合适的字体、大小及颜色。

图 5.3.100　插入图片

（19）选中第 1 张幻灯片中的艺术字，选择 幻灯片放映(D) → 自定义动画(M)... 命令，打开“自定义动画”任务窗格，如图 5.3.101 所示。

（20）单击 添加效果 按钮，弹出其下拉菜单，在该菜单中选择 进入(E) → 9. 展开 命令，即可为该艺术字添加动画效果。

（21）在“开始”下拉列表框中选择“之前”选项，在“速度”下拉列表框中选择“中速”选项，即可为该文字设置动画效果。

（22）重复步骤（20）和（21）的操作，为该张幻灯片中的其他两个文本框添加扇形展开动画效果。选中第 2 张幻灯片中的文本框，在“添加效果”下拉菜单中选择 进入(E) → 其他效果(M)... → 飞入 命令，为其添加“飞入”动画。在“开始”下拉列表框中选择“之后”选项；在“方向”下拉列表框中选择“自底部”选项；在“速度”下拉列表框中选择“快速”选项，即可为该文本框设置动画效果。

（23）选中第 3 张幻灯片中的第 1 个文本框，在“添加效果”下拉菜单中选择 进入(E) → 螺旋飞入 命令，为其添加动画效果；选中第 1 张图片，选择 进入(E) → 4. 轮子 命令，为其添加动画效果；选中第 2 个文本框，选择 进入(E) → 2. 飞入 命令为其添加动画效果；选中第 2 张图片，将其设置为与第 1 张图片相同的动画效果。

（24）分别将第 3 张幻灯片中动画效果的开始方式设置为“之后”，并为它们设置合适的动作方向及速度，如图 5.3.102 所示。

图 5.3.101　“自定义动画”任务窗格

图 5.3.102　设置动画的动作方向及速度

（25）选中第 4 张幻灯片中的第 1 个文本框，选择 进入(E) → 8. 圆形扩展 命令为其添加动画效果；选中第 2 个文本框，选择 进入(E) → 3. 阶梯状 命令为其添加动画效果。分别将这两个动画效果的开始方式设置为“之后”，速度设置为“中速”。

（26）选中文字“淡淡的霞光下……”～“一片片银鳞；”选择 插入(I) → 超链接(I)... Ctrl+K

命令，弹出“插入超链接”对话框，如图 5.3.103 所示。

（27）在“链接到”选项区中选择“本文档中的位置”选项，在“请选择文档中的位置”列表框中选择“幻灯片 6”选项，单击 确定 按钮，即可创建一个超链接，如图 5.3.104 所示。在文本中创建超链接后，文本下方带有下画线。

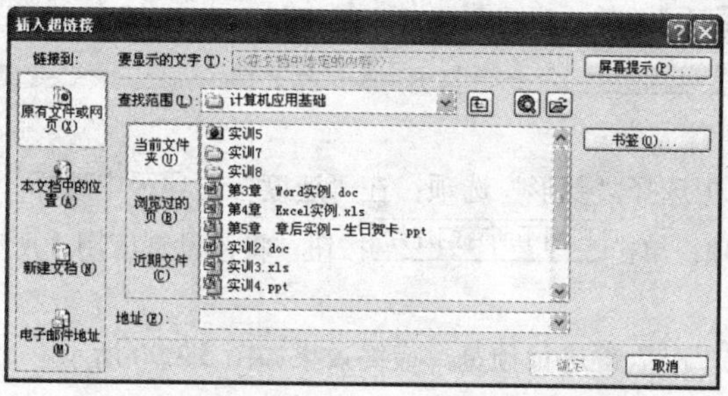

图 5.3.103　“插入超链接”对话框

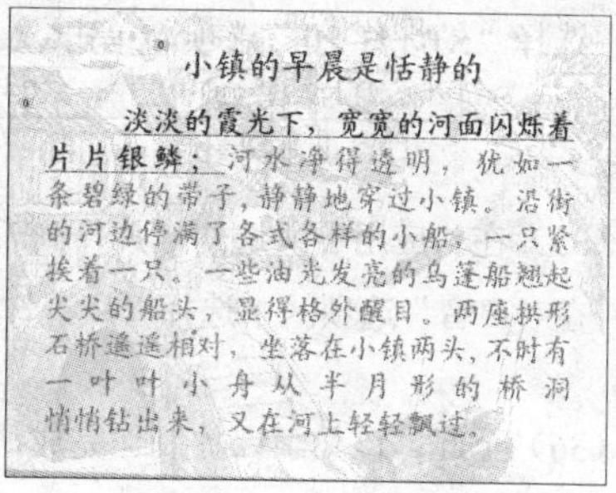

图 5.3.104　创建的超链接

（28）重复步骤（26）和（27）的操作，为其他文本添加超链接，如图 5.3.105 所示。

（29）选中第 5 张幻灯片，选择 幻灯片放映(D) → 动作按钮(I) → ◁ 命令，在幻灯片中单击，弹出“动作设置”对话框，如图 5.3.106 所示。

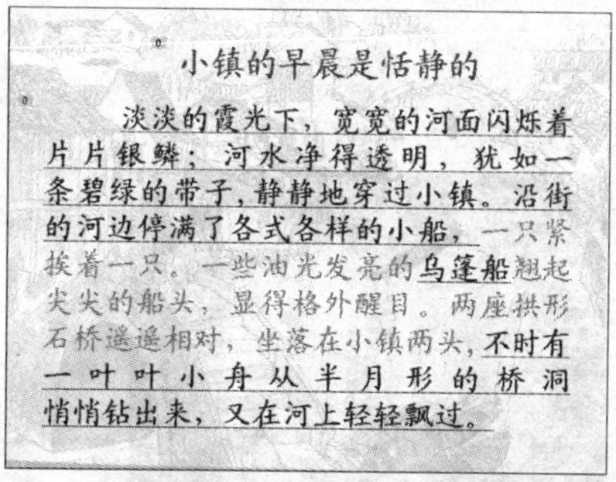

图 5.3.105　创建的所有超链接

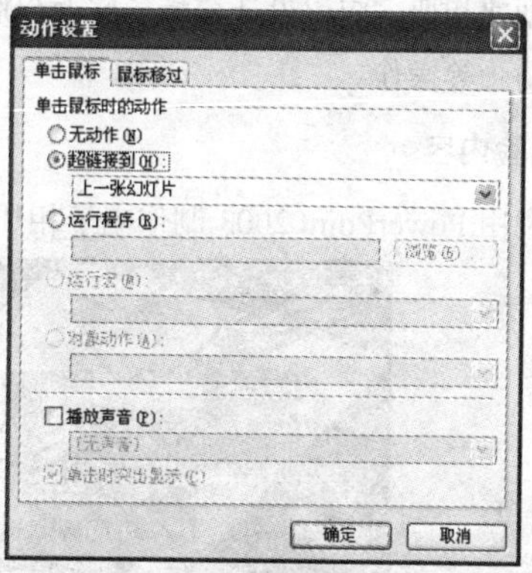

图 5.3.106　“动作设置”对话框

（30）在“超链接到”下拉列表框中选择“幻灯片”选项，弹出 超链接到幻灯片 对话框，在“幻灯片标题”列表框中选择“幻灯片 4”选项，单击 确定 按钮即可创建一个动作按钮。为该幻灯片设置合适的大小及颜色，并将其移至合适位置，如图 5.3.107 所示。

（31）将创建的动作按钮复制并粘贴到第 6～9 张幻灯片中。选中第 10 张幻灯片中的文本框，选择 动作路径(P) → 绘制自定义路径(D) → 自由曲线(S) 命令，使用铅笔绘制一条动作路径，并将文本框移至如图 5.3.108 所示的位置。

图 5.3.107　创建的动作按钮

图 5.3.108　绘制动作路径并移动文本框

（32）参照前面讲解的创建动画的方法，为第 11～18 张幻灯片中的图片或文本框添加各种动画效果。

（33）选中第 4 张幻灯片中的图片，选择 插入(I) → 超链接(I)... Ctrl+K 命令，弹出“插入超链接”对话框。在“链接到”选项区中选择“本文档中的位置”选项，在“请选择文档中的位置”列表框中选择“幻灯片 10”选项，单击 确定 按钮，即可创建一个超链接。

（34）选择 幻灯片放映(D) → 幻灯片切换(T)... 命令，打开 幻灯片切换 任务窗格。

（35）在“应用于所选幻灯片”列表框中选择“菱形”选项；在“速度”选项区中选择“慢速”选项；在“声音”选项区中选择“风铃”选项；单击 应用于所有幻灯片 按钮，将该设置应用于所有的幻灯片。

（36）至此，该教学课件制作完成，按“F5”键进行预览，最终效果如图 5.3.90 所示。

实验 9　制作电子相册

1. 实验目的

掌握创建相册、应用设计模板、修改母版、添加艺术字、添加动作按钮、设置超链接、切换幻灯片及设置动画等操作。

2. 实验内容

本例利用 PowerPoint 2003 制作电子相册，最终效果如图 5.3.109 所示。

图 5.3.109　“制作的电子相册”效果图

3. 实验步骤

（1）启动 PowerPoint 2003，新建一个空白演示文稿，选中幻灯片中的占位符，并将其删除。

（2）选择 插入(I) → 图片(P) → 新建相册(P)... 命令，弹出 相册 对话框，如图 5.3.110 所示。

（3）如果所需的图片都已经事先保存在计算机中，则只须单击 文件/磁盘(F)... 按钮，打开如图 5.3.111 所示的 插入新图片 对话框。

（4）在“查找范围”下拉列表中找到图片存放的位置，从中选择所需的图片，可以配合“Shift”或“Ctrl”键一次选择多张图片，然后单击 插入(S) 按钮。

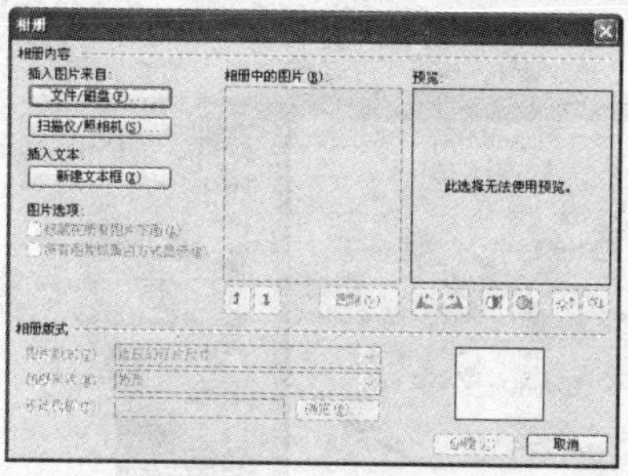

图 5.3.110 “相册”对话框

图 5.3.111 “插入新图片”对话框

（5）在本例中一共插入了 6 张图片，插入图片后的 相册 对话框如图 5.3.112 所示。

（6）选择一张或多张图片，然后再单击图片列表下面的“上移”按钮或“下移”按钮，调整插入图片的顺序，如图 5.3.113 所示。

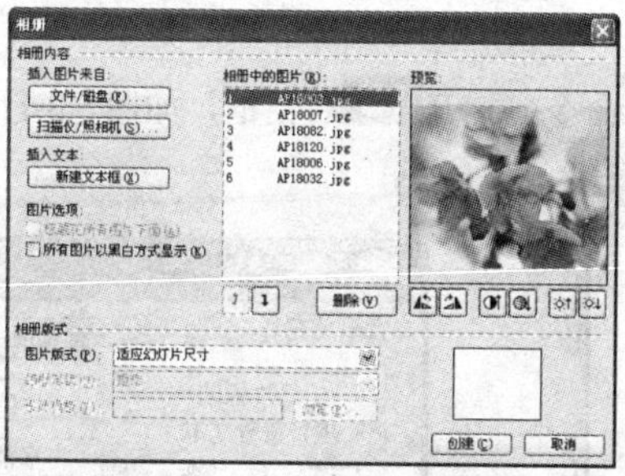

图 5.3.112 插入图片后的“相册”对话框

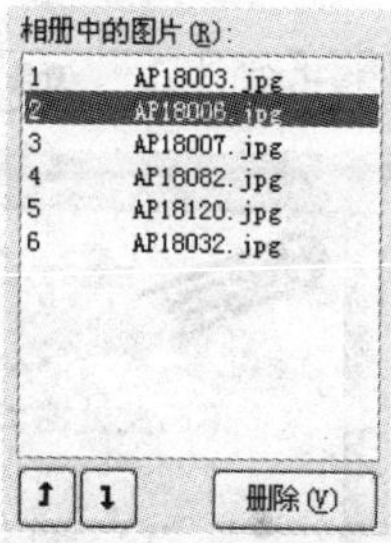

图 5.3.113 调整图片在相册中的播放顺序

（7）在“相册版式”选项区域的“图片版式”下拉列表中，选择“1 张图片”；在“相框形状”下拉列表中选择“圆角矩形”，单击 浏览(B)... 按钮，可以打开 选择设计模板 对话框，从中选择模板的名称。当然也可以在“幻灯片设计”任务窗格中进行模板的设计，本例采用第二种方式进行模板的设计。

（8）单击 创建(C) 按钮，图片即被一一插入到演示文稿中，并在第一张幻灯片中留出相册的标题，如图 5.3.114 所示。

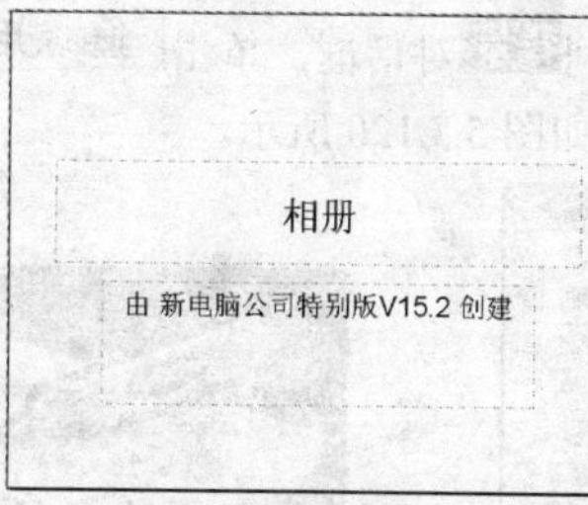

图 5.3.114 新建相册后系统自动创建的幻灯片

（9）选择 文件(F) → 保存(S) Ctrl+S 命令，打开 另存为 对话框，然后在“保存位置”下拉列表中选择保存路径，在“文件名”文本框中输入文件名，单击 保存(S) 按钮，完成文件的保存。

（10）选择 格式(O) → 幻灯片设计(D)... 命令，打开“幻灯片设计”任务窗格，如图 5.3.115 所示。

（11）在“应用设计模板”列表中，通过拖动“滚动条”可以浏览所有的模板类型，从中选择一个模板“crayons”，再单击 应用于所有幻灯片(A) 按钮，效果如图 5.3.116 所示。

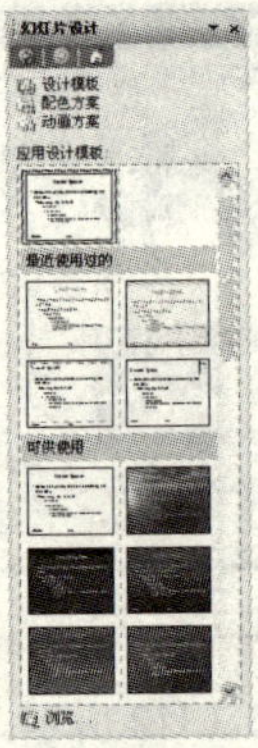

图 5.3.115 “幻灯片设计”任务窗格

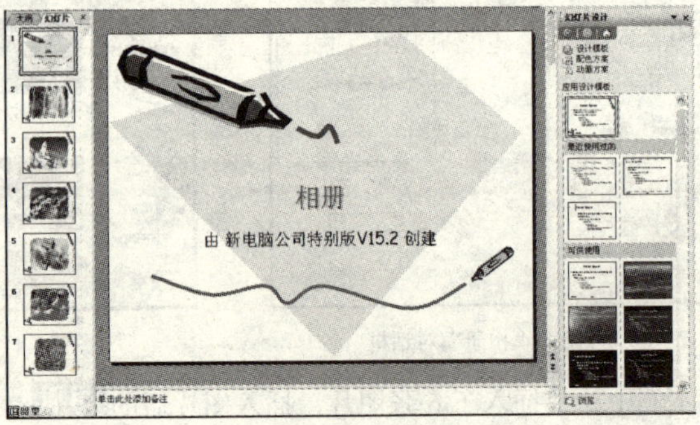

图 5.3.116 应用设计模板

（12）选择 视图(V) → 母版(M) → 幻灯片母版(S) 命令，打开幻灯片母版视图，如图 5.3.117 所示。

（13）选择 格式(O) → 背景(K)... 命令，打开 背景 对话框，如图 5.3.118 所示。

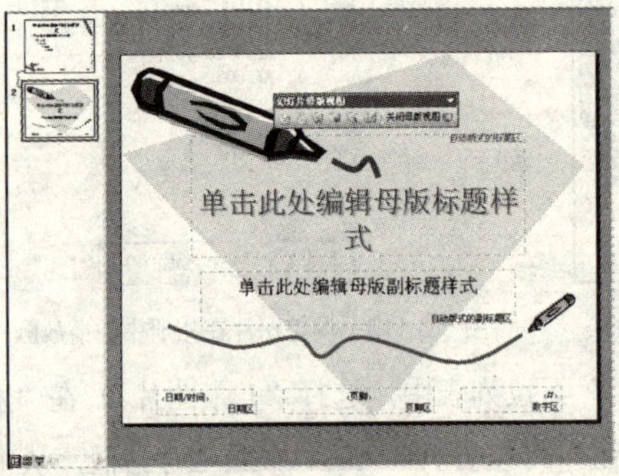

图 5.3.117 幻灯片母版视图

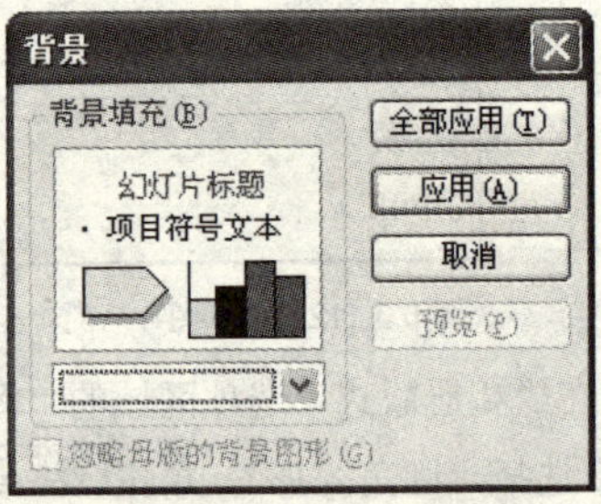

图 5.3.118 “背景”对话框

（14）在“背景填充”下拉列表中选择 填充效果(F)... 命令，弹出 填充效果 对话框，单击 渐变 标签，打开“渐变”选项卡。在“颜色”栏中单击 ⊙预设(S) 按钮，在“预设颜色”下拉列表中选择“红日西斜”，如图 5.3.119 所示。

（15）单击 确定 按钮，返回 背景 对话框，单击 全部应用(T) 按钮，将“背景”应用于全部幻灯片中。添加背景后的幻灯片效果如图 5.3.120 所示。

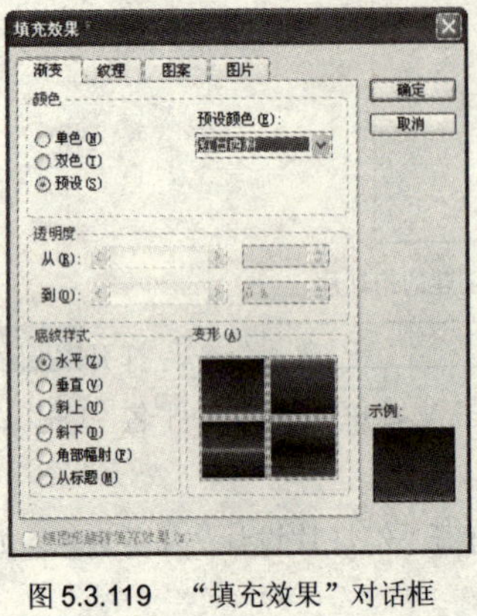

图 5.3.119 “填充效果”对话框

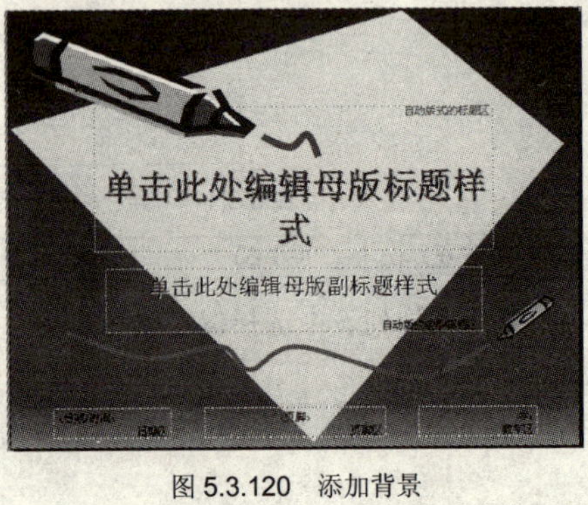

图 5.3.120 添加背景

（16）在幻灯片母版视图中的第 1 张幻灯片中，分别将文字“单击此处编辑母版标题样式”和“单击此处编辑母版文本样式”更改为“四季剪影”和“经典收藏”。调整文字的排列顺序，设置好的幻灯片界面如图 5.3.121 所示。

（17）在“普通视图”中，选中第一张幻灯片，删除其占位符。选择 插入(I) → 图片(P) → 艺术字(W)... 命令，弹出 艺术字库 对话框，选择第 2 行第 3 列的艺术字样式，如图 5.3.122 所示。

图 5.3.121　更改文字后的界面

图 5.3.122　“艺术字库”对话框

（18）单击 确定 按钮，弹出 编辑“艺术字”文字 对话框，在文字编辑区中输入“经典收藏”，字体为“宋体”，字号为“36 磅”，如图 5.3.123 所示。

（19）单击 确定 按钮，在幻灯片中插入艺术字“经典收藏”，如图 5.3.124 所示。

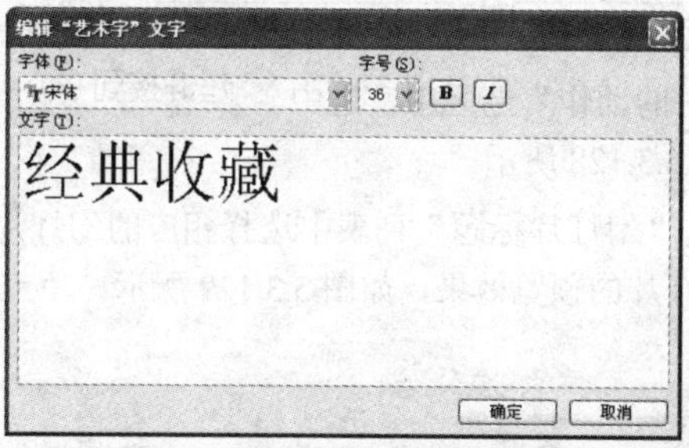

图 5.3.123　“编辑‘艺术字’文字”对话框

图 5.3.124　插入艺术字后的效果

（20）单击“绘图”工具栏中的“文本框”按钮，绘制一个文本框并在其中输入文本“我的相册”，将其文字属性设置为“华文行楷”“40”“白色”，并调整艺术字和文本框的位置，效果如图 5.3.125 所示。

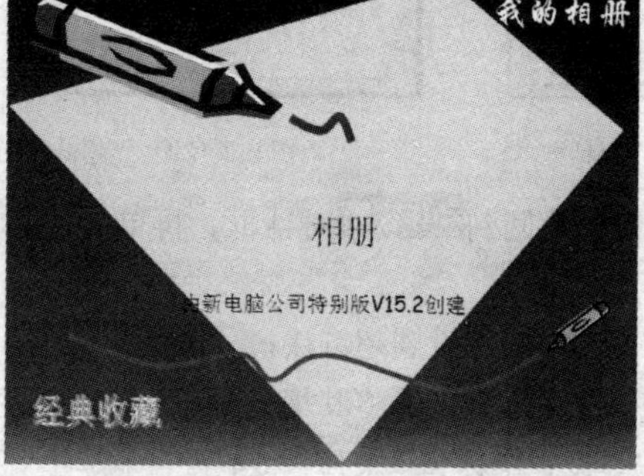

图 5.3.125　设置文字属性后的效果

（21）选择插入(I)→图片(P)→来自文件(F)...命令，弹出插入图片对话框，选中第一幅图片“AP18032”，单击插入(S)按钮，即可在封面中插入该图片。

（22）在该插入的图片上单击鼠标右键，在弹出的快捷菜单中选择设置图片格式(I)...命令，弹出设置图片格式对话框，打开尺寸选项卡，如图 5.3.126 所示。

（23）在“缩放比例”选项区中，选中☑锁定纵横比(A)和☑相对于图片的原始尺寸(R)复选框，然后将高度设为 20%，宽度则自动设置。单击确定按钮，完成图片的设置。

（24）使用同样的方法，将其他图片插入到幻灯片中，并适当调整其大小和位置，效果如图 5.3.127 所示。

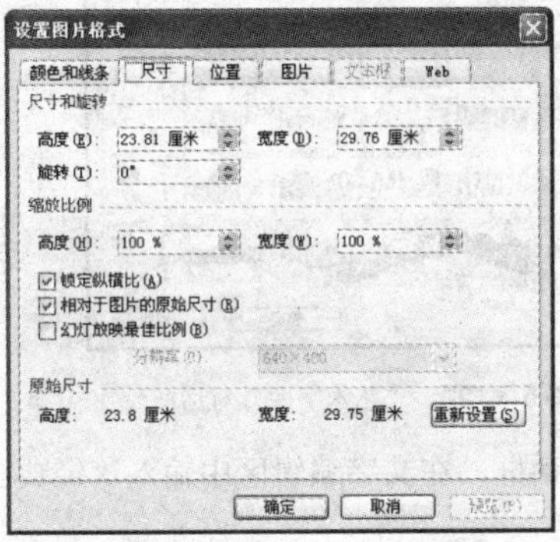

图 5.3.126 “尺寸”选项卡

图 5.3.127 制作完成的相册封面

（25）选中缩略图中的第一幅图片，选择幻灯片放映(D)→动作设置(A)...命令，弹出动作设置对话框。选择单击鼠标选项卡，在“单击鼠标时的动作”选区中，选中◉超链接到(H):单选按钮，然后在其下拉列表中选择“幻灯片”选项，如图 5.3.128 所示。

（26）同时弹出超链接到幻灯片对话框，从“幻灯片标题”列表中选择相应的幻灯片，如本例选择幻灯片 2，在右边的预览区域中可以看到幻灯片的预览效果，如图 5.3.129 所示。

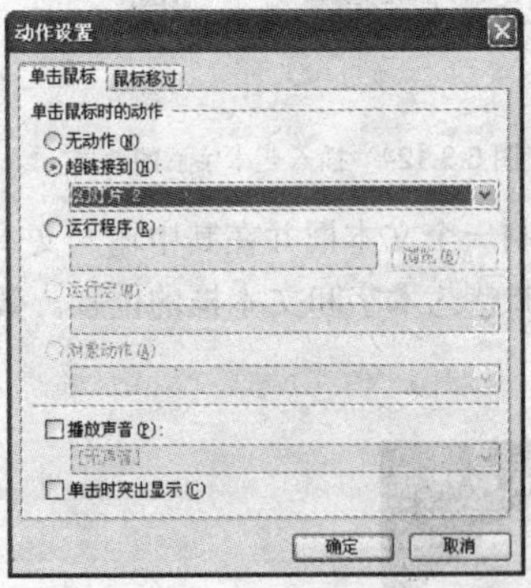

图 5.3.128 “动作设置”对话框

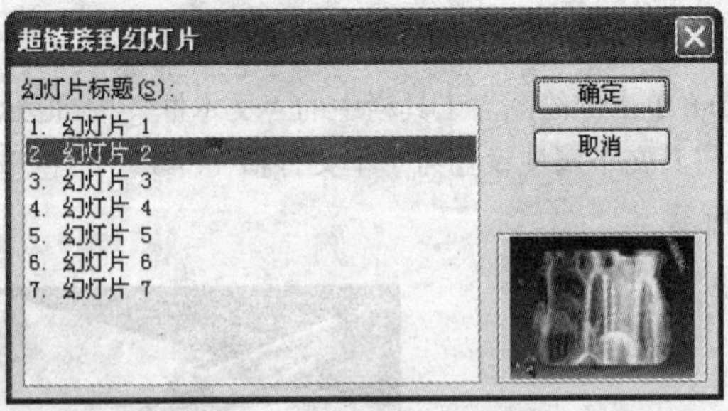

图 5.3.129 “超链接到幻灯片”对话框

（27）单击确定按钮，返回到动作设置对话框。再单击确定按钮，即可链接到第 2 张幻灯片。

（28）用同样的方法为其他的缩略图设置超链接，分别链接到第 3～7 张幻灯片。

（29）在幻灯片底部添加一个文本框，并将其填充颜色和线条颜色均设为“无线条颜色”。在该文本框中输入文字“回目录页”，设置字体为“宋体”“24 号”“倾斜”“下画线”，字体颜色为“白色”，如图 5.3.130 所示。

（30）单击“绘图”工具栏中的 自选图形(U) → 基本形状(B) 命令，从中选择“等腰三角形”形状△。在文字“回目录页”右侧绘制一个小等腰三角形，并设置该三角形的填充颜色为“黄色”，将其调整到合适的大小后，单击 绘图(D) → 旋转或翻转(P) → 向右旋转 90°(R) 命令，设置后的效果如图 5.3.131 所示。

图 5.3.130　添加“回目录页”字样

图 5.3.131　设置的三角形效果

（31）同时选中“回目录页”和“等腰三角形”，单击鼠标右键，在弹出的快捷菜单中选择 组合(G) → 组合(G) 命令，将其组合在一起。

（32）选中组合的“回目录页”文本框，选择 插入(I) → 超链接(I)... Ctrl+K 命令，弹出 插入超链接 对话框。在“链接到”选区中选中 本文档中的位置(A) 选项，然后在“请选择文档中的位置”列表中选择“1. 幻灯片 1”，如图 5.3.132 所示。

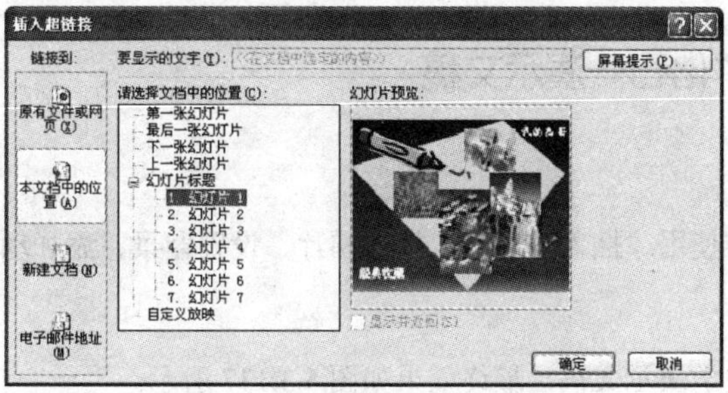

图 5.3.132　“插入超链接”对话框

（33）单击 屏幕提示(P)... 按钮，打开 设置超链接屏幕提示 对话框。在“屏幕提示文字”文本框中输入所需的文字说明，如图 5.3.133 所示。

（34）单击 确定 按钮返回到 插入超链接 对话框，再单击 确定 按钮完成超链接的设置。这样，放映幻灯片时，当鼠标移动到第 1 张缩略图时，屏幕上将显示“瀑布美景”字样，如图 5.3.134 所示。

图 5.3.133　“设置超链接屏幕提示”对话框

图 5.3.134　显示超链接屏幕提示文字

（35）将设置超链接后的“回目录页”文本框复制到其他幻灯片中的同一位置中。

（36）选择 幻灯片放映(D) → 幻灯片切换(T)... 命令，打开 幻灯片切换 任务窗格，如图 5.3.135 所示。

（37）在“应用于所选幻灯片”列表中选择“阶梯状向右下展开”选项，设置切换速度为“中速”，单击 应用于所有幻灯片 按钮，使相册中的所有幻灯片都具有相同的切换效果，如图 5.3.136 所示。

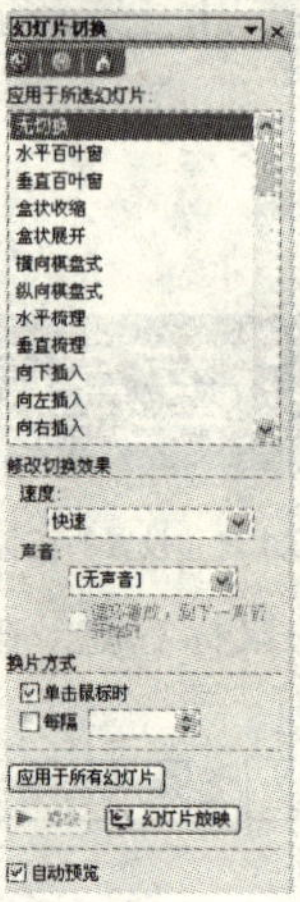

图 5.3.135 “幻灯片切换”任务窗格

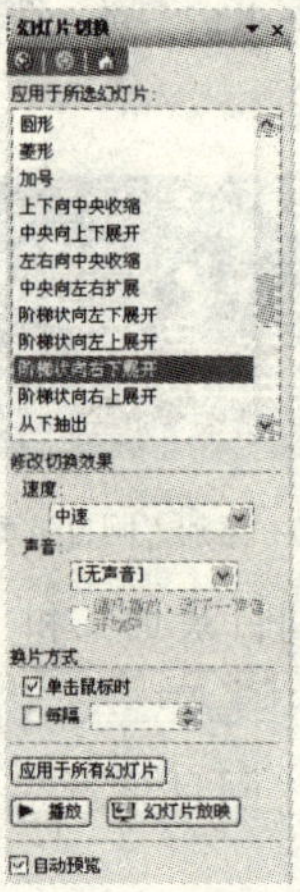

图 5.3.136 设置幻灯片的切换效果

（38）电子相册制作完成，按“F5”键可欣赏其播放效果，如图 5.3.109 所示。

实验 10 制作“化石”演示文稿

1. 实验目的

掌握应用设计模板的使用、插入艺术字、插入图片、设置背景、添加动画效果等操作。

2. 实验内容

本例制作“化石”教学演示文稿，最终效果如图 5.3.137 所示。

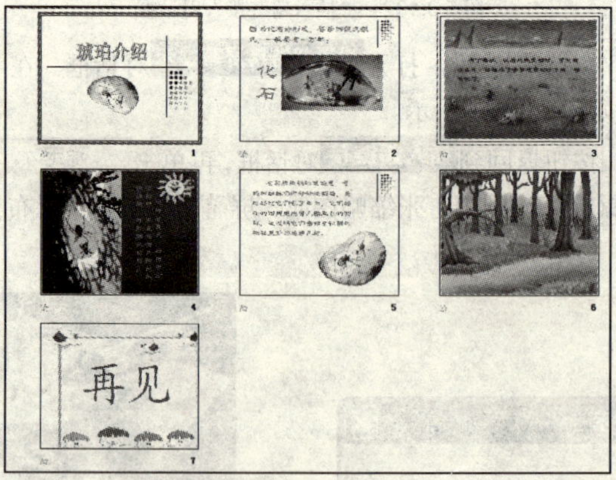

图 5.3.137 “制作的教学演示”效果图

3. 实验步骤

（1）单击“常用”工具栏中的“新建”按钮，新建一个空白幻灯片。

（2）选中幻灯片中的占位符，并将其删除。

（3）选择 格式(O) → 幻灯片设计(D)... 命令，打开 幻灯片设计 任务窗格，如图 5.3.138 所示。

（4）在该任务窗格中的“应用设计模板”列表框中选择“Network”选项，选择幻灯片的设计模板，效果如图 5.3.139 所示。

图 5.3.138 “幻灯片设计”任务窗格

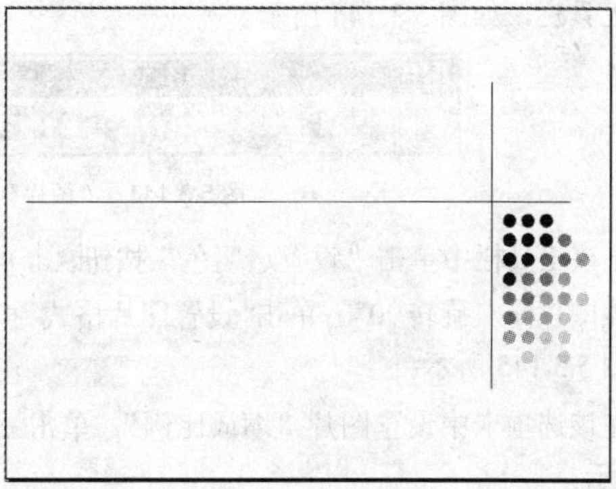

图 5.3.139 选择模板

（5）选择 插入(I) → 图片(P) → 艺术字(W)... 命令，弹出 艺术字库 对话框，如图 5.3.140 所示。

（6）在该对话框中选择第 2 行第 5 列的艺术字样式，单击 确定 按钮，弹出 编辑“艺术字”文字 对话框，如图 5.3.141 所示。

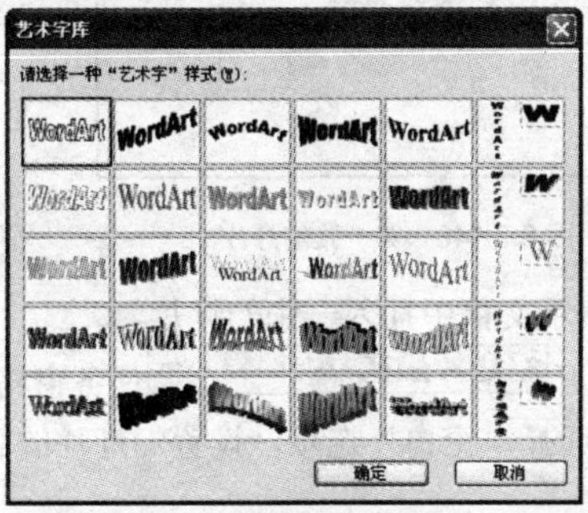

图 5.3.140 “艺术字库”对话框

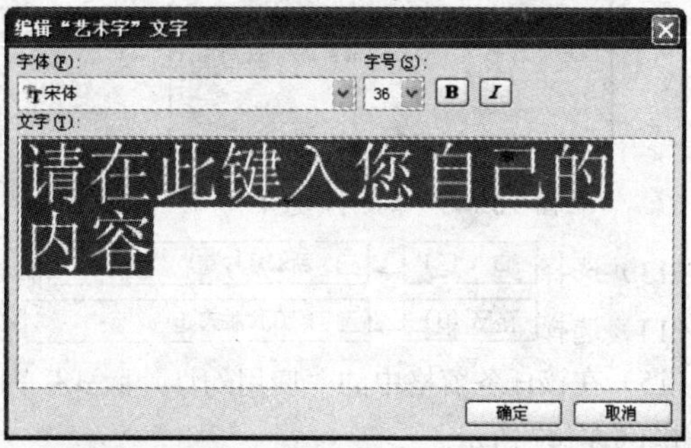

图 5.3.141 “编辑‘艺术字’文字”对话框

（7）在该对话框中的“文字”文本框中输入文本“琥珀介绍”，设置其“字体”为“隶书”，“字号”为“80 磅”，单击 确定 按钮，在幻灯片中插入艺术字，效果如图 5.3.142 所示。

（8）选择 插入(I) → 图片(P) → 来自文件(F)... 命令，弹出 插入图片 对话框，如图 5.3.143 所示。

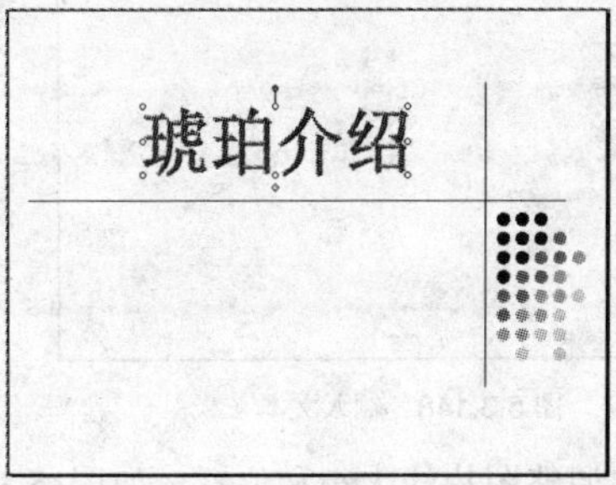

图 5.3.142 插入艺术字效果

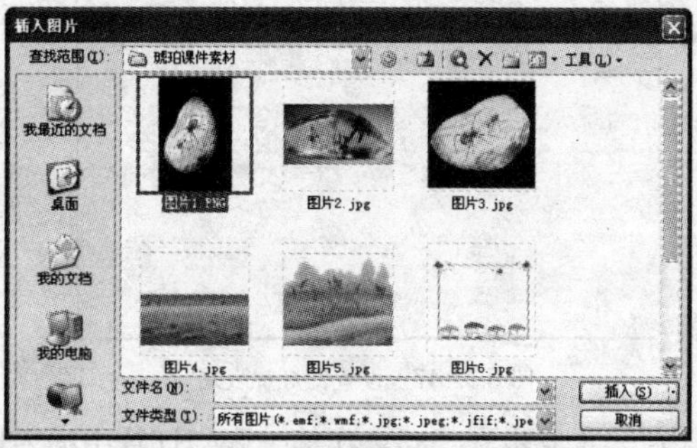

图 5.3.143 “插入图片”对话框

（9）在该对话框中选择需要的图片，单击 插入(S) 按钮，将图片插入到幻灯片中。

（10）在插入的图片中单击鼠标右键，从弹出的快捷菜单中选择 显示“图片”工具栏(L) 命令，打开“图片”工具栏，如图 5.3.144 所示。

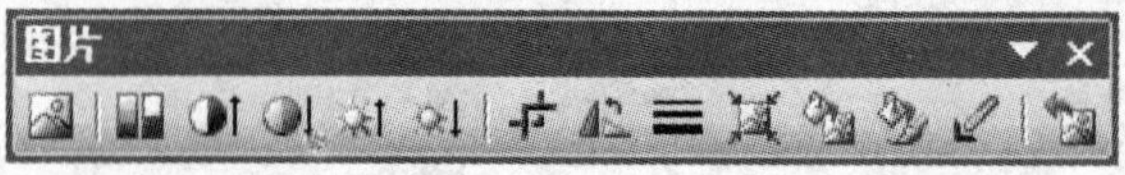

图 5.3.144 “图片”工具栏

（11）在该工具栏中单击“设置透明色”按钮，将图片的背景色设置为透明色；单击“旋转”按钮，将该图片向左旋转90°；单击“设置图片格式”按钮，弹出 设置图片格式 对话框，打开 尺寸 选项卡，如图 5.3.145 所示。

（12）在该选项卡中设置图片“缩放比例”，单击 确定 按钮，第一张幻灯片制作完成，如图 5.3.146 所示。

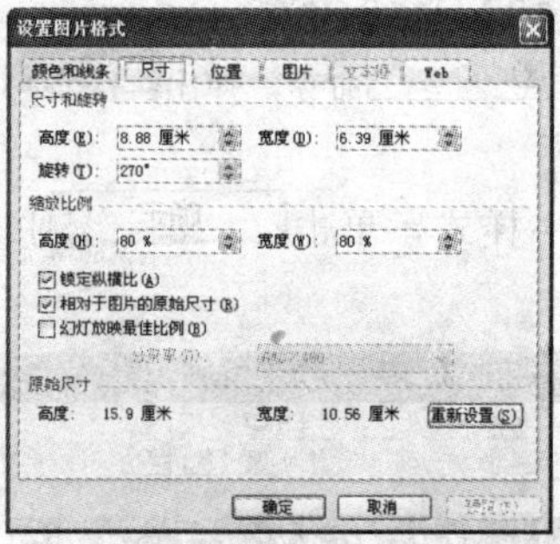

图 5.3.145 “尺寸”选项卡

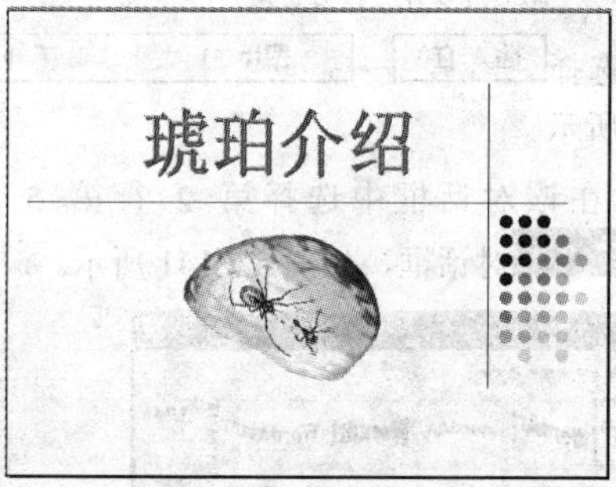

图 5.3.146 第一张幻灯片

（13）选择 插入(I) → 新幻灯片(N) Ctrl+M 命令，在演示文稿中插入一张幻灯片。

（14）选择 格式(O) → 幻灯片版式(L)... 命令，打开 幻灯片版式 任务窗格。

（15）在该任务窗格中的“应用幻灯片版式”列表框中选择“空白”选项，设置幻灯片的版式，效果如图 5.3.147 所示。

（16）单击“绘图”工具栏中的“横排文本框”按钮，在幻灯片中绘制一个横排文本框并在其中输入文本“因为化石的形成，要经历很久很久，一般要有一万年。”；再单击“竖排文本框”按钮，在绘制的竖排文本框中输入文本“化石”，并设置文本的字体、大小和颜色，如图 5.3.148 所示。

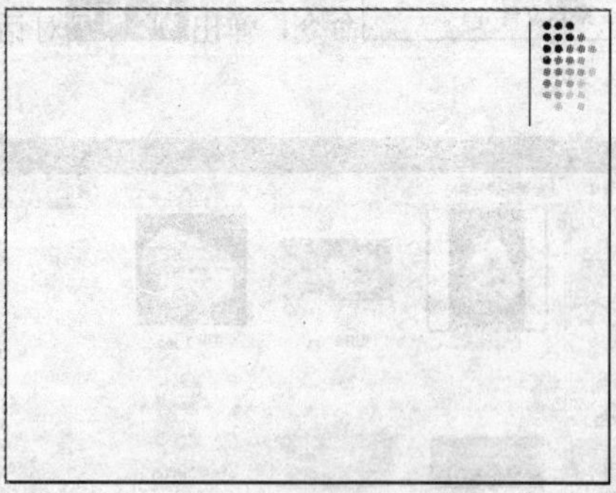

图 5.3.147 设置幻灯片版式

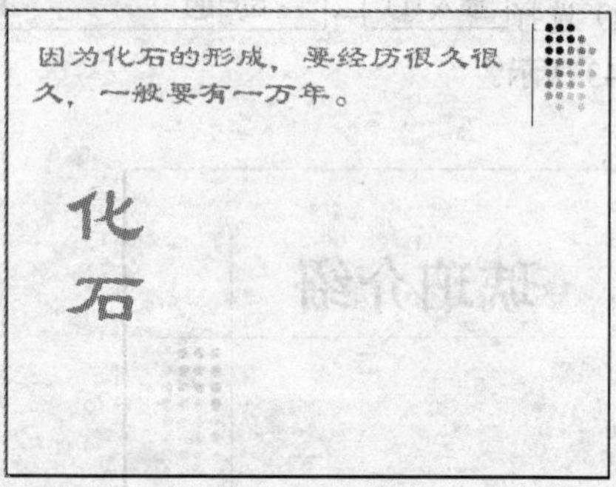

图 5.3.148 输入文本

（17）重复步骤（8），在第二张幻灯片中插入图片，并调整图片的大小和位置，如图 5.3.149 所示。

（18）按下“Ctrl+M”快捷键插入一张新幻灯片，将其中的占位符选中后删除。

（19）在新插入的幻灯片上单击鼠标右键，从弹出的快捷菜单中选择 背景(K)... 命令，弹出 背景 对话框，如图 5.3.150 所示。

图 5.3.149　第二张幻灯片

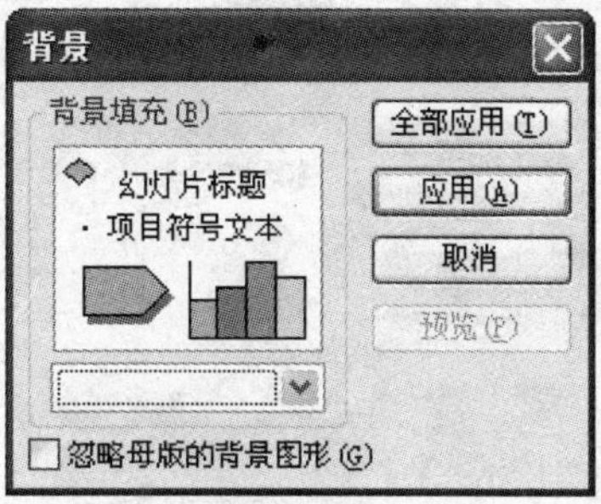

图 5.3.150　“背景”对话框

（20）在该对话框中的“背景填充”选区中的下拉列表中选择 填充效果(F)... 选项，弹出 填充效果 对话框，打开 图片 选项卡，如图 5.3.151 所示。

（21）在该选项卡中单击 选择图片(L)... 按钮，弹出 插入图片 对话框，从中选择需要的图片，如图 5.3.152 所示。

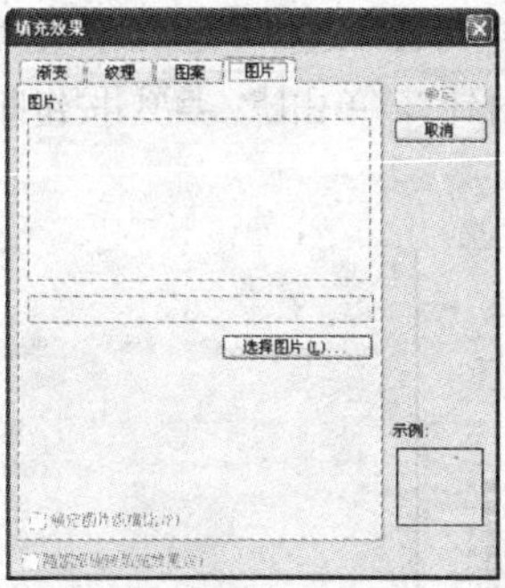

图 5.3.151　“图片”选项卡

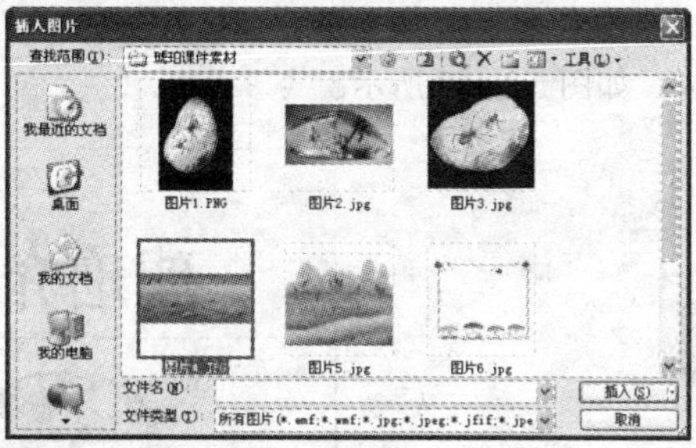

图 5.3.152　“插入图片”对话框

（22）单击 插入(S) 按钮，返回到 填充效果 对话框中，单击 确定 按钮，返回到 背景 对话框中，单击 应用(A) 按钮，设置幻灯片的背景图片，效果如图 5.3.153 所示。

（23）给该张幻灯片添加文本效果，如图 5.3.154 所示。

图 5.3.153　设置幻灯片背景

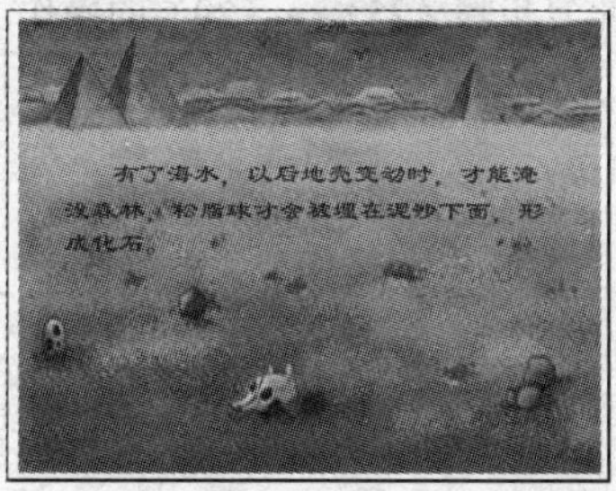

图 5.3.154　第三张幻灯片

（24）重复以上步骤，制作第 4～7 张幻灯片。

（25）给第一张幻灯片设置动画效果。选择 幻灯片放映(D) → 自定义动画(M)... 命令，打开 自定义动画 任务窗格，如图 5.3.155 所示。

（26）选中插入的艺术字，单击“自定义动画”任务窗格中的“添加效果”按钮，在弹出的子菜单中选择“进入(E)”→“其他效果(M)...”命令，弹出“添加进入效果”对话框，如图 5.3.156 所示。

图 5.3.155　“自定义动画”任务窗格

图 5.3.156　“添加进入效果”对话框

（27）在该对话框中选择“棋盘”选项，单击“确定”按钮，设置艺术字的动画效果。

（28）选择插入的图片，单击“添加效果”按钮，在弹出的子菜单中选择“强调(M)”→“5. 陀螺旋”命令，将该动画设置为“陀螺旋”效果。

（29）在“自定义动画”任务窗格中的“开始”下拉列表中选择“之后”；在“速度”下拉列表中选择“中速”；在“数量”下拉列表中选择“360° 顺时针”，单击“播放”按钮即可浏览动画播放效果，如图 5.3.157 所示。

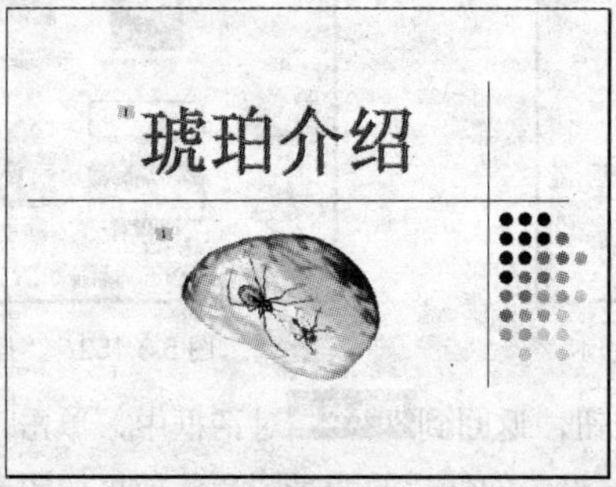

图 5.3.157　设置动画效果

（30）重复步骤（25）～（29）的操作，为其他幻灯片中的元素设置动画效果。

（31）设置完成后，选择“幻灯片放映(D)”→“观看放映(V)　F5”命令，放映幻灯片，最终效果如图 5.3.137 所示。

第 6 章　计算机网络基础与 Internet

6.1　基 本 概 念

（1）计算机网络：计算机网络就是利用通信线路将处于不同地理位置的、具有独立功能的计算机系统连接起来，在网络通信协议的控制下，由专门的网络操作系统进行管理，能实现资源共享和信息交换的系统。

（2）搜索引擎：搜索引擎就是将网页按主题进行分类和组织的特殊站点。目前，经常使用的搜索引擎是“Google”和“百度”。

6.2　基 础 习 题

一、填空题

（1）计算机网络技术是__________和__________相结合而产生的一门新技术。

（2）计算机网络就是将地理上__________的具有独立功能的多台计算机（系统）（或由计算机控制的外部设备），利用__________通过__________和__________连接起来，按照特定的通信协议进行__________，实现__________的系统。

（3）开放式系统互连模型只是对网络层次的划分和各层协议作一些说明，在实际应用中产生的一种网络通信协议：__________协议。

（4）Internet 是全球最大的计算机网络，因此其最大的特点是__________。

（5）IP 地址是由__________位二进制数组成，每__________位为一部分，用“.”分开，是计算机网络中每个连接设备的唯一标识。

（6）__________是 Internet 提供的最基本、最重要的服务功能，也称电子邮箱，它不受空间的限制，同时发送信息的数量、速度、准确性和费用方面都能满足用户的要求。

（7）电子邮件是利用__________的通信功能实现比普通信件传输快很多的一种新技术。

（8）目前，大多数用户接入 Internet 网络的方式有两种：__________和__________。其中__________是通过公用的电话网接入 Internet，__________是通过 X.25 网、ISDN、DDN 等专线接入 Internet。

（9）在内置调制解调器的安装过程中，将电话线插入调制解调器的__________插孔中，另一个__________插孔通过一条线与电话线相连。

（10）根据地理覆盖范围的不同，计算机网络可以分为：__________、__________、__________和__________（Internet）。

（11）网卡全称为__________，它将工作站和服务器连到网络上，实现资源共享和相互通信、数据转换和电信号匹配等工作。

（12）局域网一般由__________、__________、__________和__________4 部分组成。

（13）目前，Internet 为人们提供信息浏览的最主要的服务方式是__________。

（14）WWW 是以__________语言和__________协议为基础，能够提供具有一致的多媒体用户界面的 Internet 信息浏览系统。

（15）如果想把喜欢的网页位置记录下来，以便以后可以再次方便地访问，可以通过浏览器的__________来实现。

（16）电子邮件系统需要有相应的协议支持。在目前的电子邮件系统中，最常使用的是用于收信的__________协议和用于发信的__________协议。

（17）中国的顶级域名是__________。

二、选择题

（1）组成计算机网络的最大好处是（　）。

A．进行通话联系　　B．资源共享
C．发送电子邮件　　D．能使用更多的软件

（2）决定网络使用性能的关键是（　）。

A．网络的传输介质　　B．网络操作系统
C．网络拓扑结构　　D．网络软件

（3）Internet 的工作方式是（　）。

A．端端对等式　　B．客户/服务器方式
C．终端方式　　D．嵌入式

（4）校园网属于（　）。

A．广域网　　B．城域网
C．电路交换网　　D．局域网

（5）根据计算机网络拓扑结构的不同，可以将计算机网络分为（　）。

A．星状　　B．环状
C．总线　　D．树状

（6）网络的几种常见工作模式有（　）。

A．专用服务器模式　　B．客户机/服务器模式
C．对等式网络　　D．单机模式

（7）发送邮件的服务器和接收邮件的服务器（　）。

A．必须是同一主机　　B．可以是同一主机
C．必须是两台主机　　D．以上说法都不对

（8）正确的电子邮件地址为（　）。

A．用户名+计算机名+机构名+最高域名
B．计算机名+@机构名+用户名
C．计算机名+@用户名+最高域名+机构名
D．计算机名+@计算机名+机构名+最高域名

（9）对于城域网来说，下列说法正确的是（　）。

A．只能是专用网　　B．只能是公用网
C．既可以是专用网，也可以是公用网　　D．既不可以是专用网，也不可以是公用网

（10）TCP 的主要功能是（　）。

A．进行数据分组　　B．提高传输速度

C．保证可靠传输　　D．确定数据传输途径

（11）计算机网络由两个部分组成，它们是（　）。

A．计算机　　B．通信子网

C．数据传输介质　　D．资源子网

（12）以下各类型文件中，可以在 Internet 中传输的有（　）。

A．声音　　B．图像

C．普通邮件　　D．文字

（13）在局域网中，常用的通信介质是（　）。

A．微波　　B．双绞线

C．光缆　　D．无线通信

（14）某用户的 E-mail 地址是 Lu_sp@online.sh.cn，那么它发送邮件的服务器是（　）。

A．online.sh.cn　　B．internet

C．lu_sp　　D．iwh.com.cn

（15）新闻组是 Internet 有名的服务方式，又称为（　）。

A．新闻组　　B．misc

C．BBS　　D．Talk

（16）Internet 上的资源，可分为两类（　）。

A．计算机和网络　　B．信息和网络

C．信息和服务　　D．浏览和邮件

（17）万维网引进了超文本的概念，超文本是指（　）。

A．包含多种文本的文本　　B．包含图像的文本

C．包含多种颜色的文本　　D．包含链接的文本

（18）电子邮件的主要功能是（　）。

A．接收邮件　　B．处理邮件

C．修改邮件　　D．删除邮件

（19）下面有关搜索引擎的说法，错误的是（　）。

A．搜索引擎是网站提供的免费搜索服务

B．每个网站都有自己的搜索引擎

C．利用搜索引擎一般都能查到相关主题

D．搜索引擎对关键字或词进行搜索

（20）下面关于网址的说法中，（　）是不正确的。

A．IP 地址是唯一的　　B．网址有两种表示方法

C．域名的长度是固定的　　D．输入网址时可以使用域名

（21）下面（　）命令用于测试网络是否连通。

A．telnet　　B．nslookup

C．ping　　D．ftp

（22）网址中的 http 是指（　）。

A．超文本传输协议　　B．文本传输协议

C．计算机主机名　　D．TCP/IP 协议

（23）当用户的 E-mail 地址是 Lu_sp@ihw.com.cn，那么它的用户名是（　）。

A．lu_sp　　B．Lu_sp

C．ihw.com.cn　　D．LU_sp

（24）安装拨号网络的目的是为了（　）。

A．使 Windows 完整化　　B．能够以拨号方式连入 Internet

C．与局域网中的其他终端互联　　D．管理共享资源

（25）Internet 的两种主要接入方式是（　）。

A．广域网方式和局域网方式　　B．专线入网方式和拨号入网方式

C．WINDOWS NT 方式和 NOVELL 网方式　　D．远程网方式和局域网方式

三、简答题

（1）什么是计算机网络？

（2）邮件地址格式是什么？域名和 IP 地址有何关系？

（3）浏览网页有哪几种方式？

（4）怎样在线收发电子邮件？

四、判断题

（1）通过网上邻居可以浏览多个网络的计算机。（　）

（2）总线型网的一个突出优点是数据端用户入网方便。（　）

（3）光纤进行数据传输，只能进行单向传输。（　）

（4）屏蔽双绞线因为在外层加了屏蔽层，所以信号不易被窃听。（　）

（5）调制是将数据转换成能够在传输介质上传输数字信号的过程。（　）

（6）IP 地址分成 4 类：即 A 类、B 类、C 类、D 类。（　）

（7）选择拓扑结构时，应考虑以下几点：费用低、灵活性、可靠性。（　）

（8）用户使用电子邮件不能传送文字信息。（　）

（9）没有主题的邮件不可以发送。（　）

（10）只要申请了拨号上网账号，用户就拥有了一个唯一的 IP 地址。（　）

（11）IP 地址是用数字表示 Internet 地址，域名地址不表示 Internet 地址。（　）

（12）要访问 Internet 一定要安装 TCP/IP 协议。（　）

（13）在命令状态下键入“ping 127.0.0.1”可以用来验证网卡是否正常。（　）

（14）Windows XP 操作系统可以当做网络操作系统使用。（　）

（15）终端不具备本地处理功能，但可以直接连到网络中。（　）

（16）由于 IP 地址是数字编码，不易记忆。（　）

（17）世界上最大的广域网是因特网。（　）

（18）连入 Internet 的所有计算机都有一个独一无二的 IP 的地址。（　）

（19）浏览网页时，网页中的图片可以保存到本地硬盘中。（　）

（20）域名的书写方法是：顶级域名放在最左面，分配给该主机的名字放在最右面，各级名字之间用“.”隔开。（　）

（21）IE 浏览器不能保存访问过的网站。（　）

（22）对于采用集线器连接的以太网，其网络实际的拓扑结构是总线结构。（　）

（23）数据传输率是指每秒钟传输构成数据二进制代码的位数。（　）

（24）局域网一般数据传输率高，误码率低。（　）

（25）局域网是指在较小的地理范围内（一般小于 10 公里），由计算机、通信线路和网络连接设备组成的网络。（　）

（26）如果有多个局域网需要互联起来，并希望将局域网的广播信息很好地隔开，那么最基本的方法是用网桥。（　）

（27）宽带同轴电缆的阻扰为 75 欧姆，用于传输不同频率的数字信号。（　）

（28）用户通过浏览器可以使用因特网提供的全部服务。（　）

（29）TCP/IP 模型中的 IP 协议是一种网络层协议。（　）

6.3　上 机 指 导

实验 1　打开、浏览并保存网页

1．实验目的

掌握浏览器的使用及浏览网页的方法。

2．实验内容

本例主要练习 IE 浏览器的使用方法及浏览网页的常用方法。

3．实验步骤

（1）选择 开始 → 所有程序(P) → Internet Explorer 命令，启动 IE 浏览器。

（2）在“地址”栏中输入新浪网的网址“http://www.sina.com.cn”，单击“转到”按钮，打开新浪网的首页，如图 6.3.1 所示。

（3）单击导航栏中的 房产 超链接，打开如图 6.3.2 所示的房产专题网页，在其中单击想要查看信息的超链接。

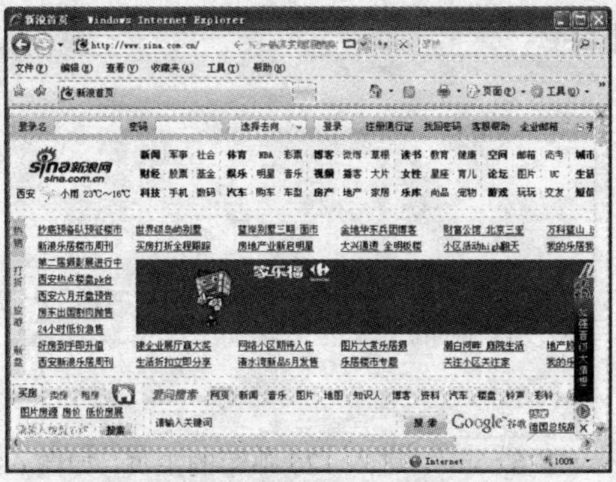

图 6.3.1　打开新浪首页

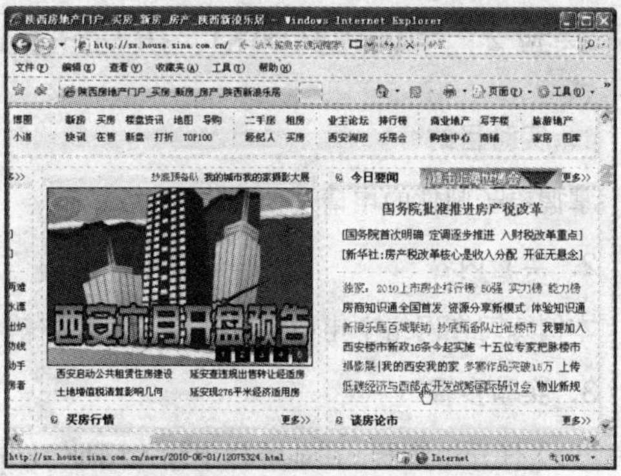

图 6.3.2　打开房产专题网页

（4）在打开的如图 6.3.3 所示的网页中显示了标题对应的内容。通过拖动 IE 浏览器窗口的滚动条可查看网页中未显示完全的内容。

（5）选择菜单栏 文件(F) → 另存为(A)... 命令，在打开的 保存网页 对话框的“保存在”下拉列表框中选择文件保存的位置，在“文件名”下拉列表框中为文件命名，然后单击 保存(S) 按钮，如图 6.3.4 所示。

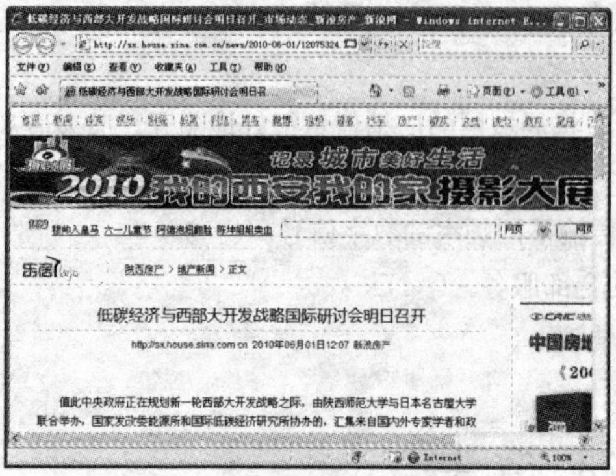

图 6.3.3　打开具体内容的网页

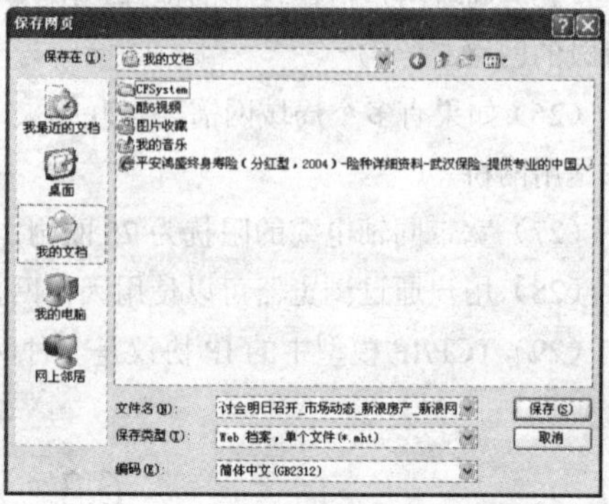

图 6.3.4　保存网页

（6）在打开的 保存网页 对话框中显示网页保存的进度，保存完毕后该对话框将自动关闭。

（7）查看完毕，单击“关闭”按钮，然后在如图 6.3.5 所示的窗口中单击工具栏上的“后退”按钮返回新浪网主页，继续单击其他的超链接进行浏览。

图 6.3.5　返回新浪网主页

实验 2　申请免费邮箱、撰写并发送邮件

1. 实验目的

掌握电子邮件的申请及使用。

2. 实验内容

本例练习在网络中申请免费邮箱，并在邮箱中撰写和发送邮件。

3. 实验步骤

（1）打开浏览器，在地址栏中输入网址“http://www.126.com”，进入 126 邮箱的主页，如图 6.3.6 所示。

（2）单击 注册3G免费邮箱 按钮，即可进入用户注册页面，如图 6.3.7 所示。

（3）在该页面中输入用户名，单击 下一步 按钮，在弹出的页面中输入密码及密码保护信息。注册完成后，单击 点击此处直接登录 按钮，即可登录到刚申请的邮箱中。

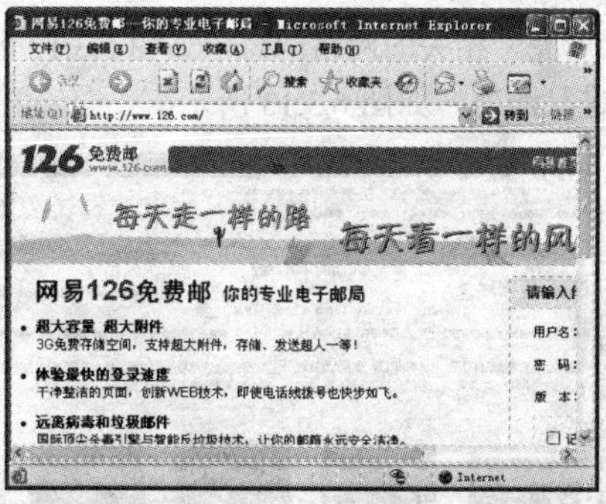

图 6.3.6 126 邮箱的主页

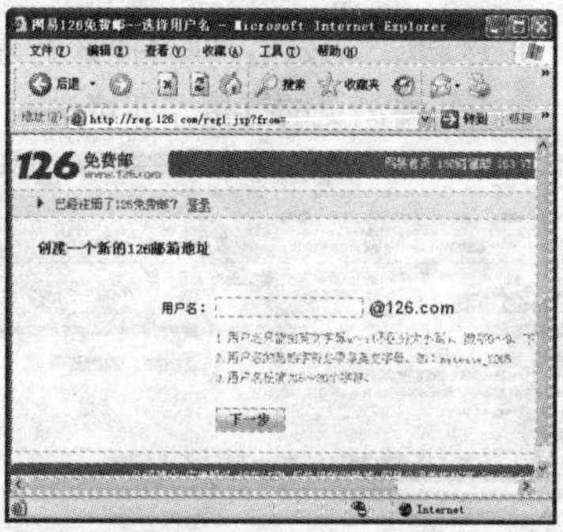

图 6.3.7 用户注册页面

（4）单击写信按钮，即可进入写信页面，如图 6.3.8 所示。用户可在该页面中输入相关的内容，如图 6.3.9 所示，单击发 送按钮，即可将邮件发送出去。

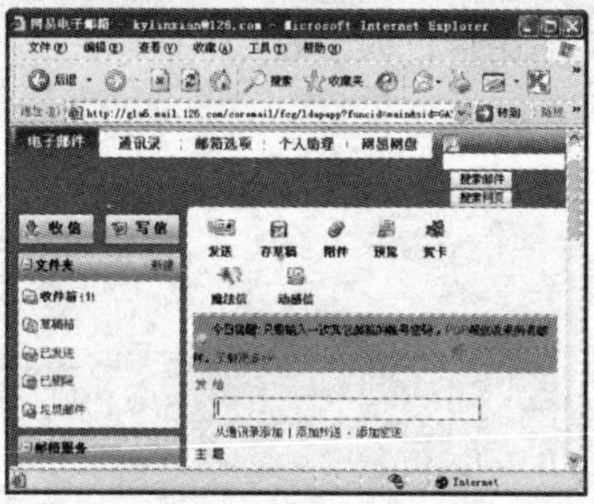

图 6.3.8 写信页面

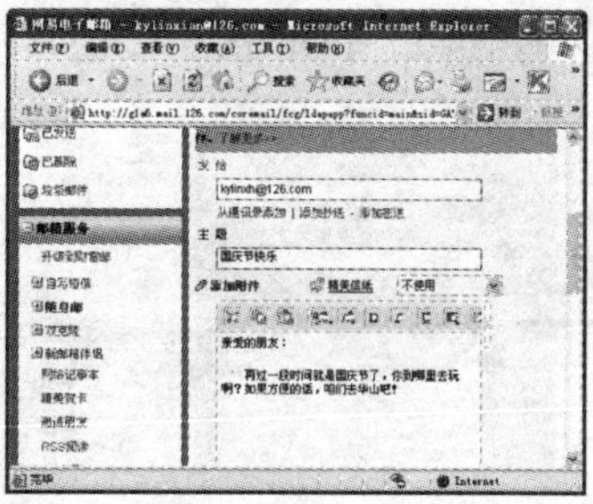

图 6.3.9 输入邮件的内容

实验 3 搜索“老虎”图片

1. 实验目的

掌握网络中搜索资料的方法。

2. 实验内容

本例将使用百度搜索引擎来搜索“老虎”图片，效果如图 6.3.10 所示。

3. 实验步骤

（1）打开 IE 浏览器，在地址栏中输入网址“http://www.baidu.com”，然后按回车键，即可打开百度主页，在“搜索框”中输入关键词，如“老虎”，如图 6.3.11 所示。

图 6.3.10 效果图

图 6.3.11 在“百度”主页中输入关键词

（2）单击百度一下按钮，即可搜索到与关键词“老虎”相关的网络信息，如图 6.3.12 所示。

（3）单击需要浏览的链接，即可进入相关页面进行浏览，如图 6.3.13 所示。

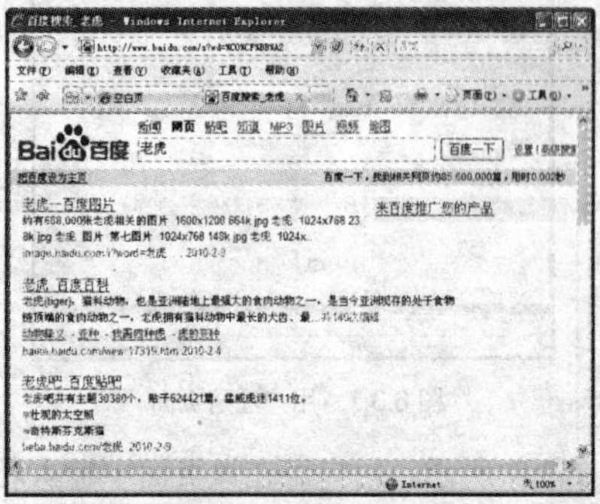

图 6.3.12　搜索到的“老虎”信息

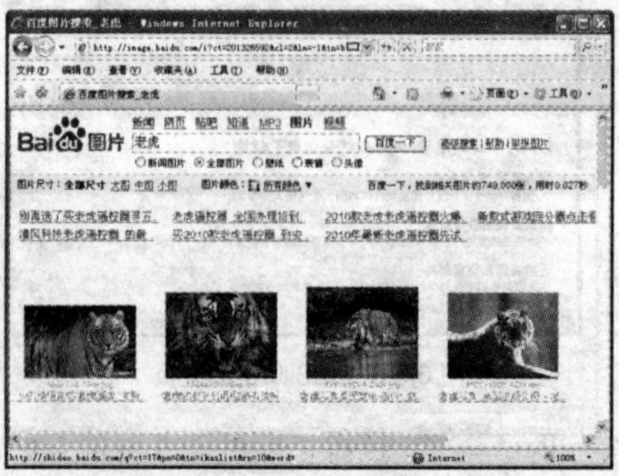

图 6.3.13　搜索到的网页链接

（4）在该页面中单击需要的图片，即可打开相应的图片，如图 6.3.10 所示。

第 7 章 计算机多媒体技术

7.1 基 本 概 念

（1）多媒体：多媒体就是运用多种方法、以多种形态传输信息的介质或载体，如电影、电视等。

（2）多媒体技术：多媒体技术是指利用计算机技术使数字、文本、图形和图像等各种媒体信息建立逻辑连接，进行有效地组合，并对这些媒体同步地获取、编辑、存储、显示和传输的一门综合技术。

（3）多媒体计算机：多媒体计算机是指能够综合处理文字、图形、图像、声音、视频、动画等多种媒体信息，使多种媒体建立联系并具有交互能力的计算机系统。

7.2 基 础 习 题

一、填空题

（1）所谓多媒体是指__________。

（2）多媒体计算机具有__________、__________、__________和__________特点。

（3）在计算机领域，媒体元素一般分为感觉媒体、表示媒体、__________、存储媒体、传输媒体 5 种类型。

（4）用语言、文字、符号、场景、图像、声音等方式表达的内容统称为__________。

（5）Windows XP 自带的多媒体软件工具是__________。

二、选择题

（1）下面属于多媒体硬件设备的是（ ）。

A．麦克风　　B．音箱

C．键盘　　D．鼠标

E．CD-ROM

（2）属于多媒体范畴的是（ ）。

A．交互式视频游戏

B．交互式视频游戏、有声图书

C．交互式视频游戏、有声图书、彩色画报

D．交互式视频游戏、有声图书、彩色画报、立体声音乐

（3）作为信息的载体，以下可以作为多媒体组合成员的媒体是（ ）。

A．文本　　B．声音

C．图形和图像　　D．动画和视频

（4）数字音频的文件格式有（ ）。

A．GIF　　B．WAV

C．VOC　　D．MIDI

（5）以下 4 类计算机应用领域中，属于典型的多媒体应用的是（　）。

A．计算机支持协同工作　　B．视频会议系统

C．虚拟现实系统　　D．文件传输

（6）多媒体计算机软件系统的核心是（　）。

A．多媒体操作系统　　B．多媒体数据处理软件

C．多媒体驱动软件　　D．多媒体应用软件

（7）下列选项中，不能处理图像的媒体工具是（　）。

A．Photoshop　　B．记事本

C．画图　　D．Authorware

（8）多媒体系统中，图像和声音的信息是以（　）的形式存储的。

A．文本文件　　B．Word 文件

C．数据库文件　　D．二进制文件

（9）录音机程序有播放（　）。

A．WAV

B．WAV 文件与 MIDI 文件

C．WAV 文件、MIDI 文件与 CD 唱盘

D．WAV 文件、MIDI 文件与 AVI 文件

（10）利用 Windows XP 中的媒体播放器可以播放（　）。

A．CD、MP3 和 MIDI 音乐，但不能播放 VCD 或 DVD 影碟

B．几乎所有的音频、视频和混合型多媒体文件，也可以收听 Internet 广播

C．VCD 或 DVD 影碟，但不能收听 Internet 广播

D．WAVE、MIDI 和 MP3 音乐，但不能播放 CD 光盘

（11）下列 4 项中，不属于计算机多媒体功能的是（　）。

A．收发电子邮件　　B．播放 VCD

C．播放音乐　　D．播放视频

（12）触摸屏幕属于（　）。

A．多媒体输出设备　　B．多媒体输入设备

C．多媒体操作控制设备　　D．非多媒体组成设备

（13）最适合制作三维动画的工具软件是（　）。

A．Authorware　　B．Photoshop

C．AutoCAD　　D．3DS MAX

（14）使用 Windows XP 自带的“录音机”录音，计算机必须安装（　）。

A．麦克风　　B．耳机

C．软驱　　D．CD-ROM

（15）下面既属于多媒体输入设备，又属于多媒体输出设备的是（　）。

A．VCD　　B．录音机

C．显示器　　D．摄像机

三、简答题

（1）什么是多媒体和多媒体技术？

（2）多媒体计算机的特点有哪些？

（3）简述多媒体计算机的应用？

四、判断题

（1）扩展名为.bmp 的图像是位图图像，扩展名为.gif 的图像是矢量图像。（ ）

（2）波形声音与设备有关，MIDI 数据与设备无关。（ ）

（3）播放声音时调大音量，就是改变了声音本身固有的音量。（ ）

（4）帧频是指动画播放的速度，其单位为 fps，也就是每秒钟播放的帧数。（ ）

（5）Flash 动画中不能添加 MP3 音乐。（ ）

（6）若要使用计算机对各种媒体进行加工处理，必须将该媒体转化为数字形式。（ ）

（7）形状渐变动画只能应用于未组合的图形或文字图形打散后的对象。（ ）

（8）小明同学说电子游戏也属于虚拟现实作品。（ ）

（9）网络上的视频主要是以流媒体方式从视频服务器传送到用户计算机上进行播放的。（ ）

（10）现在的声卡接口都有一定的规范，通常麦克风输入接口是粉红色的，线性输入接口是蓝色的，扬声器输出接口是绿色的。（ ）

（11）声音质量与它的频率范围无关。（ ）

（12）多媒体数据的特点是数据量巨大、数据类型少、数据类型间区别大和输入输出简单。（ ）

（13）图像压缩可分为有损压缩和无损压缩两种。（ ）

（14）流媒体文件能够实现边下载边播放，而不必等文件全部下载完成后才能播放。RealONE Player 就是一款流媒体播放软件。（ ）

（15）在相同的条件下，位图所占的空间比矢量图小。（ ）

（16）图形比图像更容易编辑、修改。（ ）

（17）一个图像文件由 BMP 格式转换为 JPG 格式，文件大小基本不变。（ ）

（18）Authorware 采用的是流程线的编辑方式，将工具图标拖动到流程线上，一些工具图标放到一起就可以完成一些功能。（ ）

（19）多媒体数据经过量化处理后，可无失真恢复原始数据。（ ）

（20）Windows 中最常用的图像文件格式是：DIB，BMP，JPG，AVI，FLC。（ ）

（21）节点的内容可以是文本、图形、图像、动画、视频和音频。（ ）

（22）位图可以用画图程序获得、用荧光屏上直接抓取、用扫描仪或视频图像抓取设备从照片等抓取、购买现成的图片库。（ ）

7.3 上 机 指 导

实验 1　播放多媒体文件

1. 实验目的

了解多媒体的概念和多媒体播放器的使用。

2．实验内容

使用 Windows XP 自带的媒体播放器 Windows Media Player 播放 CD、MP3、MIDI 及 DVD 等多媒体文件。

3．实验步骤

（1）打开 Windows Media Player 主窗口。单击 开始 按钮，在弹出的下拉菜单中选择 所有程序(P) → 附件 → 娱乐 → Windows Media Player 命令，启动 Windows Media Player，打开如图 7.3.1 所示的窗口。

图 7.3.1 “Windows Media Player”窗口

（2）播放 CD。

1）将 CD 盘插入 CD-ROM 光驱，然后单击“功能任务栏”的“从 CD 复制”按钮中程序。主窗口将显示 CD 曲目列表，选一首曲子，单击“播放”按钮，即可顺序播放 CD 曲目。或双击列表中的任一首曲目播放。

2）重复播放 CD，可选择 播放(P) → 重复(T) Ctrl+T 命令。

3）选择 查看(V) → “正在播放”选项(N) → ✔ 显示媒体信息(M) 选项，查看正在播放 CD 歌曲的歌词内容，如图 7.3.2 所示。

图 7.3.2 播放 CD

（3）播放音频文件。

1）选择 文件(F) → 打开(O)... 命令，弹出 打开 对话框。

2）在该对话框中选择想要播放的音频文件，如 WAV、MIDI、MP3 等，并单击 打开(O) 按钮，即可播放该音频文件。

（4）播放视频文件。

1）选择 文件(F) → 打开(O)... 命令，弹出 打开 对话框。在该对话框中选中该光盘的“MPEGAV”文件夹中所有扩展名为 DAT 的数据文件，然后单击 打开(O) 按钮。

2）在媒体播放器主窗口中用鼠标右键单击播放窗口，从弹出的快捷菜单中选择 全屏(S)　Alt+Enter 命令，可以全屏幕播放。

3）将 DVD 光盘插入 DVD 光驱后，Windows Media Player 将自动开始播放。

（5）收听 Internet 广播。

1）单击“功能任务栏”中的“收音机调谐器”按钮，打开“电台搜索器”区域中的下拉列表框，选择一种搜索依据来查找特定的电台，找到后双击该电台即可。

2）把查找到的广播电台，并将指向自己所喜爱的广播电台的指针保存起来，以便下次能快速访问。

实验 2　在 Word 文档中插入一段音频文件

1．实验目的

了解 Word 的多媒体集成能力。

2．实验内容

在 Word 文档中插入一段音频文件。

3．实验步骤

（1）打开 Word 文档。选择 插入(I) → 对象(O)... 命令，弹出 对象 对话框，如图 7.3.3 所示。

（2）选择 由文件创建(F) 标签，并选中 ☑显示为图标(A) 复选框。

（3）单击 浏览(B)... 按钮，打开 浏览 对话框，从中选择多媒体文件（如音频文件、图形文件、图像文件或者视频文件），如图 7.3.4 所示。

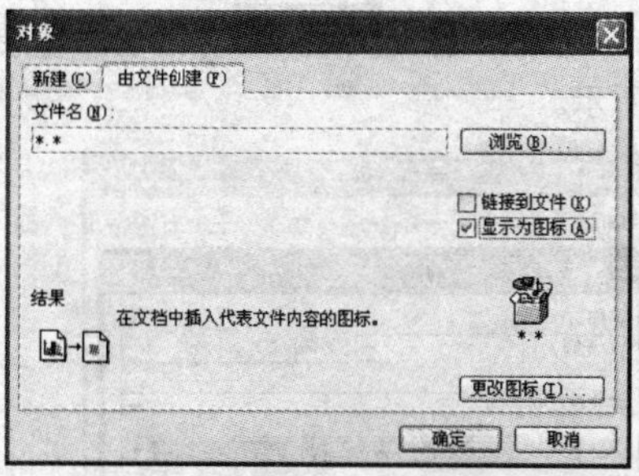

图 7.3.3　“对象”对话框

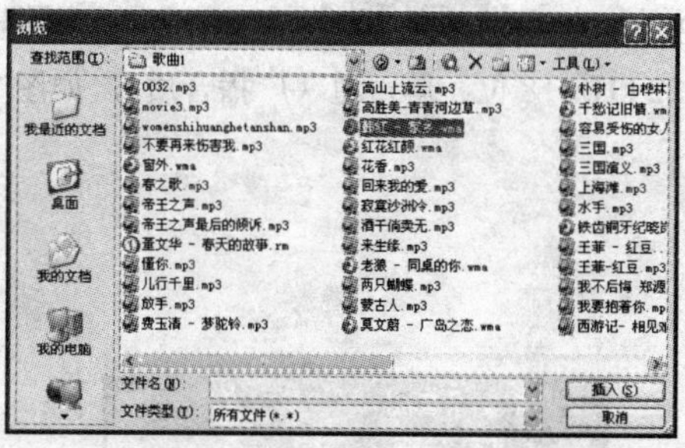

图 7.3.4　选择多媒体文件

（4）单击 插入(S) 按钮，返回到 对象 对话框，并单击 确定 按钮，即可在 Word 文件里面嵌入多媒体素材，形成复合文档的结果如图 7.3.5 所示。

图 7.3.5　插入的多媒体素材

实验 3　Windows XP 中的录音机

1．实验目的

熟练掌握 Windows XP 中“录音机”的使用。

2．实验内容

利用录音机程序录制声音，制作混音。

3．实验步骤

（1）利用录音机程序录制声音。

1）准备一个麦克风，并将其插头插入声卡的 MIC 插孔，然后启动 Windows XP 的“录音机”程序，如图 7.3.6 所示。

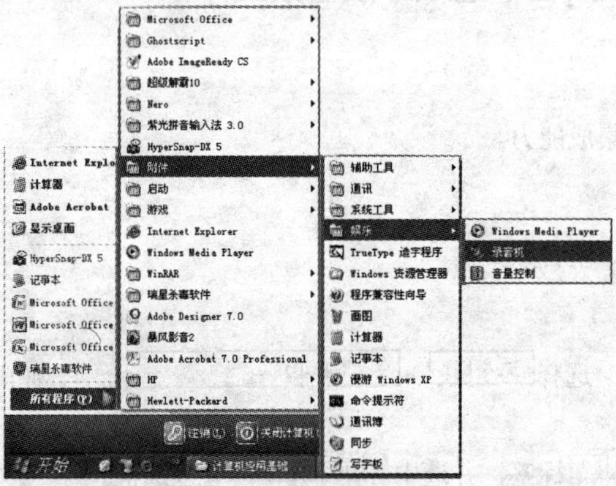

图 7.3.6　启动 Windows XP 的“录音机”程序

2）选择录音机窗口中的 文件(F) → 属性(P) 命令，如图 7.3.7 所示。

3）在弹出的 声音 的属性 对话框中单击 立即转换(C)... 按钮，打开 声音选定 对话框，将录音格式设置为 22 kHz、8 位、单声道（广播音质），如图 7.3.8 所示。

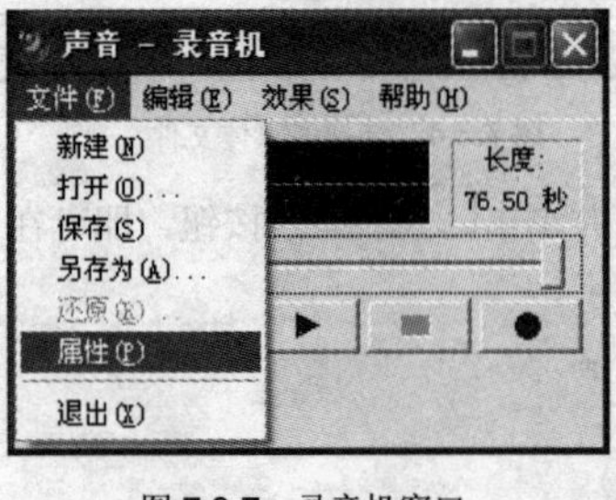

图 7.3.7　录音机窗口

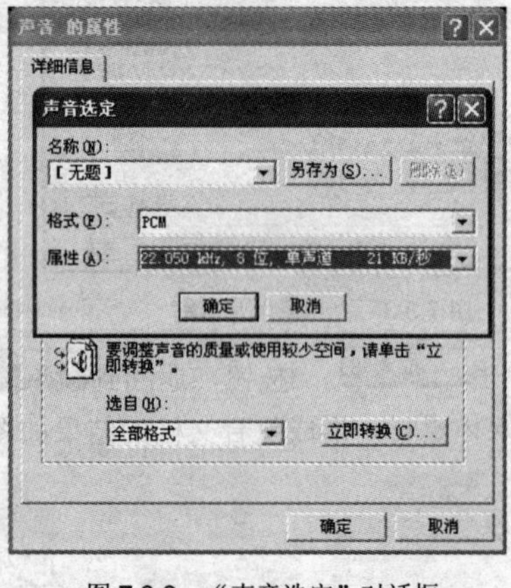

图 7.3.8　“声音选定”对话框

4）依次单击 确定 按钮，返回到录音机窗口。单击红色“录音”按钮 ● 开始录音，并对着麦克风朗诵李白的诗句“床前明月光，疑是地上霜。举头望明月，低头思故乡。”录音完毕后，单

击 ■ 按钮，可停止录音。

5）单击“播放”按钮 ▶ ，回放录制好的声音。

6）选择 文件(F) → 保存(S) 命令或 文件(F) → 另存为(A)... 命令，将刚才录制的声音保存在“我的音乐”文件夹中，并命名为“诗朗诵.wav”。

（2）制作混音。利用录音机程序将两个声音文件混合在一起，制作一段配乐诗朗诵。

1）准备一首与上面录制的李白诗句相配的音乐文件，必须是 WAVE 格式，用作配乐诗朗诵里的背景音乐。

2）启动 Windows XP 的“录音机”程序，打开背景音乐文件，并用鼠标拖动滑块到 0.05 秒处，作为开始混音的位置。

3）选择 编辑(E) → 与文件混音(M)... 命令，弹出 混入文件 对话框。在该对话框中选择“我的音乐”文件夹中的名为“诗朗诵.wav”的文件，如图 7.3.9 所示。

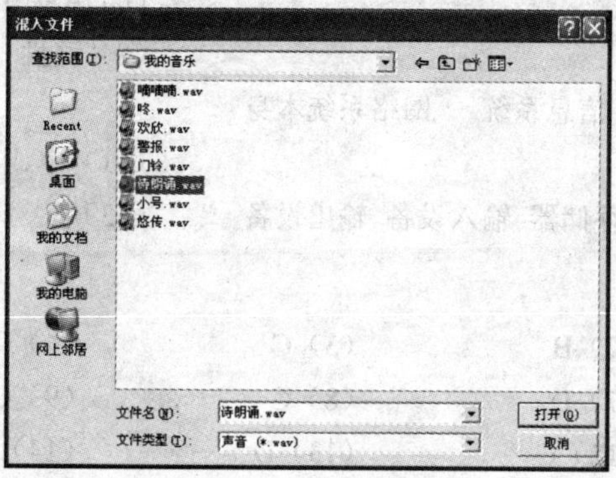

图 7.3.9　“混入文件”对话框

4）单击 打开(O) 按钮和“播放”按钮 ▶ ，回放这段配乐诗朗诵。

5）选择 文件(F) → 另存为(A)... 命令，将编辑好的混音文件（配乐诗朗诵）保存在“我的音乐”文件夹中，并命名为“配乐诗朗诵.wav”。

附录　基础习题参考答案

第 1 章　计算机基础知识

一、填空题

（1）1946　美国　ENIAC
（2）冯·诺依曼　计算机内存储程序
（3）硬件系统　软件系统
（4）主机
（5）系统　应用　系统
（6）ASCII
（7）外存储器
（8）键盘　鼠标
（9）信息本身的安全　信息系统　网络系统本身
（10）二
（11）中、小规模集成电路
（12）控制器 运算器 存储器 输入设备 输出设备
（13）H

二、选择题

（1）B　（2）B　（3）C　（4）D　（5）A
（6）C　（7）D　（8）C　（9）C　（10）BD
（11）B　（12）C　（13）D　（14）A　（15）A
（16）C　（17）D　（18）D　（19）B　（20）C
（21）A　（22）D　（23）D　（24）A　（25）D
（26）C　（27）B　（28）A　（29）C　（30）A
（31）D　（32）D

四、判断题

（1）×　（2）√　（3）√　（4）√　（5）×　（6）×
（7）√　（8）√　（9）×　（10）√　（11）√　（12）×
（13）×　（14）√　（15）√　（16）×　（17）×　（18）×
（19）×　（20）√　（21）×　（22）√　（23）√　（24）√
（25）√　（26）×

第 2 章　Windows XP 操作系统

一、填空题

（1）Shift+空格键
（2）Alt+F4
（3）TXT
（4）平铺式　层叠式　前台窗口　任务
（5）右　属性
（6）256
（7）回收站
（8）Ctrl+Esc
（9）Alt
（10）媒体播放器
（11）打开控制菜单　关闭窗口

(12) 拖动其标题栏	(13) 工具	(14) 桌面
(15) Ctrl+空格	(16) Ctrl+X	(17) Alt+F4

二、选择题

(1) C	(2) B	(3) C	(4) C	(5) C
(6) D	(7) A	(8) D	(9) A	(10) D
(11) C	(12) D	(13) A	(14) A	(15) C
(16) A	(17) C	(18) C	(19) A	(20) C
(21) D	(22) C	(23) D	(24) D	(25) B
(26) B	(27) C	(28) D	(29) A	(30) C
(31) D	(32) D	(33) D	(34) A	(35) A
(36) A	(37) B	(38) D	(39) D	(40) AD
(41) A	(42) B	(43) C	(44) A	(45) ABC
(46) C	(47) D	(48) A	(49) C	(50) A
(51) B	(52) C	(53) D	(54) B	(55) C
(56) D	(57) C	(58) D	(59) A	(60) C
(61) C	(62) B			

四、判断题

(1) ×	(2) √	(3) √	(4) ×	(5) ×
(6) √	(7) ×	(8) √	(9) ×	(10) ×
(11) ×	(12) √	(13) ×	(14) √	(15) √
(16) ×	(17) √	(18) ×	(19) √	(20) ×
(21) √	(22) √	(23) ×	(24) √	(25) ×
(26) √	(27) √	(28) √	(29) ×	(30) ×

第 3 章　文字处理软件 Word 2003

一、填空题

(1) 左边　单击	(2) 节　页面设置	(3) Ctrl
(4) 要输入的字符	(5) 标题	(6) .TXT
(7) 另存为	(8) Alt	(9) Ctrl
(10) 8	(11) 字符边框	(12) 格式
(13) 保存提示	(14) 普通视图　大纲视图	
(15) Del 或 Backspace	(16) Ctrl	(17) 显示/隐藏
(18) Web 版式　格式刷	(19) 分节符　分页符	

二、选择题

(1) B	(2) D	(3) A	(4) B
(5) B	(6) C	(7) D	(8) A

(9) B	(10) B	(11) B	(12) C
(13) C	(14) A	(15) C	(16) A
(17) C	(18) B	(19) B	(20) D
(21) C	(22) B	(23) A	(24) A
(25) A	(26) A	(27) C	(28) D
(29) C	(30) A	(31) A	(32) A
(33) D	(34) B	(35) D	(36) AC
(37) ABC	(38) ABC	(39) D	(40) A
(41) D	(42) A	(43) B	(44) D
(45) A	(46) C	(47) C	(48) D
(49) D	(50) B		

四、判断题

(1) √	(2) √	(3) √	(4) √	(5) ×
(6) √	(7) ×	(8) √	(9) √	(10) √
(11) ×	(12) ×	(13) √	(14) √	(15) ×
(16) √	(17) ×	(18) √	(19) ×	(20) √
(21) ×	(22) √	(23) ×	(24) ×	(25) √
(26) ×				

第 4 章　电子表格软件 Excel 2003

一、填空题

(1) 3　255　!	(2) 当前工作表	(3) 工作簿
(4) =公式　函数	(5) 单元格	(6) 条件格式
(7) 数据透视表	(8) 记忆式键入	(9) 排序
(10) 自动更新	(11) E3　E3　$E3 或 E$3	

二、选择题

(1) C	(2) B	(3) B	(4) D	(5) C
(6) B	(7) B	(8) D	(9) D	(10) A
(11) C	(12) B	(13) C	(14) A	(15) D
(16) B	(17) C	(18) B	(19) A	(20) B
(21) C	(22) A	(23) A	(24) B	(25) D
(26) B	(27) B	(28) C	(29) A	(30) C
(31) BC	(32) ABC	(33) BC	(34) ABC	(35) ABCD
(36) C	(37) B	(38) B	(39) A	(40) B

四、判断题

(1) √	(2) √	(3) √	(4) √	(5) √

（6）×	（7）√	（8）×	（9）×	（10）√
（11）×	（12）√	（13）√	（14）√	（15）×
（16）√	（17）√	（18）√		

第 5 章　幻灯片软件 PowerPoint 2003

一、填空题

（1）演示文稿　（2）.ppt　（3）空演示文稿　（4）Ctrl+M
（5）幻灯片放映　（6）Esc　（7）幻灯片版式　母版　（8）设计模板
（9）大纲　（10）缩略图　（11）幻灯片副本　（12）Ctrl　Shift
（13）CD　（14）讲义　（15）演讲者放映　在展台浏览
（16）人工放映方式　自动放映方式　（17）交互式　（18）日期区　页码区

二、选择题

（1）D	（2）C	（3）B	（4）A	（5）A
（6）B	（7）A	（8）C	（9）C	（10）A
（11）A	（12）B	（13）B	（14）C	（15）B
（16）D	（17）A	（18）C	（19）B	（20）D
（21）C	（22）C	（23）A	（24）A	（25）A
（26）B	（27）A	（28）C	（29）A	（30）C
（31）D	（32）ABCD	（33）B	（34）AD	（35）C
（36）B	（37）C	（38）AB	（39）ABC	（40）ABCDE
（41）A	（42）A	（43）D	（44）AC	（45）B
（46）D	（47）D	（48）C	（49）D	（50）ABCD
（51）CD	（52）ABC	（53）ACD	（54）BCD	（55）ABCD
（56）AE	（57）ABCD	（58）B	（59）A	（60）B

四、判断题

（1）√	（2）√	（3）√	（4）×	（5）×
（6）×	（7）×	（8）√	（9）√	（10）√
（11）√	（12）√	（13）×	（14）√	（15）×
（16）√	（17）×	（18）√	（19）√	（20）√
（21）×				

第 6 章　计算机网络基础与 Internet

一、填空题

（1）计算机技术　通信技术
（2）分散　通信手段　通信设备　线路　信息交流　资源共享

（3）TCP/IP （4）覆盖范围广 （5）32 8
（6）电子邮件 （7）计算机网络
（8）拨号上网 专线上网 拨号上网 专线上网
（9）LINE PHONE （10）局域网 城域网 广域网 因特网
（11）网络适配器 （12）服务器 用户工作站 网卡 传输介质
（13）WWW （14）HTML HTTP （15）收藏夹
（16）POP3 SMTP （17）cn

二、选择题

（1）B （2）A （3）B （4）D （5）ABCD
（6）ABC （7）B （8）D （9）C （10）C （11）BD
（12）ABD （13）BC （14）A （15）A （16）C （17）A
（18）A （19）B （20）C （21）C （22）A （23）B
（24）B （25）B

四、判断题

（1）× （2）√ （3）× （4）√ （5）×
（6）× （7）√ （8）× （9）× （10）×
（11）× （12）√ （13）√ （14）× （15）×
（16）√ （17）√ （18）× （19）√ （20）×
（21）× （22）× （23）√ （24）√ （25）√
（26）√ （27）× （28）× （29）√

第7章 计算机多媒体技术

一、填空题

（1）表示和传播信息的载体 （2）集成性、交互性、数字化、实时性
（3）显示媒体 （4）信息 （5）Media Player

二、选择题

（1）ABCDE （2）D （3）ABCD （4）BCD （5）B
（6）A （7）B （8）D （9）A （10）B
（11）A （12）C （13）D （14）A （15）B

四、判断题

（1）× （2）× （3）× （4）√ （5）×
（6）√ （7）√ （8）√ （9）√ （10）√
（11）× （12）× （13）√ （14）√ （15）×
（16）√ （17）× （18）√ （19）× （20）×
（21）√ （22）√